高等职业教育精品课程新形态系列教材

应用数学

主　编　熊　莉　唐　艳
副主编　张　丽　丁　勇

华中科技大学出版社
中国·武汉

内容提要

本书顺应现代职业教育发展新形势，结合高职学生的特点和模块化教学要求，以适应技术技能人才培养和职教体系上下衔接、内外沟通的需要而编写，适用于高职学院少课时教学要求.

本书内容分为3大部分：第一部分为线性代数，包括行列式、矩阵、线性方程组的解以及相关知识的数学实验等4章；第二部分为线性规划，包括线性规划问题的图解法、单纯形解法以及相关知识的数学实验等3章；第三部分为概率论与数理统计，包括随机事件的概率、随机变量及其分布、随机变量的数字特征、简单随机样本、假设检验与区间估计、回归分析与方差分析以及相关知识的数学实验等7章. 每节附有微课视频及基本练习题，每章附有总复习题及课程思政（知识拓展、微课视频等），每章后附有习题参考答案与提示.

本书以实用为主，模块清晰，叙述详细，浅显易懂，例题丰富，可读性强，适用于高职类各专业教学及参考.

图书在版编目(CIP)数据

应用数学/熊莉，唐艳主编. —武汉：华中科技大学出版社，2023.12(2025.1重印)
ISBN 978-7-5772-0262-4

Ⅰ.①应… Ⅱ.①熊… ②唐… Ⅲ.①应用数学 Ⅳ.①O29

中国国家版本馆CIP数据核字(2024)第012801号

应用数学
Yingyong Shuxue

熊 莉 唐 艳 主编

策划编辑：陈舒淇 严心彤
责任编辑：陈舒淇
封面设计：原色设计
责任校对：刘 竣
责任监印：周治超
出版发行：华中科技大学出版社(中国·武汉) 电话：(027)81321913
武汉市东湖新技术开发区华工科技园 邮编：430223
录 排：武汉市洪山区佳年华文印部
印 刷：武汉科源印刷设计有限公司
开 本：787mm×1092mm 1/16
印 张：15.75
字 数：390千字
版 次：2025年1月第1版第2次印刷
定 价：49.00元

华中出版

前　言

党的二十大报告首次提出“加强教材建设和管理”，表明了教材建设国家事权的重要属性，凸显了教材工作在党和国家事业发展全局中的重要地位，体现了以习近平同志为核心的党中央对教材工作的高度重视和对“尺寸课本、国之大者”的殷切期望．我们充分认识到党的二十大对教材工作提出的新要求及在新征程中教材工作肩负的使命．

目前，“以服务为宗旨，以就业为导向，走产学研结合的发展道路”已成为高等职业院校的办学指导思想，“以人为本、因材施教、按需择教”是高职教学的主导方向，在这种现实背景下，2007 年，我们将“线性代数”“线性规划”“概率论与数理统计”三门课程根据我院各专业的课程需要进行整合，删繁就简地编写了《实用应用数学》作为我院适用于应用数学课程的教材．2023 年，在原有教材的基础上，结合我院录制的微课等其他数学教学资源，适当调整教学内容，增加了同元软控数学软件 MWorks 和 MATLAB 在各知识点的应用，依照新形势下的课程思政要求新编了本书，以满足我院工程、管理和文科类各专业应用数学教学的需要．

本书考虑到高职院校各专业数学教学的特点，以服务专业应用为主，力争做到够用适用、浅显易懂、深入浅出．讲述侧重基本概念、基本计算、基本应用．引进概念追求自然，讲述概念力求清楚，解释概念加强举例．本书配有较多的例题，旨在通过例题讲述解题的基本方法和技巧，培养学生应用数学解决实际问题的能力，增加专业应用特色，弱化理论推导，强化知识应用，适当照顾数学知识体系，适应专业模块化教学要求．

本书考虑到工程、管理、文科专业特点和少课时情况，编写了三个教学模块，以供不同专业学生选用．并在每章增加了总复习题、课件录播、课程思政及数学软件的应用，希望这些能帮助学生提升学习效果．

参与本书编写的教师有：熊莉（第 5 章、第 6 章、第 11 章、第 12 章、第 13 章），唐艳（第 8 章、第 9 章、第 10 章），张丽（第 1 章、第 3 章），文青（第 2 章），丁勇、戴江南、罗筱雅（第 4 章、第 7 章、第 14 章及数学软件视频部分），丁霞（课程思政部分）．大家利用休息时间，认真编写，相互审稿，共同研讨，团结协作完成了本书的编写工作．

本书在编写过程中，充分听取了专业教师的意见，得到了学校领导、教务处和各二级学院领导的有力支持和帮助，特别是龚韵枝主任．罗星海教授、刘艳副教授、孔德斌副教授、汤名权副教授提出了宝贵意见．在此，一并表示衷心的感谢．

限于编者的水平和经验，书中难免存在缺点和疏漏，诚恳地希望读者批评、指正．

编　者

于湖北交通职业技术学院

二〇二三年七月二日

目　　录

第一部分　线性代数

第二部分 线性规划

第三部分　概率论与数理统计

第1部分

线性代数

第 1 章　行　列　式

本章主要介绍 n 阶行列式的定义、性质及其计算方法. 此外还要介绍用 n 阶行列式求解 n 元线性方程组的克拉默(Cramer)法则.

1.1　行列式的定义、性质及计算

1.1.1　二元线性方程组与二阶行列式

用消元法解二元线性方程组

$$\begin{cases} a_{11}x_1+a_{12}x_2=b_1, \\ a_{21}x_1+a_{22}x_2=b_2, \end{cases} \tag{1-1}$$

为消去未知数 x_2,用 a_{22} 与 a_{12} 分别乘上述两方程的两端,然后两个方程相减,得

$$(a_{11}a_{22}-a_{12}a_{21})x_1=b_1a_{22}-a_{12}b_2.$$

类似地,消去 x_1,得

$$(a_{11}a_{22}-a_{12}a_{21})x_2=a_{11}b_2-b_1a_{21}.$$

当 $a_{11}a_{22}-a_{12}a_{21}\neq 0$ 时,求得方程组(1-1)的解为

$$x_1=\frac{b_1a_{22}-a_{12}b_2}{a_{11}a_{22}-a_{12}a_{21}},\quad x_2=\frac{a_{11}b_2-b_1a_{21}}{a_{11}a_{22}-a_{12}a_{21}}. \tag{1-2}$$

式(1-2)中的分子、分母都是四个数分两对相乘再相减而得. 其中分母 $a_{11}a_{22}-a_{12}a_{21}$ 是由方程组(1-1)的四个系数确定的,把这四个数按它们在方程组(1-1)中的位置,排成 2 行 2 列的数表,即

$$\begin{matrix} a_{11} & a_{12} \\ a_{21} & a_{22} \end{matrix} \tag{1-3}$$

表达式 $a_{11}a_{22}-a_{12}a_{21}$ 称为数表(1-3)所确定的**二阶行列式**,并记作

$$\begin{vmatrix} a_{11} & a_{12} \\ a_{21} & a_{22} \end{vmatrix} \tag{1-4}$$

数 $a_{ij}\,(i=1,2;j=1,2)$ 称为行列式(1-4)的**元素**. 元素 a_{ij} 的第一个下标 i 称为**行标**,表明该元素位于第 i 行,第二个下标 j 称为**列标**,表明该元素位于第 j 列. 位于第 i 行第 j 列的元素称为行列式(1-4)的 (i,j) **元**.

上述二阶行列式的定义,可用对角线法则来记忆. 如图 1-1 所示,把 a_{11} 到 a_{22} 的实连线称为**主对角线**,a_{12} 到 a_{21} 的虚连线称为**次对角线**,于是二阶行列式便是主对角线上的两元素之积

减去次对角线上两元素之积所得的差.

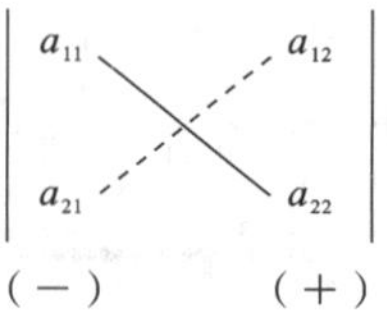

图 1-1

利用二阶行列式的概念,式(1-2)中 x_1,x_2 的分子也可写成二阶行列式,即

$$b_1a_{22}-a_{12}b_2=\begin{vmatrix} b_1 & a_{12} \\ b_2 & a_{22} \end{vmatrix},\quad a_{11}b_2-b_1a_{21}=\begin{vmatrix} a_{11} & b_1 \\ a_{21} & b_2 \end{vmatrix}.$$

若记

$$D=\begin{vmatrix} a_{11} & a_{12} \\ a_{21} & a_{22} \end{vmatrix},\quad D_1=\begin{vmatrix} b_1 & a_{12} \\ b_2 & a_{22} \end{vmatrix},\quad D_2=\begin{vmatrix} a_{11} & b_1 \\ a_{21} & b_2 \end{vmatrix},$$

那么式(1-2)可写成

$$x_1=\frac{D_1}{D}=\frac{\begin{vmatrix} b_1 & a_{12} \\ b_2 & a_{22} \end{vmatrix}}{\begin{vmatrix} a_{11} & a_{12} \\ a_{21} & a_{22} \end{vmatrix}},\quad x_2=\frac{D_2}{D}=\frac{\begin{vmatrix} a_{11} & b_1 \\ a_{21} & b_2 \end{vmatrix}}{\begin{vmatrix} a_{11} & a_{12} \\ a_{21} & a_{22} \end{vmatrix}}.$$

注意:这里的分母 D 是由方程组(1-1)的系数所确定的二阶行列式(称**系数行列式**),x_1 的分子 D_1 是用常数项 b_1,b_2 替换 D 中 x_1 的系数 a_{11},a_{21}所得的二阶行列式,x_2 的分子 D_2 是用常数项 b_1,b_2 替换 D 中 x_2 的系数 a_{12},a_{22}所得的二阶行列式.

例 1　求解二元线性方程组

$$\begin{cases} 3x_1-2x_2=12, \\ 2x_1+\ x_2=1. \end{cases}$$

解　由于

$$D=\begin{vmatrix} 3 & -2 \\ 2 & 1 \end{vmatrix}=3-(-4)=7\neq 0,$$

$$D_1=\begin{vmatrix} 12 & -2 \\ 1 & 1 \end{vmatrix}=12-(-2)=14,$$

$$D_2=\begin{vmatrix} 3 & 12 \\ 2 & 1 \end{vmatrix}=3-24=-21,$$

因此

$$x_1=\frac{D_1}{D}=\frac{14}{7}=2,\quad x_2=\frac{D_2}{D}=\frac{-21}{7}=-3.$$

1.1.2　三阶行列式

定义　设有 9 个数排成 3 行 3 列的数表

$$\begin{matrix} a_{11} & a_{12} & a_{13} \\ a_{21} & a_{22} & a_{23} \\ a_{31} & a_{32} & a_{33} \end{matrix} \tag{1-5}$$

记

$$\begin{vmatrix} a_{11} & a_{12} & a_{13} \\ a_{21} & a_{22} & a_{23} \\ a_{31} & a_{32} & a_{33} \end{vmatrix} = a_{11}a_{22}a_{33} + a_{12}a_{23}a_{31} + a_{13}a_{21}a_{32} - a_{11}a_{23}a_{32} - a_{12}a_{21}a_{33} - a_{13}a_{22}a_{31}, \tag{1-6}$$

式(1-6)称为数表(1-5)所确定的**三阶行列式**.

上述定义表明三阶行列式含 6 项,每项均为不同行不同列的三个元素的乘积再冠以正负号,其规律遵循图 1-2 所示的对角线法则:将三条实线看作是平行于主对角线的连线,三条虚线看作是平行于次对角线的连线,实线上三元素的乘积冠以正号,虚线上三元素的乘积冠以负号.

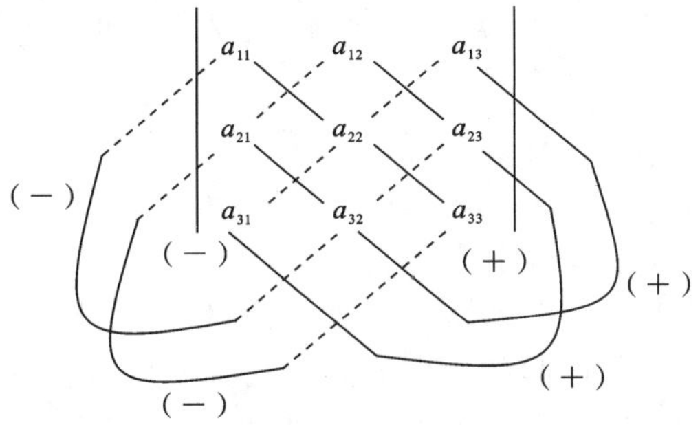

图 1-2

例 2　计算三阶行列式

$$D = \begin{vmatrix} 1 & 2 & -4 \\ -2 & 2 & 1 \\ -3 & 4 & -2 \end{vmatrix}.$$

解　按对角线法则,有

$$\begin{aligned} D &= 1\times2\times(-2)+2\times1\times(-3)+(-4)\times(-2)\times4 \\ &\quad -1\times1\times4-2\times(-2)\times(-2)-(-4)\times2\times(-3) \\ &= -4-6+32-4-8-24=-14. \end{aligned}$$

例 3　求解方程

$$\begin{vmatrix} 1 & 1 & 1 \\ 2 & 3 & x \\ 4 & 9 & x^2 \end{vmatrix} = 0.$$

解　方程左端的三阶行列式

$$D = 3x^2+4x+18-9x-2x^2-12=x^2-5x+6.$$

由 $x^2-5x+6=0$,解得 $x=2$ 或 $x=3$.

对角线法则只适用于二阶与三阶行列式,为了研究四阶及更高阶行列式,下面先介绍 n 阶行列式及其性质,然后研究高阶行列式的计算.

1.1.3 行列式的性质

将行列式 D 的行与相应的列互换后得到的新行列式，称为 D 的**转置行列式**，记为 D^{T}. 即若 $D=\begin{vmatrix} a_{11} & a_{12} & a_{13} \\ a_{21} & a_{22} & a_{23} \\ a_{31} & a_{32} & a_{33} \end{vmatrix}$，则 $D^{T}=\begin{vmatrix} a_{11} & a_{21} & a_{31} \\ a_{12} & a_{22} & a_{32} \\ a_{13} & a_{23} & a_{33} \end{vmatrix}$.

行列式具有如下性质.

性质 1　行列式与它的转置行列式相等，即 $D=D^{T}$.

性质 2　互换行列式中的任意两行(列)，行列式仅改变符号.

性质 3　如果行列式中有两行(列)的对应元素相同，则此行列式等于零.

性质 4　如果行列式中有一行(列)元素全为零，则这个行列式等于零.

性质 4

性质 5　把行列式的某一行(列)的每个元素同乘以数 k，等于以数 k 乘以该行列式，即

$$\begin{vmatrix} a_{11} & a_{12} & a_{13} \\ ka_{21} & ka_{22} & ka_{23} \\ a_{31} & a_{32} & a_{33} \end{vmatrix}=k\begin{vmatrix} a_{11} & a_{12} & a_{13} \\ a_{21} & a_{22} & a_{23} \\ a_{31} & a_{32} & a_{33} \end{vmatrix}.$$

性质 5

推论 1　如果行列式中某行(列)的所有元素有公因子，则公因子可以提到行列式外面.

推论 2　如果行列式有两行(列)的对应元素成比例，则行列式等于零.

性质 6　如果行列式中的某一行(列)所有元素都是两个数的和，则此行列式等于两个行列式的和，而且这两个行列式除了这一行(列)以外，其余的元素与原来行列式的对应元素相同，即

性质 6

$$\begin{vmatrix} a_{11} & a_{12} & a_{13} \\ a_{21}+a'_{21} & a_{22}+a'_{22} & a_{23}+a'_{23} \\ a_{31} & a_{32} & a_{33} \end{vmatrix}=\begin{vmatrix} a_{11} & a_{12} & a_{13} \\ a_{21} & a_{22} & a_{23} \\ a_{31} & a_{32} & a_{33} \end{vmatrix}+\begin{vmatrix} a_{11} & a_{12} & a_{13} \\ a'_{21} & a'_{22} & a'_{23} \\ a_{31} & a_{32} & a_{33} \end{vmatrix}.$$

性质 7　以数 k 乘行列式的某行(列)的所有元素，然后加到另一行(列)的对应元素上，则行列式的值不变.

数 k 乘第 i 行(列)加到第 j 行(列)，记作 kr_i+r_j(或 kc_i+c_j). 这里 r_i 代表第 i 行，r_j 代表第 j 行；c_i 代表第 i 列，c_j 代表第 j 列.

性质 7

1.1.4 行列式的展开

展开定理

为了讲述行列式的展开，先引进余子式和代数余子式的概念. 在三阶行列式中划去 a_{ij} 元素所在的第 i 行和第 j 列的元素，剩下的元素按原次序构成的二阶行列式称为 a_{ij} 的**余子式**，记作 M_{ij}，a_{ij} 的余子式乘上 $(-1)^{i+j}$ 称为 a_{ij} 的**代数余子式**，记作 A_{ij}，即 $A_{ij}=(-1)^{i+j}M_{ij}$.

例如，三阶行列式 $\begin{vmatrix} a_{11} & a_{12} & a_{13} \\ a_{21} & a_{22} & a_{23} \\ a_{31} & a_{32} & a_{33} \end{vmatrix}$ 中元素 a_{32} 的代数余子式是

余子式与
代数余子式

$$A_{32}=(-1)^{3+2}M_{32}=-\begin{vmatrix} a_{11} & a_{13} \\ a_{21} & a_{23} \end{vmatrix}.$$

定理　三阶行列式 D 的值等于它任意一行(列)的各元素与其对应的代数余子式乘积之和,即

$$\begin{aligned} D &= a_{11}A_{11}+a_{12}A_{12}+a_{13}A_{13}=a_{21}A_{21}+a_{22}A_{22}+a_{23}A_{23} \\ &= a_{31}A_{31}+a_{32}A_{32}+a_{33}A_{33}=a_{11}A_{11}+a_{21}A_{21}+a_{31}A_{31} \\ &= a_{12}A_{12}+a_{22}A_{22}+a_{32}A_{32}=a_{13}A_{13}+a_{23}A_{23}+a_{33}A_{33}. \end{aligned} \tag{1-7}$$

或简写为

$$D=\sum_{j=1}^{3}a_{ij}A_{ij}=\sum_{i=1}^{3}a_{ij}A_{ij}\quad (i=1,2,3;j=1,2,3). \tag{1-8}$$

证明　只要证式(1-7)中的第一个等式,其余证法相同.

$$\begin{aligned} D &= \begin{vmatrix} a_{11} & a_{12} & a_{13} \\ a_{21} & a_{22} & a_{23} \\ a_{31} & a_{32} & a_{33} \end{vmatrix} \\ &= a_{11}a_{22}a_{33}+a_{12}a_{23}a_{31}+a_{13}a_{21}a_{32}-a_{11}a_{23}a_{32}-a_{12}a_{21}a_{33}-a_{13}a_{22}a_{31} \\ &= a_{11}(a_{22}a_{33}-a_{23}a_{32})+a_{12}(a_{23}a_{31}-a_{21}a_{33})+a_{13}(a_{21}a_{32}-a_{22}a_{31}) \\ &= a_{11}\begin{vmatrix} a_{22} & a_{23} \\ a_{32} & a_{33} \end{vmatrix}-a_{12}\begin{vmatrix} a_{21} & a_{23} \\ a_{31} & a_{33} \end{vmatrix}+a_{13}\begin{vmatrix} a_{21} & a_{22} \\ a_{31} & a_{32} \end{vmatrix} \\ &= a_{11}A_{11}+a_{12}A_{12}+a_{13}A_{13}. \end{aligned}$$

这样,我们可以通过计算 3 个二阶行列式来计算三阶行列式,这个定理称为**拉普拉斯定理**. 式(1-7)或式(1-8)称为**拉普拉斯展开式**.

综合应用

例 4　将行列式 $\begin{vmatrix} 2 & 3 & -1 \\ 1 & -4 & 1 \\ 5 & -2 & 3 \end{vmatrix}$ 按第 2 行,第 3 列展开.

解　按第 2 行展开得

$$\begin{aligned} \begin{vmatrix} 2 & 3 & -1 \\ 1 & -4 & 1 \\ 5 & -2 & 3 \end{vmatrix} &= 1\times(-1)^{2+1}\begin{vmatrix} 3 & -1 \\ -2 & 3 \end{vmatrix}+(-4)\times(-1)^{2+2}\begin{vmatrix} 2 & -1 \\ 5 & 3 \end{vmatrix} \\ &\quad +1\times(-1)^{2+3}\begin{vmatrix} 2 & 3 \\ 5 & -2 \end{vmatrix} \\ &= -32; \end{aligned}$$

按第 3 列展开得

$$\begin{aligned} \begin{vmatrix} 2 & 3 & -1 \\ 1 & -4 & 1 \\ 5 & -2 & 3 \end{vmatrix} &= (-1)\times(-1)^{1+3}\begin{vmatrix} 1 & -4 \\ 5 & -2 \end{vmatrix}+1\times(-1)^{2+3}\begin{vmatrix} 2 & 3 \\ 5 & -2 \end{vmatrix} \\ &\quad +3\times(-1)^{3+3}\begin{vmatrix} 2 & 3 \\ 1 & -4 \end{vmatrix} \\ &= -32. \end{aligned}$$

由上例可以看到，行列式按不同行或不同列展开计算的结果相同.

推论 3　三阶行列式 D 的某一行（列）的元素与另一行（列）对应元素的代数余子式乘积之和等于零，即

$$a_{i1}A_{j1}+a_{i2}A_{j2}+a_{i3}A_{j3}=0, i\neq j;\quad a_{1i}A_{1j}+a_{2i}A_{2j}+a_{3i}A_{3j}=0, i\neq j. \tag{1-9}$$

把式(1-8)和式(1-9)结合起来可写成

$$\sum_{k=1}^{3}a_{ik}A_{jk}=\sum_{k=1}^{3}a_{ki}A_{kj}=\begin{cases}D, & i=j,\\ 0, & i\neq j.\end{cases}$$

把定理和行列式的性质结合起来，可以使行列式的计算大为简化. 计算行列式时，常常利用行列式的性质使某一行（列）的元素出现尽可能多的零，这种运算称为**化零运算**.

例 5　计算 $\begin{vmatrix}1 & 1 & 1\\ 35 & 37 & 34\\ 23 & 26 & 25\end{vmatrix}$.

解

$$\begin{vmatrix}1 & 1 & 1\\ 35 & 37 & 34\\ 23 & 26 & 25\end{vmatrix}\xlongequal[-c_1+c_3]{-c_1+c_2}\begin{vmatrix}1 & 0 & 0\\ 35 & 2 & -1\\ 23 & 3 & 2\end{vmatrix}$$

$$\xlongequal{\text{按 } r_1 \text{ 展开}}1\times(-1)^{1+1}\begin{vmatrix}2 & -1\\ 3 & 2\end{vmatrix}+0\times(-1)^{1+2}\begin{vmatrix}35 & -1\\ 23 & 2\end{vmatrix}$$

$$+0\times(-1)^{1+3}\begin{vmatrix}35 & 2\\ 23 & 3\end{vmatrix}$$

$$=7.$$

1.1.5　n 阶行列式

有了拉普拉斯定理，就可以给出 n 阶行列式的定义. 我们知道，行列式某一元素的代数余子式总是比原行列式降低一阶的，而二阶、三阶行列式是有明确定义的，三阶行列式中讲到的余子式和代数余子式的概念完全适用于 n 阶行列式，其定义和记法可以照搬过来. 于是我们有了三阶行列式，就可以用拉普拉斯展开式的方法，定义四阶行列式；同样有了四阶行列式就可以定义五阶行列式. 以此类推，假定有了 $n-1$ 阶行列式，我们就可给出 n 阶行列式的定义.

n 阶行列式

定义　由 n^2（n 是正整数）个数组成的记号

$$D=\begin{vmatrix}a_{11} & a_{12} & \cdots & a_{1n}\\ a_{21} & a_{22} & \cdots & a_{2n}\\ \vdots & \vdots & & \vdots\\ a_{n1} & a_{n2} & \cdots & a_{nn}\end{vmatrix},$$

称为 n **阶行列式**. 它是一个算式，其值定义为

$$D=a_{i1}A_{i1}+a_{i2}A_{i2}+\cdots+a_{in}A_{in}=\sum_{j=1}^{n}a_{ij}A_{ij}\text{（按第 } i \text{ 行展开，} i=1,2,\cdots,n\text{），}$$

$$=a_{1j}A_{1j}+a_{2j}A_{2j}+\cdots+a_{nj}A_{nj}=\sum_{i=1}^{n}a_{ij}A_{ij}\text{（按第 } j \text{ 列展开，} j=1,2,\cdots,n\text{）}. \tag{1-10}$$

其中，A_{ij} 是 a_{ij}（$i,j=1,2,\cdots,n$）的代数余子式，都是 $n-1$ 阶行列式.

按此定义的二阶、三阶行列式，与用对角线法则定义的二阶、三阶行列式，显然是一致的. 当 $n=1$ 时，一阶行列式 $|a|=a$，**注意**不要与绝对值记号相混淆.

必须说明，对于三阶行列式所具有的性质，对 n 阶行列式也是如此.

下面介绍两种特殊的 n 阶行列式.

特殊行列式

1. 对角行列式

$$\begin{vmatrix} a_{11} & & & \\ & a_{22} & & \\ & & \ddots & \\ & & & a_{nn} \end{vmatrix}=a_{11}a_{22}\cdots a_{nn},$$

其中未写出的元素都是 0.

2. 上(下)三角形行列式

主对角线以下(上)的元素都为 0 的行列式称为**上(下)三角形行列式**，它的值与对角行列式一样.

$$D=\begin{vmatrix} a_{11} & a_{12} & \cdots & a_{1n} \\ 0 & a_{22} & \cdots & a_{2n} \\ \vdots & \vdots & & \vdots \\ 0 & 0 & \cdots & a_{nn} \end{vmatrix}=\begin{vmatrix} a_{11} & 0 & \cdots & 0 \\ a_{21} & a_{22} & \cdots & 0 \\ \vdots & \vdots & & \vdots \\ a_{n1} & a_{n2} & \cdots & a_{nn} \end{vmatrix}=a_{11}a_{22}\cdots a_{nn}.$$

例 6　计算行列式 $\begin{vmatrix} -1 & -9 & -4 & 3 \\ -5 & 5 & 3 & -2 \\ -12 & -6 & 1 & 1 \\ 9 & 0 & -2 & 1 \end{vmatrix}$ 的值.

行列式的计算

解　$$D=\begin{vmatrix} -1 & -9 & -4 & 3 \\ -5 & 5 & 3 & -2 \\ -12 & -6 & 1 & 1 \\ 9 & 0 & -2 & 1 \end{vmatrix}\xlongequal[-9c_4+c_1]{2c_4+c_3}\begin{vmatrix} -28 & -9 & 2 & 3 \\ 13 & 5 & -1 & -2 \\ -21 & -6 & 3 & 1 \\ 0 & 0 & 0 & 1 \end{vmatrix}$$

$$\xlongequal{\text{按 } r_4 \text{ 展开}}1\times(-1)^{4+4}\begin{vmatrix} -28 & -9 & 2 \\ 13 & 5 & -1 \\ -21 & -6 & 3 \end{vmatrix}.$$

这样，计算一个四阶行列式变为计算一个三阶行列式，为了计算方便，还可以再将此三阶行列式化简为二阶行列式的计算，为此，作如下变换：

$$D=\begin{vmatrix} -28 & -9 & 2 \\ 13 & 5 & -1 \\ -21 & -6 & 3 \end{vmatrix}\xlongequal[3r_2+r_3]{2r_2+r_1}\begin{vmatrix} -2 & 1 & 0 \\ 13 & 5 & -1 \\ 18 & 9 & 0 \end{vmatrix}$$

$$\xlongequal{\text{按 } c_3 \text{ 展开}}(-1)\times(-1)^{2+3}\begin{vmatrix} -2 & 1 \\ 18 & 9 \end{vmatrix}$$

$$=(-2)\times 9-18\times 1=-36.$$

例 7　解方程

$$\begin{vmatrix} 1 & 1 & 1 & 1 \\ 1 & x & 2 & 2 \\ 2 & 2 & x & 3 \\ 3 & 3 & 3 & x \end{vmatrix} = 0.$$

解　因为

$$\begin{vmatrix} 1 & 1 & 1 & 1 \\ 1 & x & 2 & 2 \\ 2 & 2 & x & 3 \\ 3 & 3 & 3 & x \end{vmatrix} \xlongequal[-3r_1+r_4]{\substack{-r_1+r_2 \\ -2r_1+r_3}} \begin{vmatrix} 1 & 1 & 1 & 1 \\ 0 & x-1 & 1 & 1 \\ 0 & 0 & x-2 & 1 \\ 0 & 0 & 0 & x-3 \end{vmatrix} = (x-1)(x-2)(x-3),$$

所以方程的解为

$$x_1=1,\quad x_2=2,\quad x_3=3.$$

例 8　证明

$$\begin{vmatrix} b & a & a & a \\ a & b & a & a \\ a & a & b & a \\ a & a & a & b \end{vmatrix} = (3a+b)(b-a)^3.$$

证明　容易看出,左端行列式的特点是每列元素之和是 $3a+b$,作如下变换:

$$D=\begin{vmatrix} b & a & a & a \\ a & b & a & a \\ a & a & b & a \\ a & a & a & b \end{vmatrix} \xlongequal{\text{将 } r_2, r_3, r_4 \text{ 加到 } r_1 \text{ 上}} \begin{vmatrix} 3a+b & 3a+b & 3a+b & 3a+b \\ a & b & a & a \\ a & a & b & a \\ a & a & a & b \end{vmatrix}$$

$$\xlongequal{\text{提公因子}} (3a+b)\begin{vmatrix} 1 & 1 & 1 & 1 \\ a & b & a & a \\ a & a & b & a \\ a & a & a & b \end{vmatrix}$$

$$\xlongequal{(-1)\times c_1 \text{ 分别加到其余各列上}} (3a+b)\begin{vmatrix} 1 & 0 & 0 & 0 \\ a & b-a & 0 & 0 \\ a & 0 & b-a & 0 \\ a & 0 & 0 & b-a \end{vmatrix}$$

$$=(3a+b)(b-a)^3.$$

习　题　1.1

1. 利用对角线法则计算下列二、三阶行列式.

(1) $\begin{vmatrix} \sqrt{a} & 1 \\ 1 & \sqrt{a} \end{vmatrix}$;　　(2) $\begin{vmatrix} 3 & 2 \\ 4 & -1 \end{vmatrix}$;　　(3) $\begin{vmatrix} \sin\alpha & -\cos\alpha \\ \cos\alpha & \sin\alpha \end{vmatrix}$;

(4) $\begin{vmatrix} 2 & 0 & 1 \\ 1 & -4 & -1 \\ -1 & 8 & 3 \end{vmatrix}$；　(5) $\begin{vmatrix} 0 & 1 & 0 \\ 1 & 1+a & 1 \\ 1 & 1 & 1-a \end{vmatrix}$；　(6) $\begin{vmatrix} 2 & 3 & 4 \\ 5 & -2 & 1 \\ 1 & 2 & 3 \end{vmatrix}$.

2. 计算下列各行列式.

(1) $\begin{vmatrix} 2 & 0 & 4 & 0 \\ 3 & 2 & 2 & 1 \\ 1 & 0 & 3 & 2 \\ 5 & 0 & 0 & 2 \end{vmatrix}$；　(2) $\begin{vmatrix} 4 & 1 & 2 & 4 \\ 1 & 2 & 0 & 2 \\ 10 & 5 & 2 & 0 \\ 0 & 1 & 1 & 7 \end{vmatrix}$；

(3) $\begin{vmatrix} a & 1 & 0 & 0 \\ -1 & b & 1 & 0 \\ 0 & -1 & c & 1 \\ 0 & 0 & -1 & d \end{vmatrix}$；　(4) $\begin{vmatrix} 0 & x & y & z \\ x & 0 & z & y \\ y & z & 0 & x \\ z & y & x & 0 \end{vmatrix}$.

3. 解下列方程组.

(1) $\begin{vmatrix} 2 & 1 & 0 \\ 3x & 7 & 6 \\ x & 4 & 3 \end{vmatrix}=0$；　(2) $\begin{vmatrix} a & a & x \\ m & m & m \\ b & x & b \end{vmatrix}=0$.

4. 证明：

(1) $\begin{vmatrix} 1 & 1 & 1 \\ 2a & a+b & 2b \\ a^2 & ab & b^2 \end{vmatrix}=(b-a)^3$；　(2) $\begin{vmatrix} 1 & a & a^2 \\ 1 & b & b^2 \\ 1 & c & c^2 \end{vmatrix}=(b-c)(c-a)(a-b)$；

(3) $\begin{vmatrix} ax+by & ay+bz & az+bx \\ ay+bz & az+bx & ax+by \\ az+bx & ax+by & ay+bz \end{vmatrix}=(a^3+b^3)\begin{vmatrix} x & y & z \\ y & z & x \\ z & x & y \end{vmatrix}$.

1.2　克拉默法则

含有 n 个未知量 n 个方程的线性方程组为

$$\begin{cases} a_{11}x_1+a_{12}x_2+\cdots+a_{1n}x_n=b_1, \\ a_{21}x_1+a_{22}x_2+\cdots+a_{2n}x_n=b_2, \\ \qquad\qquad\vdots \\ a_{n1}x_1+a_{n2}x_2+\cdots+a_{nn}x_n=b_n. \end{cases} \tag{1-11}$$

将线性方程组系数组成的行列式记作 D，即

$$D=\begin{vmatrix} a_{11} & a_{12} & \cdots & a_{1n} \\ a_{21} & a_{22} & \cdots & a_{2n} \\ \vdots & \vdots & & \vdots \\ a_{n1} & a_{n2} & \cdots & a_{nn} \end{vmatrix}.$$

用常数项 $b_1,b_2,\cdots,b_n$ 代替 D 中的第 j 列，组成的行列式记作 D_j，即

$$D_j=\begin{vmatrix} a_{11} & \cdots & a_{1j-1} & b_1 & a_{1j+1} & \cdots & a_{1n} \\ a_{21} & \cdots & a_{2j-1} & b_2 & a_{2j+1} & \cdots & a_{2n} \\ \vdots & & \vdots & \vdots & \vdots & & \vdots \\ a_{n1} & \cdots & a_{nj-1} & b_n & a_{nj+1} & \cdots & a_{nn} \end{vmatrix},\quad j=1,2,\cdots,n.$$

定理(克拉默法则) 若线性方程组(1-11)的系数行列式 $D\neq 0$,则存在唯一解

$$x_1=\frac{D_1}{D},x_2=\frac{D_2}{D},\cdots,x_n=\frac{D_n}{D},$$

克拉默法则

即

$$x_j=\frac{D_j}{D},\quad j=1,2,\cdots,n.$$

证明 用 D 中第 j 列的各元素的代数余子式 $D_{1j},D_{2j},\cdots,D_{nj}(j=1,2,\cdots,n)$依次乘方程组(1-11)的第 1,第 2,…,第 n 个方程,再将等式两端分别相加,整理,有

$$(a_{11}D_{1j}+a_{21}D_{2j}+\cdots+a_{n1}D_{nj})x_1+\cdots+(a_{1j}D_{1j}+a_{2j}D_{2j}+\cdots+a_{nj}D_{nj})x_j+\cdots$$
$$+(a_{1n}D_{1j}+a_{2n}D_{2j}+\cdots+a_{nn}D_{nj})x_n=b_1D_{1j}+b_2D_{2j}+\cdots+b_nD_{nj}.$$

根据上节定理和推论有

$$0\cdot x_1+\cdots+Dx_j+\cdots+0\cdot x_n=D_j,$$

所以

$$x_j=\frac{D_j}{D},\quad j=1,2,\cdots,n.$$

即

$$x_1=\frac{D_1}{D},x_2=\frac{D_2}{D},\cdots,x_n=\frac{D_n}{D}.$$

例 1 求解线性方程组

$$\begin{cases} 3x_1+2x_2=1, \\ x_1+3x_2+2x_3=0, \\ x_2+3x_3+2x_4=0, \\ x_3+3x_4+2x_5=0, \\ x_4+3x_5=1. \end{cases}$$

解 先分别计算行列式 D 及 $D_j(j=1,2,\cdots,5)$.

$$D=\begin{vmatrix} 3 & 2 & 0 & 0 & 0 \\ 1 & 3 & 2 & 0 & 0 \\ 0 & 1 & 3 & 2 & 0 \\ 0 & 0 & 1 & 3 & 2 \\ 0 & 0 & 0 & 1 & 3 \end{vmatrix}=63,\quad D_1=\begin{vmatrix} 1 & 2 & 0 & 0 & 0 \\ 0 & 3 & 2 & 0 & 0 \\ 0 & 1 & 3 & 2 & 0 \\ 0 & 0 & 1 & 3 & 2 \\ 1 & 0 & 0 & 1 & 3 \end{vmatrix}=47,$$

同样可求得

$$D_2=-39,\quad D_3=33,\quad D_4=-33,\quad D_5=32.$$

所以

$$x_1=\frac{D_1}{D}=\frac{47}{63},\quad x_2=\frac{D_2}{D}=-\frac{39}{63}=-\frac{13}{21},\quad x_3=\frac{D_3}{D}=\frac{33}{63}=\frac{11}{21},$$

$$x_4=\frac{D_4}{D}=-\frac{33}{63}=-\frac{11}{21},\quad x_5=\frac{D_5}{D}=\frac{32}{63}.$$

如果方程组(1-11)的常数项全部为零,即

$$\begin{cases}a_{11}x_1+a_{12}x_2+\cdots+a_{1n}x_n=0,\\a_{21}x_1+a_{22}x_2+\cdots+a_{2n}x_n=0,\\\qquad\vdots\\a_{n1}x_1+a_{n2}x_2+\cdots+a_{nn}x_n=0.\end{cases}\tag{1-12}$$

方程组(1-12)称为**齐次线性方程组**,而方程组(1-11)称为**非齐次线性方程组**.

推论　如果齐次线性方程组(1-12)的系数行列式不等于零,则它只有零解,即只有解$x_1=x_2=\cdots=x_n=0$.

证明　因为$D\neq0$,根据克拉默法则,方程组(1-12)有唯一解,即

$$x_j=\frac{D_j}{D},\quad j=1,2,\cdots,n.$$

又行列式$D_j(j=1,2,\cdots,n)$中有一列的元素全为零,因而$D_j=0(j=1,2,\cdots,n)$,所以齐次线性方程组(1-12)只有零解, 即

$$x_j=\frac{D_j}{D}=0,\quad j=1,2,\cdots,n.$$

习　题　1.2

1. 用克拉默法则解下列方程组.

(1) $\begin{cases}x_1+2x_2=-1,\\2x_1+3x_2=2;\end{cases}$

(2) $\begin{cases}x_1+2x_2+2x_3=3,\\2x_1+x_3=0,\\x_1+3x_2+x_3=-1;\end{cases}$

(3) $\begin{cases}6x_1+4x_3+x_4=3,\\x_1-x_2+2x_3+x_4=1,\\4x_1+x_2+2x_3=1,\\x_1+x_2+x_3+x_4=0;\end{cases}$

(4) $\begin{cases}5x_1+6x_2=1,\\x_1+5x_2+6x_3=0,\\x_2+5x_3+6x_4=0,\\x_3+5x_4+6x_5=0,\\x_4+5x_5=1.\end{cases}$

2. 求一个二次多项式$f(x)$,使$f(1)=-1,f(-1)=9,f(2)=-3$.

复习参考题

一、选择题

1. 若$\begin{vmatrix}a_{11}&a_{12}\\a_{21}&a_{22}\end{vmatrix}=a$,则$\begin{vmatrix}a_{12}&ka_{22}\\a_{11}&ka_{21}\end{vmatrix}=$(　　).

A. ka　　B. $-ka$　　C. k^2a　　D. $-k^2a$

2. 若$\begin{vmatrix} 2 & 2 & x \\ 3 & 2x & 0 \\ 1 & 0 & x \end{vmatrix}=0$，则 $x=$（　　）.

A. $x=0$ 或 $x=3$　　B. $x=0$　　C. $x=3$　　D. $x=1$

3. 在函数 $f(x)=\begin{vmatrix} 2x & x & 1 \\ -1 & -x & 2 \\ 3 & 2 & -1 \end{vmatrix}$ 中 x^2 项的系数是（　　）.

A. 0　　B. -1　　C. 1　　D. 2

4. $\begin{vmatrix} 1 & 2 & 1 & 5 \\ 0 & 1 & 4 & 3 \\ 0 & 0 & 3 & 1 \\ 0 & 0 & 0 & 2 \end{vmatrix}=$（　　）.

A. 0　　B. -1　　C. 1　　D. 6

5. $\begin{vmatrix} 0 & 0 & 0 & 1 \\ 0 & 0 & 1 & 0 \\ 0 & 1 & 0 & 0 \\ 1 & 0 & 0 & 0 \end{vmatrix}=$（　　）.

A. 0　　B. -1　　C. 1　　D. 2

6. 若 $D=\begin{vmatrix} -8 & 0 & 4 & 0 \\ 6 & -2 & 3 & -1 \\ 1 & 1 & 1 & 1 \\ 4 & 3 & 0 & 5 \end{vmatrix}$，则元素 6 的余子式为（　　）.

A. -1　　B. 8　　C. -8　　D. 0

7. 若 $D=\begin{vmatrix} 3 & 0 & 4 & 0 \\ 1 & 1 & 1 & 1 \\ 0 & -1 & 0 & 0 \\ 5 & 3 & -2 & 2 \end{vmatrix}$，则元素 $a_{41}=5$ 的代数余子式为（　　）.

A. -1　　B. 4　　C. -4　　D. 0

8. 已知四阶行列式 D 中第二列元素依次为 $-1,0,1,2$，它们的余子式依次分别为 $3,1,2,0$，则 $D=$（　　）.

A. 1　　B. 2　　C. 0　　D. 3

9. 若$\begin{vmatrix} a_{11} & a_{12} \\ a_{21} & a_{22} \end{vmatrix}\neq 0$，则方程组$\begin{cases} a_{11}x_1+a_{12}x_2=b_1 \\ a_{21}x_1+a_{22}x_2=b_2 \end{cases}$（　　）.

A. 无解　　B. 有唯一解　　C. 有无穷多解　　D. 不一定

10. k 等于（　　）时，齐次线性方程组$\begin{cases} x_1+x_2+kx_3=0, \\ x_1+kx_2+x_3=0, \\ kx_1+x_2+x_3=0 \end{cases}$有非零解？

A. -1　　B. -2　　C. -3　　D. 0

二、填空题

1. 行列式 $\begin{vmatrix} 4 & 1 \\ 5 & 2 \end{vmatrix}=$________.

2. 行列式 $\begin{vmatrix} 0 & 1 & 2 \\ 1 & 0 & 1 \\ 1 & 2 & 1 \end{vmatrix}=$________.

3. 行列式 $\begin{vmatrix} 1 & 0 & 0 & 0 \\ 0 & 2 & 0 & 0 \\ 0 & 0 & 3 & 0 \\ 0 & 0 & 0 & 4 \end{vmatrix}=$________.

4. 在三阶行列式 $\begin{vmatrix} 2 & 1 & 4 \\ 5 & 3 & 0 \\ 1 & 0 & 2 \end{vmatrix}$ 中，元素 $a_{13}=4$ 的余子式为________(用行列式表示)；元素 $a_{31}=1$ 的代数余子式为________(用行列式表示).

5. 已知三阶行列式中第 2 列元素依次为 1,2,3，其对应的余子式依次为 3,2,1，则该行列式的值为________.

6. 行列式 $\begin{vmatrix} 1 & 0 & 0 & 0 \\ 1 & x+1 & 0 & 0 \\ 1 & 1 & 1 & 0 \\ x+1 & -1 & 1 & x-1 \end{vmatrix}=$________.

7. 已知某五阶行列式的值为 5，将其第 1 行与第 5 行交换并转置，再用 2 乘所有元素，则所得的新行列式的值为________.

8. 设行列式 $D=\begin{vmatrix} 1 & 2 & 3 & 4 \\ 5 & 6 & 7 & 8 \\ 4 & 3 & 2 & 1 \\ 8 & 7 & 6 & 5 \end{vmatrix}$，$A_{4j}(j=1,2,3,4)$为 D 中第 4 行元素的代数余子式，则 $4A_{41}+3A_{42}+2A_{43}+A_{44}=$________.

9. 已知 $D=\begin{vmatrix} a & b & c & a \\ c & b & a & b \\ b & a & c & c \\ a & c & b & d \end{vmatrix}$，$D$ 中第 4 列元素的代数余子式的和为________.

10. 设行列式 $D=\begin{vmatrix} 1 & 2 & 3 & 4 \\ 3 & 3 & 4 & 4 \\ 1 & 5 & 6 & 7 \\ 1 & 1 & 2 & 2 \end{vmatrix}=-6$，$A_{4j}$ 为 $a_{4j}(j=1,2,3,4)$的代数余子式，则 $A_{41}+A_{42}=$________，$A_{43}+A_{44}=$________.

11. 齐次线性方程组 $\begin{cases} kx_1+2x_2+x_3=0, \\ 2x_1+kx_2 \qquad =0, \\ x_1-\ x_2+x_3=0 \end{cases}$ 仅有零解的充要条件是________.

12. 若齐次线性方程组$\begin{cases} x_1+2x_2+x_3=0, \\ 2x_2+5x_3=0, \\ -3x_1-2x_2+kx_3=0 \end{cases}$有非零解，则 $k=$________.

三、计算题

1. $\begin{vmatrix} 1 & 2 & -4 \\ -2 & 2 & 1 \\ -3 & 4 & -2 \end{vmatrix}$.

2. $\begin{vmatrix} -x & 1 & x \\ 0 & -x & -1 \\ x & 1 & -x \end{vmatrix}$.

3. $\begin{vmatrix} 1+\cos\varphi & 1+\sin\varphi & 1 \\ 1-\sin\varphi & 1+\cos\varphi & 1 \\ 1 & 1 & 1 \end{vmatrix}$.

4. $\begin{vmatrix} x & y & x+y \\ y & x+y & x \\ x+y & x & y \end{vmatrix}$.

5. $\begin{vmatrix} 5 & 0 & 4 & 2 \\ 1 & -1 & 2 & 1 \\ 4 & 1 & 2 & 0 \\ 1 & 1 & 1 & 1 \end{vmatrix}$.

6. $\begin{vmatrix} 3 & 2 & 1 & 4 \\ 15 & 29 & 2 & 14 \\ 16 & 19 & 3 & 17 \\ 33 & 39 & 8 & 38 \end{vmatrix}$.

7. $D=\begin{vmatrix} 1-a & a & 0 & 0 & 0 \\ -1 & 1-a & a & 0 & 0 \\ 0 & -1 & 1-a & a & 0 \\ 0 & 0 & -1 & 1-a & a \\ 0 & 0 & 0 & -1 & 1-a \end{vmatrix}$.

8. 设 a,b,c 两两不等，求$\begin{vmatrix} 1 & 1 & 1 \\ a & b & c \\ a^3 & b^3 & c^3 \end{vmatrix}=0$的充要条件.

9. 解方程$\begin{vmatrix} 0 & 1 & x & 1 \\ 1 & 0 & 1 & x \\ x & 1 & 1 & 0 \\ 1 & x & 1 & 0 \end{vmatrix}=0$.

10. 用克拉默法则解方程组$\begin{cases} x_1+x_2+x_3+x_4=5, \\ x_1+2x_2-x_3+4x_4=-2, \\ 2x_1-3x_2-x_3-5x_4=-2, \\ 3x_1+x_2+2x_3+11x_4=0. \end{cases}$

11. 问 λ,μ 取何值时，齐次线性方程组$\begin{cases} \lambda x_1+x_2+x_3=0, \\ x_1+\mu x_2+x_3=0, \\ x_1+2\mu x_2+x_3=0 \end{cases}$有非零解？

12. 问 λ 取何值时，齐次线性方程组$\begin{cases} (1-\lambda)x_1-2x_2+4x_3=0, \\ 2x_1+(3-\lambda)x_2+x_3=0, \\ x_1+x_2+(1-\lambda)x_3=0 \end{cases}$有非零解？

习题解答

习题 1.1

1. (1) $a-1$；(2) -11；(3) 1；(4) -4；(5) a；(6) -10.

2. (1) 88；(2) 0；(3) $abcd+ab+cd+ad+1$；

(4) $(x+y+z)(x-y-z)(y-x-z)(z-x-y)$.

3. (1) $x=-2$；(2) $x=a$ 或 $x=b$.

4. 略.

习题 1.2

1. (1) $x_1=7, x_2=-4$；

(2) $x_1=-\frac{11}{7}, x_2=-\frac{6}{7}, x_3=\frac{22}{7}$；

(3) $x_1=1, x_2=-1, x_3=-1, x_4=1$；

(4) $x_1=\frac{1507}{665}, x_2=-\frac{1145}{665}, x_3=\frac{703}{665}, x_4=-\frac{395}{665}, x_5=\frac{212}{665}$.

2. $f(x)=x^2-5x+3$.

复习参考题答案

一、选择题

1. B.　**2.** A.　**3.** D.　**4.** D.　**5.** C.　**6.** C.　**7.** B.　**8.** A.　**9.** B.　**10.** B.

二、填空题

1. 3.　**2.** 4.　**3.** 24.　**4.** $\begin{vmatrix} 5 & 3 \\ 1 & 0 \end{vmatrix}$；$\begin{vmatrix} 1 & 4 \\ 3 & 0 \end{vmatrix}$.　**5.** -2.　**6.** x^2-1.　**7.** -160.

8. 0.　**9.** 0.　**10.** 12;9.　**11.** $k\neq -2,3$.　**12.** $k=7$.

三、计算题

1. -14.　**2.** $-2x$.　**3.** 1.　**4.** $-2(x^3+y^3)$.　**5.** -7.

6. 6.　**7.** $(1-a)(1+a^2+a^4)$.　**8.** $a+b+c=0$.　**9.** $x=-2,0,1$.

10. $x_1=1, x_2=2, x_3=3, x_4=-1$.　**11.** $\lambda=1$ 或 $\mu=0$.　**12.** $\lambda=0,2,3$.

【知识拓展】

行列式的起源

行列式概念的提出与方程组的求解密不可分.十七世纪初,日本数学家关孝和与德国数学家戈特弗里德·莱布尼茨各自独立得出了行列式的概念,提出的时间也大致相同.

1545 年，卡当在著作《大术》中提出了“母法”，该方法是用来求解一个二元一次线性方程组．虽然在当时，卡当并没有通过解该方程组联想到并给出行列式的概念，但是这种方法和后来的克拉默法则已经非常相似．

1683 年，行列式的概念首次被日本数学家关孝和提出，他在其著作《解伏题之法》中给出了行列式的概念，《解伏题之法》的意思是“解行列式问题的方法”．在该著作中，出现了 2×2、3×3乃至 5×5 的行列式．该著作提出了一种通过引进辅助未知数，解联立高次方程组的方法．

1693 年，德国数学家莱布尼茨开始探讨的含有三个方程两个未知量的方程组．在研究过程中，他不仅引入了行列式概念，还提出一种新的记号，即使用指标数的系统集合来表示方程组的系数，还给出了行列式展开办法等，迈出了行列式理论研究的重大一步．

虽然莱布尼茨对行列式的研究成果中已经包括了行列式的展开和克拉默法则，但这些结果在当时并不为人所知．直到莱布尼茨的遗作集整理出版以后，人们才了解了他在这方面取得的重大成就．

十八世纪开始，随着各国数学家的不断研究，行列式理论得到了进一步的发展和完善，并在数学分析、几何学等众多领域中不断出现．

（来源：https://wiki.mbalib.com/wiki/%E8%A1%8C%E5%88%97%E5%BC%8F）

第 2 章　矩　　阵

第 1 章讨论了行列式的计算,并利用行列式解决了未知数的个数与方程的个数相等且系数行列式值不等于零的线性方程组的求解问题. 但在实际问题中,还会出现未知数的个数与方程个数不相等的线性方程组的求解问题及其他应用问题. 为此,本章将介绍一个重要的数学工具——矩阵. 主要介绍矩阵的概念、运算、初等变换,以及矩阵的秩、逆矩阵的概念与求法.

2.1　矩阵的概念

2.1.1　引例

(1) 二元线性方程组

$$\begin{cases} a_{11}x_1 + a_{12}x_2 = b_1, \\ a_{21}x_1 + a_{22}x_2 = b_2. \end{cases}$$

其解的情况取决于未知量系数与常数项,且系数与常数项按照顺序可组成一个 2 行 3 列的数表:

$$\begin{pmatrix} a_{11} & a_{12} & b_1 \\ a_{21} & a_{22} & b_2 \end{pmatrix}$$

(2) 某航空公司在 A, B, C, D 四个城市之间开辟了若干航线,四个城市间是否有航班如图 2-1 所示,如果从 A 到 B 有航班,则用带箭头的线连接 A 与 B.

四个城市间的航班图情况可用表格(见表 2-1)来表示(其中"★"表示有航班).

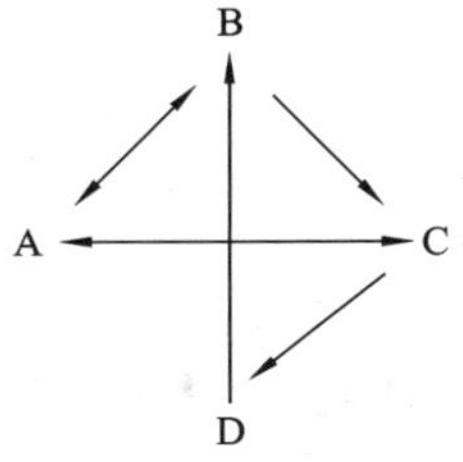

图 2-1

表 2-1

目的地

始发地	A	B	C	D
A		★	★	
B	★		★	
C	★			★
D		★		

若令 $a_{ij} = \begin{cases} 1, & 从\ i\ 市到\ j\ 市有\ 1\ 条单向航线, \\ 0, & 从\ i\ 市到\ j\ 市没有单向航线, \end{cases}$ 则以上航班情况可以表示为 4 行 4 列的

数表：

$$\begin{pmatrix} 0 & 1 & 1 & 0 \\ 1 & 0 & 1 & 0 \\ 1 & 0 & 0 & 1 \\ 0 & 1 & 0 & 0 \end{pmatrix}$$

在实际问题中，常用这种长方形(矩形)数表表达某种状态或数量关系.

2.1.2 矩阵的定义

定义 由 $m\times n$ 个数 a_{ij}($i=1,2,\cdots,m$,;$j=1,2,\cdots,n$)排成的 m 行 n 列的数表

$$\begin{pmatrix} a_{11} & a_{12} & \cdots & a_{1n} \\ a_{21} & a_{22} & \cdots & a_{2n} \\ \vdots & \vdots & & \vdots \\ a_{m1} & a_{m2} & \cdots & a_{mn} \end{pmatrix}$$

称为一个 **m 行 n 列的矩阵**，简称 $m\times n$ **矩阵**，通常用英文大写字母表示，记作 $\boldsymbol{A}$、$\boldsymbol{B}$ 或 $\boldsymbol{C}$，也可记作 $(a_{ij})_{m\times n}$ 或 $\boldsymbol{A}_{m\times n}$，其中 a_{ij}($i=1,2,\cdots,m$,;$j=1,2,\cdots,n$)称为**矩阵的元素**(第 i 行第 j 列的元素).

例如，二元线性方程组 $\begin{cases} 2x_1-x_2=3, \\ x_1+2x_2=-1 \end{cases}$ 的系数与常数项按照在方程组中的顺序可排成一个 2×3 矩阵 $\begin{pmatrix} 2 & -1 & 3 \\ 1 & 2 & -1 \end{pmatrix}$，其中第 2 行第 1 列的元素 $a_{21}=1$.

2.1.3 几种特殊的矩阵

1. n 阶方阵

当矩阵的行数与列数都等于 n 时，称矩阵 $\boldsymbol{A}$ 为 **n 阶方阵**或 **n 阶矩阵**.

n 阶方阵

$$\boldsymbol{A}=\begin{pmatrix} a_{11} & a_{12} & \cdots & a_{1n} \\ a_{21} & a_{22} & \cdots & a_{2n} \\ \vdots & \vdots & & \vdots \\ a_{n1} & a_{n2} & \cdots & a_{nn} \end{pmatrix}$$

n 阶方阵共有 n^2 个元素，它们排成 n 行 n 列，从左上角到右下角的对角线称为**主对角线**，从右上角到左下角的对角线称为**次对角线**.

如矩阵 $\boldsymbol{A}=\begin{pmatrix} 1 & 0 & 2 \\ -1 & 1 & 3 \\ 2 & 3 & -2 \end{pmatrix}$ 是一个三阶方阵，其中主对角线元素为 1，1，-2.

注意：n 阶方阵与 n 阶行列式是两个不同的概念，n 阶方阵是由 n^2 个元素组成的 n 行 n 列的数表，而 n 阶行列式是由 n^2 个元素根据行列式运算法则计算得到的一个数值.

2. 行矩阵

只有一行的矩阵称为**行矩阵**，也称为**行向量**. 如 $\boldsymbol{A}=(1\quad 0\quad 2)$.

3. 列矩阵

特殊矩阵

只有一列的矩阵称为**列矩阵**,也称为**列向量**. 如 $\boldsymbol{A}=\begin{pmatrix}1\\2\\3\end{pmatrix}$.

4. 零矩阵

$a_{ij}=0$,即所有元素皆为零的矩阵称为**零矩阵**,记作 $\boldsymbol{O}$ 或 $\boldsymbol{O}_{m\times n}$.

5. 上(下)三角矩阵

主对角线以下(上)的元素全为 0 的方阵,即形如

$$\begin{pmatrix}a_{11} & a_{12} & \cdots & a_{1n}\\0 & a_{22} & \cdots & a_{2n}\\\vdots & \vdots & & \vdots\\0 & 0 & \cdots & a_{nn}\end{pmatrix}$$

为**上三角矩阵**;

形如

$$\begin{pmatrix}a_{11} & 0 & \cdots & 0\\a_{21} & a_{22} & \cdots & 0\\\vdots & \vdots & & \vdots\\a_{n1} & a_{n2} & \cdots & a_{nn}\end{pmatrix}$$

为**下三角矩阵**.

如 $\begin{pmatrix}1 & -2 & 2\\0 & -1 & 3\\0 & 0 & 3\end{pmatrix}$ 是一个 3 阶上三角矩阵,$\begin{pmatrix}1 & 0\\-1 & -1\end{pmatrix}$ 是一个 2 阶下三角矩阵.

6. 对角方阵

在 n 阶方阵中,$a_{ij}=0(i\neq j)$,$a_{ij}(i=j)$ 至少有一个不为零,则称该方阵为**对角方阵**.

记作 $\boldsymbol{\Lambda}=\begin{pmatrix}\lambda_1 & 0 & \cdots & 0\\0 & \lambda_2 & \cdots & 0\\\vdots & \vdots & & \vdots\\0 & 0 & \cdots & \lambda_n\end{pmatrix}$,也记作 $\boldsymbol{\Lambda}=\mathrm{diag}(\lambda_1,\lambda_2,\cdots,\lambda_n)$.

7. 单位矩阵

在 n 阶方阵中,$a_{ij}=\begin{cases}1, & i=j,\\0, & i\neq j,\end{cases}$ 即主对角线上元素皆为 1,其余元素皆为零,则称这样的方阵为**单位矩阵**,记作 $\boldsymbol{E}=\begin{pmatrix}1 & 0 & \cdots & 0\\0 & 1 & \cdots & 0\\\vdots & \vdots & & \vdots\\0 & 0 & \cdots & 1\end{pmatrix}$.

8. 行阶梯形矩阵

若矩阵 $\boldsymbol{A}$ 的各非零行的第一个非零元素分布在不同列,且如果有零行,零行在矩阵 $\boldsymbol{A}$ 的最下端. 则称矩阵 $\boldsymbol{A}$ 为**行阶梯形矩阵**.

如$\begin{pmatrix}3 & 5 & 21\\0 & -11 & -9\end{pmatrix}$，$\begin{pmatrix}1 & -1 & 1 & -1 & 0\\0 & 2 & 1 & 0 & 2\\0 & 0 & 0 & 1 & 3\end{pmatrix}$，$\begin{pmatrix}32 & 3 & 4 & 3 & 1\\0 & 0 & 0 & 1 & 1\\0 & 0 & 0 & 0 & 0\end{pmatrix}$

行阶梯矩阵

为行阶梯形矩阵，而$\begin{pmatrix}1 & 1 & -2 & -3\\0 & 2 & 3 & 4\\0 & -2 & 4 & 11\end{pmatrix}$不是行阶梯形矩阵.

9. 行最简形矩阵

若行阶梯形矩阵的各非零行第一个非零元素皆为1，且各非零行的第一个非零元素所在列的其余元素全为零，则称该阶梯形矩阵为**行最简形矩阵**.

如$\begin{pmatrix}1 & 0 & -1\\0 & 1 & 3\end{pmatrix}$，$\begin{pmatrix}1 & 0 & 0 & -2 & 1\\0 & 1 & 0 & 1 & 0\\0 & 0 & 1 & -3 & -1\end{pmatrix}$，$\begin{pmatrix}1 & \frac{4}{3} & \frac{1}{3} & 0 & \frac{1}{3}\\0 & 0 & 0 & 0 & 0\\0 & 0 & 0 & 0 & 0\end{pmatrix}$为行最简形

行最简矩阵

矩阵，而$\begin{pmatrix}1 & 1 & 1 & 1 & 4\\0 & 1 & 0 & 0 & 1\\0 & 0 & 1 & 1 & 2\end{pmatrix}$是行阶梯形矩阵，但不是行最简形矩阵.

2.1.4　实际问题的矩阵表示

【案例1】 某物流公司向三个商店发送四种产品的数量可列成矩阵

$$\boldsymbol{A}=\begin{pmatrix}a_{11} & a_{12} & a_{13} & a_{14}\\a_{21} & a_{22} & a_{23} & a_{24}\\a_{31} & a_{32} & a_{33} & a_{34}\end{pmatrix},$$

其中，a_{ij}为物流公司向第i店发送第j种产品的数量.

【案例2】 甲、乙、丙三人的早餐情况如表2-2所示.

表2-2

	馒头	包子	鸡蛋	稀饭
甲	1	1	1	1
乙	0	2	0	1
丙	0	3	0	1

为了方便，三人的早餐可以表示为矩阵：$\begin{pmatrix}1 & 1 & 1 & 1\\0 & 2 & 0 & 1\\0 & 3 & 0 & 1\end{pmatrix}$.

习　题　2.1

1. 某仓库中维生素C和维生素E的库存量如表2-3所示，写出其库存量矩阵$\boldsymbol{A}$.

表 2-3 (单位:瓶)

品种	型号		
	100 片	200 片	300 片
维生素 C	22	19	16
维生素 E	18	15	13

2. 某企业生产 5 种产品,各种产品的季度产值(单位:万元)如表 2-4 所示,写出该季度的产值矩阵 $\boldsymbol{B}$.

表 2-4 (单位:万元)

季度	产品				
	A	B	C	D	E
一	78	58	75	78	64
二	90	70	85	84	76
三	95	75	90	90	80
四	89	70	82	80	76

3. 设某种物资由 3 个产地运往 4 个销地,两次调运方案分别如表 2-5 和表 2-6 所示,写出二次调运方案矩阵 $\boldsymbol{A}$ 和 $\boldsymbol{B}$.

表 2-5

产地	销地			
	s_1	s_2	s_3	s_4
甲	3	7	5	2
乙	0	2	1	4
丙	1	3	0	6

表 2-6

产地	销地			
	s_1	s_2	s_3	s_4
甲	1	0	1	2
乙	3	2	4	3
丙	0	1	5	2

2.2 矩阵的运算

2.2.1 矩阵的相等

定义 1 若两个矩阵的行数与列数分别相等,则称它们为**同型矩阵**.

定义 2 设同型矩阵 $\boldsymbol{A}=(a_{ij})_{m\times n}$,$\boldsymbol{B}=(b_{ij})_{m\times n}$,若 $a_{ij}=b_{ij}$ $(i=1,2,\cdots,m;$ $j=1,2,\cdots,n)$,则称矩阵 $\boldsymbol{A}$ 与 $\boldsymbol{B}$ 相等,记作 $\boldsymbol{A}=\boldsymbol{B}$.

同型矩阵

例 1 设 $\boldsymbol{A}=\begin{pmatrix} a+b & 4 \\ 3 & b \end{pmatrix}$,$\boldsymbol{B}=\begin{pmatrix} 7 & 2c \\ c-d & 3 \end{pmatrix}$,且 $\boldsymbol{A}=\boldsymbol{B}$,求 a,b,c,d.

解 由矩阵相等,得$\begin{cases} a+b=7, \\ 4=2c, \\ 3=c-d, \\ b=3, \end{cases}$解得$\begin{cases} a=4, \\ b=3, \\ c=2, \\ d=-1. \end{cases}$

2.2.2 矩阵的加、减运算

【案例 1】 调运方案:有某种物资(单位:吨)从 3 个产地运往 4 个销地,两次调运方案分别为矩阵 $\boldsymbol{A}$ 与矩阵 $\boldsymbol{B}$:

矩阵的加减

$$\boldsymbol{A}=\begin{pmatrix} 3 & 5 & 7 & 2 \\ 2 & 0 & 4 & 3 \\ 0 & 1 & 2 & 3 \end{pmatrix}, \quad \boldsymbol{B}=\begin{pmatrix} 1 & 3 & 2 & 0 \\ 2 & 1 & 5 & 7 \\ 0 & 6 & 4 & 8 \end{pmatrix},$$

则从各产地运往各销地两次的物资调运量(单位:吨)共为

$$\begin{pmatrix} 3+1 & 5+3 & 7+2 & 2+0 \\ 2+2 & 0+1 & 4+5 & 3+7 \\ 0+0 & 1+6 & 2+4 & 3+8 \end{pmatrix}=\begin{pmatrix} 4 & 8 & 9 & 2 \\ 4 & 1 & 9 & 10 \\ 0 & 7 & 6 & 11 \end{pmatrix}.$$

【案例 2】 库存问题:在某品牌护肤品的三个分店中四种护肤品(日霜、夜霜、眼霜、面膜)的库存(单位:百件)以及各分店在第一季度的销售情况分别为矩阵 $\boldsymbol{A}$ 与矩阵 $\boldsymbol{B}$:

$$\boldsymbol{A}=\begin{pmatrix} 16 & 18 & 2 & 29 \\ 15 & 19 & 3 & 28 \\ 17 & 17 & 2 & 27 \end{pmatrix}, \quad \boldsymbol{B}=\begin{pmatrix} 15 & 16 & 1 & 25 \\ 15 & 18 & 2 & 23 \\ 15.5 & 16 & 2 & 25 \end{pmatrix},$$

则第一季度各分店的库存为

$$\begin{pmatrix} 16-15 & 18-16 & 2-1 & 29-25 \\ 15-15 & 19-18 & 3-2 & 28-23 \\ 17-15.5 & 17-16 & 2-2 & 27-25 \end{pmatrix}=\begin{pmatrix} 1 & 2 & 1 & 4 \\ 0 & 1 & 1 & 5 \\ 1.5 & 1 & 0 & 2 \end{pmatrix}.$$

定义 3 将两个同型的 $m\times n$ 阶矩阵 $\boldsymbol{A}$、$\boldsymbol{B}$ 对应元素相加(减)所得到的矩阵,称为 $\boldsymbol{A}$ 与 $\boldsymbol{B}$ 的**和(差)**,记作 $\boldsymbol{A}\pm\boldsymbol{B}$,即

$$\boldsymbol{A}\pm\boldsymbol{B}=\begin{pmatrix} a_{11}\pm b_{11} & a_{12}\pm b_{12} & \cdots & a_{1n}\pm b_{1n} \\ a_{21}\pm b_{21} & a_{22}\pm b_{22} & \cdots & a_{2n}\pm b_{2n} \\ \vdots & \vdots & & \vdots \\ a_{m1}\pm b_{m1} & a_{m2}\pm b_{m2} & \cdots & a_{mn}\pm b_{mn} \end{pmatrix}.$$

注意:只有当两个矩阵是同型矩阵时,才能进行加、减运算.

例 2 设 $\boldsymbol{A}=\begin{pmatrix} 0 & 2 & 4 \\ 4 & 1 & -2 \\ -3 & 2 & -1 \end{pmatrix}$,$\boldsymbol{B}=\begin{pmatrix} 0 & 4 & -3 \\ 2 & 1 & 2 \\ 4 & -2 & -1 \end{pmatrix}$,求 $\boldsymbol{A}+\boldsymbol{B}$,$\boldsymbol{A}-\boldsymbol{B}$.

解 $$\boldsymbol{A}+\boldsymbol{B}=\begin{pmatrix} 0+0 & 2+4 & 4+(-3) \\ 4+2 & 1+1 & -2+2 \\ -3+4 & 2+(-2) & -1+(-1) \end{pmatrix}=\begin{pmatrix} 0 & 6 & 1 \\ 6 & 2 & 0 \\ 1 & 0 & -2 \end{pmatrix};$$

$$\boldsymbol{A}-\boldsymbol{B}=\begin{pmatrix} 0-0 & 2-4 & 4-(-3) \\ 4-2 & 1-1 & -2-2 \\ -3-4 & 2-(-2) & -1-(-1) \end{pmatrix}=\begin{pmatrix} 0 & -2 & 7 \\ 2 & 0 & -4 \\ -7 & 4 & 0 \end{pmatrix}.$$

矩阵加法的性质:设 $\boldsymbol{A}$、$\boldsymbol{B}$、$\boldsymbol{C}$、$\boldsymbol{O}$ 是同型矩阵.

(1) **交换律** $\boldsymbol{A}+\boldsymbol{B}=\boldsymbol{B}+\boldsymbol{A}$.

(2) **结合律** $(\boldsymbol{A}+\boldsymbol{B})+\boldsymbol{C}=\boldsymbol{A}+(\boldsymbol{B}+\boldsymbol{C})$.

(3) $\boldsymbol{A}+\boldsymbol{O}=\boldsymbol{A}$.

2.2.3 矩阵的数乘法

【案例 3】 运费问题:3 个产地与 4 个销地的里程(单位:公里)为矩阵

$$\boldsymbol{A}=\begin{pmatrix} 120 & 175 & 80 & 90 \\ 80 & 130 & 40 & 50 \\ 135 & 190 & 95 & 105 \end{pmatrix},$$

如果运费为 1.5 元/公里,则运费矩阵为

$$\begin{pmatrix} 1.5\times120 & 1.5\times175 & 1.5\times80 & 1.5\times90 \\ 1.5\times80 & 1.5\times130 & 1.5\times40 & 1.5\times50 \\ 1.5\times135 & 1.5\times190 & 1.5\times95 & 1.5\times105 \end{pmatrix}=\begin{pmatrix} 180 & 262.5 & 120 & 135 \\ 120 & 195 & 60 & 75 \\ 202.5 & 285 & 142.5 & 157.5 \end{pmatrix}.$$

定义 4 设 k 为任意数,以数 k 乘矩阵 $\boldsymbol{A}$ 中的每一个元素所得到的矩阵称为 k 与 $\boldsymbol{A}$ 的积,记作 $k\boldsymbol{A}$. 即

$$k\boldsymbol{A}=\begin{pmatrix} ka_{11} & ka_{12} & \cdots & ka_{1n} \\ ka_{21} & ka_{22} & \cdots & ka_{2n} \\ \vdots & \vdots & & \vdots \\ ka_{m1} & ka_{m2} & \cdots & ka_{mn} \end{pmatrix}.$$

例 3 在【案例 2】中,若这一年各分店销售的四种护肤品的量是第一季度的销售量的 2 倍,则这一年各分店的销售情况为

$$\begin{pmatrix} 2\times15 & 2\times16 & 2\times1 & 2\times25 \\ 2\times15 & 2\times18 & 2\times2 & 2\times23 \\ 2\times15.5 & 2\times16 & 2\times2 & 2\times25 \end{pmatrix}=\begin{pmatrix} 30 & 32 & 2 & 50 \\ 30 & 36 & 4 & 46 \\ 31 & 32 & 4 & 50 \end{pmatrix}.$$

矩阵的数乘法的性质：设 k、$h\in\mathbf{R}$，$\boldsymbol{A}$、$\boldsymbol{B}$ 为 $m\times n$ 矩阵，则

（1）**交换律** $k\boldsymbol{A}=\boldsymbol{A}k$.

（2）**分配律** $\begin{cases} k(\boldsymbol{A}+\boldsymbol{B})=k\boldsymbol{A}+k\boldsymbol{B}, \\ (k+h)\boldsymbol{A}=k\boldsymbol{A}+h\boldsymbol{A}. \end{cases}$

（3）**结合律** $(kh)\boldsymbol{A}=k(h\boldsymbol{A})$.

矩阵的数乘

例 4 已知矩阵 $\boldsymbol{A}=\begin{pmatrix} 1 & 2 & 3 \\ 0 & -1 & 4 \end{pmatrix}$，$\boldsymbol{B}=\begin{pmatrix} -1 & 4 & 2 \\ 6 & 0 & -5 \end{pmatrix}$，求差 $3\boldsymbol{A}-2\boldsymbol{B}$.

解 $3\boldsymbol{A}-2\boldsymbol{B}=3\begin{pmatrix} 1 & 2 & 3 \\ 0 & -1 & 4 \end{pmatrix}-2\begin{pmatrix} -1 & 4 & 2 \\ 6 & 0 & -5 \end{pmatrix}$

$$=\begin{pmatrix} 3 & 6 & 9 \\ 0 & -3 & 12 \end{pmatrix}-\begin{pmatrix} -2 & 8 & 4 \\ 12 & 0 & -10 \end{pmatrix}=\begin{pmatrix} 5 & -2 & 5 \\ -12 & -3 & 22 \end{pmatrix}.$$

例 5 设 $\boldsymbol{A}=\begin{pmatrix} 3 & -1 & 2 & 0 \\ 1 & 5 & 7 & 9 \\ 2 & 4 & 6 & 8 \end{pmatrix}$，$\boldsymbol{B}=\begin{pmatrix} 7 & 5 & -2 & 4 \\ 5 & 1 & 9 & 7 \\ 3 & 2 & -1 & 6 \end{pmatrix}$，且 $\boldsymbol{A}+2\boldsymbol{Z}=\boldsymbol{B}$，求 $\boldsymbol{Z}$.

解 $\boldsymbol{Z}=\dfrac{1}{2}(\boldsymbol{B}-\boldsymbol{A})=\dfrac{1}{2}\begin{pmatrix} 4 & 6 & -4 & 4 \\ 4 & -4 & 2 & -2 \\ 1 & -2 & -7 & -2 \end{pmatrix}=\begin{pmatrix} 2 & 3 & -2 & 2 \\ 2 & -2 & 1 & -1 \\ \dfrac{1}{2} & -1 & -\dfrac{7}{2} & -1 \end{pmatrix}.$

2.2.4 矩阵的乘法

【案例 4】 销售问题：设有两家连锁超市出售三种奶粉，某日销量（单位：包）如表 2-7 所示，每种奶粉的单价和利润见表 2-8 所示，求各超市出售奶粉的总收入与总利润.

表 2-7 （单位：包）

超市	货类		
	奶粉Ⅰ	奶粉Ⅱ	奶粉Ⅲ
甲	5	8	10
乙	7	5	6

矩阵的乘法

表 2-8 （单位：元）

货类	单价	利润
奶粉Ⅰ	15	3
奶粉Ⅱ	12	2
奶粉Ⅲ	20	4

解　列表分析:由题意,甲、乙超市出售奶粉的总收入与总利润如表 2-9 所示.

表 2-9　　(单位:元)

超市	总收入	利润
甲	5×15+8×12+10×20	5×3+8×2+10×4
乙	7×15+5×12+6×20	7×3+5×2+6×4

设 $\boldsymbol{A}=\begin{pmatrix}5&8&10\\7&5&6\end{pmatrix}$,$\boldsymbol{B}=\begin{pmatrix}15&3\\12&2\\20&4\end{pmatrix}$,$\boldsymbol{C}$ 为各超市出售奶粉的总收入和总利润,则

$$\boldsymbol{C}=\begin{pmatrix}5\times15+8\times12+10\times20 & 5\times3+8\times2+10\times4\\ 7\times15+5\times12+6\times20 & 7\times3+5\times2+6\times4\end{pmatrix}=\begin{pmatrix}371&71\\258&55\end{pmatrix}.$$

定义 5　设矩阵 $\boldsymbol{A}=(a_{ik})_{m\times s}$,$\boldsymbol{B}=(b_{kj})_{s\times n}$,则矩阵 $\boldsymbol{C}=(c_{ij})_{m\times n}$ 称为矩阵 $\boldsymbol{A}$ 与 $\boldsymbol{B}$ 的乘积,记作 $\boldsymbol{C}=\boldsymbol{AB}$,即 $\boldsymbol{A}_{ms}\cdot\boldsymbol{B}_{sn}=\boldsymbol{C}_{mn}$. 且

$$c_{ij}=a_{i1}b_{1j}+a_{i2}b_{2j}+\cdots+a_{is}b_{sj}=\sum_{k=1}^{s}a_{ik}b_{kj}\ (i=1,2,\cdots,m;j=1,2,\cdots,n).$$

例 6　设 $\boldsymbol{A}=\begin{pmatrix}3&-1\\0&3\\1&4\end{pmatrix}$,$\boldsymbol{B}=\begin{pmatrix}1&3&1&2\\0&-2&1&0\end{pmatrix}$,求 $\boldsymbol{AB}$.

解　$$\boldsymbol{AB}=\begin{pmatrix}3&-1\\0&3\\1&4\end{pmatrix}\begin{pmatrix}1&3&1&2\\0&-2&1&0\end{pmatrix}$$

$$=\begin{pmatrix}3\times1+(-1)\times0 & 3\times3+(-1)\times(-2) & 3\times1+(-1)\times1 & 3\times2+(-1)\times0\\ 0\times1+3\times0 & 0\times3+3\times(-2) & 0\times1+3\times1 & 0\times2+3\times0\\ 1\times1+4\times0 & 1\times3+4\times(-2) & 1\times1+4\times1 & 1\times2+4\times0\end{pmatrix}$$

$$=\begin{pmatrix}3&11&2&6\\0&-6&3&0\\1&-5&5&2\end{pmatrix}.$$

在例 6 中,$\boldsymbol{A}$ 是 3×2 矩阵,$\boldsymbol{B}$ 是 2×4 矩阵,乘积 $\boldsymbol{AB}$ 有意义,而 $\boldsymbol{BA}$ 却没有意义,即在矩阵的乘法中必须注意可乘的条件是:左边矩阵的列数与右边矩阵的行数相等.

例 7　设 $\boldsymbol{A}=\begin{pmatrix}-2&4\\1&-2\end{pmatrix}$,$\boldsymbol{B}=\begin{pmatrix}2&4\\-3&-6\end{pmatrix}$,$\boldsymbol{C}=\begin{pmatrix}8&16\\0&0\end{pmatrix}$,求 $\boldsymbol{AB}$、$\boldsymbol{BA}$、$\boldsymbol{AC}$.

解　$$\boldsymbol{AB}=\begin{pmatrix}-2&4\\1&-2\end{pmatrix}\begin{pmatrix}2&4\\-3&-6\end{pmatrix}=\begin{pmatrix}-16&-32\\8&16\end{pmatrix},$$

$$\boldsymbol{BA}=\begin{pmatrix}2&4\\-3&-6\end{pmatrix}\begin{pmatrix}-2&4\\1&-2\end{pmatrix}=\begin{pmatrix}0&0\\0&0\end{pmatrix},$$

$$\boldsymbol{AC}=\begin{pmatrix}-2&4\\1&-2\end{pmatrix}\begin{pmatrix}8&16\\0&0\end{pmatrix}=\begin{pmatrix}-16&-32\\8&16\end{pmatrix}.$$

由例 7 可知:① 即使 $\boldsymbol{AB}$ 和 $\boldsymbol{BA}$ 都有意义,但 $\boldsymbol{AB}$ 与 $\boldsymbol{BA}$ 不一定相等,即矩阵的乘法不满足

交换律；② 若有两个矩阵 $\boldsymbol{A}$、$\boldsymbol{B}$ 满足 $\boldsymbol{AB}=\boldsymbol{O}$，不能得出 $\boldsymbol{A}=\boldsymbol{O}$ 或 $\boldsymbol{B}=\boldsymbol{O}$；③ 当 $\boldsymbol{AB}=\boldsymbol{AC}$ 时，矩阵 $\boldsymbol{B}$ 与 $\boldsymbol{C}$ 不一定相等，即矩阵的乘法不满足消去律.

矩阵的乘法的性质：假设以下运算都是可行的.

矩阵乘法的性质

(1) **结合律** $(\boldsymbol{AB})\boldsymbol{C}=\boldsymbol{A}(\boldsymbol{BC})$.

(2) **分配律** $\boldsymbol{A}(\boldsymbol{B}+\boldsymbol{C})=\boldsymbol{AB}+\boldsymbol{AC}$，$(\boldsymbol{B}+\boldsymbol{C})\boldsymbol{A}=\boldsymbol{BA}+\boldsymbol{CA}$.

(3) $\boldsymbol{E}$ 为单位矩阵时，$\boldsymbol{A}_{m\times n}\boldsymbol{E}_n=\boldsymbol{E}_m\boldsymbol{A}_{m\times n}=\boldsymbol{A}_{m\times n}$.

(4) λ 是任意数，$(\lambda\boldsymbol{A})\boldsymbol{B}=\lambda(\boldsymbol{AB})=\boldsymbol{A}(\lambda\boldsymbol{B})$.

(5) $\boldsymbol{A}$ 为 n 阶方阵时，$\boldsymbol{A}^k=\underbrace{\boldsymbol{A}\cdot\boldsymbol{A}\cdot\cdots\cdot\boldsymbol{A}}_{k\text{个}}$.

例 8 已知 $\boldsymbol{A}=\begin{pmatrix}1 & \sqrt{3}\\ -\sqrt{3} & 1\end{pmatrix}$，求 $\boldsymbol{A}^3$.

解 $\boldsymbol{A}^2=\begin{pmatrix}1 & \sqrt{3}\\ -\sqrt{3} & 1\end{pmatrix}\begin{pmatrix}1 & \sqrt{3}\\ -\sqrt{3} & 1\end{pmatrix}=\begin{pmatrix}-2 & 2\sqrt{3}\\ -2\sqrt{3} & -2\end{pmatrix}$；

$$\boldsymbol{A}^3=\boldsymbol{A}^2\boldsymbol{A}=\begin{pmatrix}-2 & 2\sqrt{3}\\ -2\sqrt{3} & -2\end{pmatrix}\begin{pmatrix}1 & \sqrt{3}\\ -\sqrt{3} & 1\end{pmatrix}=\begin{pmatrix}-8 & 0\\ 0 & -8\end{pmatrix}.$$

例 9 用矩阵的运算表示线性方程组 $\begin{cases}2x_1-3x_2+x_3=1,\\ x_1+2x_2+3x_3=4.\end{cases}$

解 线性方程组的系数可用矩阵表示为 $\boldsymbol{A}=\begin{pmatrix}2 & -3 & 1\\ 1 & 2 & 3\end{pmatrix}$，常数项用矩阵表示为 $\boldsymbol{B}=\begin{pmatrix}1\\ 4\end{pmatrix}$，未知数用矩阵表示为 $\boldsymbol{X}=\begin{pmatrix}x_1\\ x_2\\ x_3\end{pmatrix}$，则线性方程组 $\begin{cases}2x_1-3x_2+x_3=1,\\ x_1+2x_2+3x_3=4,\end{cases}$ 可表示为 $\boldsymbol{AX}=\boldsymbol{B}$.

2.2.5 矩阵的转置

【案例 5】 生产成本：某工厂每个月生产三种电子产品的数量与成本如表 2-10 所示，求生产这三种电子产品的总成本.

表 2-10

产品	生产数量/个	生产成本/(元/个)
硬盘	80	160
翻页笔	300	60
鼠标	380	30

分析：生产数量与每个产品的生产成本分别用矩阵 $\boldsymbol{Q}$、$\boldsymbol{P}$ 表示，即 $\boldsymbol{Q}=\begin{pmatrix}80\\ 300\\ 380\end{pmatrix}$，$\boldsymbol{P}=\begin{pmatrix}160\\ 60\\ 30\end{pmatrix}$，那么在计算三个电子产品的总成本时，不管是 $\boldsymbol{QP}$ 还是 $\boldsymbol{PQ}$，都是无意义的，但是若将生产数量矩阵的行列互换，再与生产成本矩阵相乘，这样既满足矩阵乘法的定义，也可求出生产这三种

电子产品的总成本，即总成本 $\boldsymbol{R}$ 为

$$\boldsymbol{R}=80\times160+300\times60+380\times30=(80\quad 300\quad 380)\begin{pmatrix}160\\60\\30\end{pmatrix}.$$

定义 6 把矩阵 $\boldsymbol{A}$ 的所有行换成相应的列所得到的矩阵，称为 $\boldsymbol{A}$ 的**转置矩阵**，记作 $\boldsymbol{A}^{\mathrm{T}}$. 即若矩阵

$$\boldsymbol{A}=\begin{pmatrix}a_{11} & a_{12} & \cdots & a_{1n}\\ a_{21} & a_{22} & \cdots & a_{2n}\\ \vdots & \vdots & & \vdots\\ a_{m1} & a_{m2} & \cdots & a_{mn}\end{pmatrix}_{m\times n},$$

矩阵的转置

则
$$\boldsymbol{A}^{\mathrm{T}}=\begin{pmatrix}a_{11} & a_{21} & \cdots & a_{m1}\\ a_{12} & a_{22} & \cdots & a_{m2}\\ \vdots & \vdots & & \vdots\\ a_{1n} & a_{2n} & \cdots & a_{mn}\end{pmatrix}_{n\times m}.$$

例如，$\boldsymbol{P}=\begin{pmatrix}160\\60\\30\end{pmatrix}$ 的转置矩阵为 $\boldsymbol{P}^{\mathrm{T}}=(160\quad 60\quad 30)$.

例 10 设矩阵 $\boldsymbol{A}=\begin{pmatrix}1 & 2 & -3\\ -4 & -5 & 6\end{pmatrix}$，$\boldsymbol{B}=\begin{pmatrix}-1 & 4\\ 2 & -3\\ 3 & 1\end{pmatrix}$，求 $(\boldsymbol{AB})^{\mathrm{T}}$ 和 $\boldsymbol{B}^{\mathrm{T}}\boldsymbol{A}^{\mathrm{T}}$.

解 $\boldsymbol{AB}=\begin{pmatrix}1 & 2 & -3\\ -4 & -5 & 6\end{pmatrix}\begin{pmatrix}-1 & 4\\ 2 & -3\\ 3 & 1\end{pmatrix}=\begin{pmatrix}-6 & -5\\ 12 & 5\end{pmatrix}$，$(\boldsymbol{AB})^{\mathrm{T}}=\begin{pmatrix}-6 & 12\\ -5 & 5\end{pmatrix}$，

$$\boldsymbol{B}^{\mathrm{T}}\boldsymbol{A}^{\mathrm{T}}=\begin{pmatrix}-1 & 2 & 3\\ 4 & -3 & 1\end{pmatrix}\begin{pmatrix}1 & -4\\ 2 & -5\\ -3 & 6\end{pmatrix}=\begin{pmatrix}-6 & 12\\ -5 & 5\end{pmatrix}.$$

转置矩阵的性质：

(1) $(\boldsymbol{A}^{\mathrm{T}})^{\mathrm{T}}=\boldsymbol{A}$.

(2) $(\boldsymbol{A}+\boldsymbol{B})^{\mathrm{T}}=\boldsymbol{A}^{\mathrm{T}}+\boldsymbol{B}^{\mathrm{T}}$.

(3) $(\lambda\boldsymbol{A})^{\mathrm{T}}=\lambda\boldsymbol{A}^{\mathrm{T}}$.

(4) $(\boldsymbol{AB})^{\mathrm{T}}=\boldsymbol{B}^{\mathrm{T}}\boldsymbol{A}^{\mathrm{T}}$.

转置矩阵的性质

2.2.6 方阵的行列式

定义 7 由 n 阶方阵 $\boldsymbol{A}$ 的元素所构成的行列式(各元素的位置不变)，称为方阵 $\boldsymbol{A}$ 的**行列式**，记作 $|\boldsymbol{A}|$ 或 $\det(\boldsymbol{A})$.

例 11 设 $\boldsymbol{A}=\begin{pmatrix}1 & 3\\ 2 & -2\end{pmatrix}$，$\boldsymbol{B}=\begin{pmatrix}2 & 5\\ 3 & 4\end{pmatrix}$，求 $|\boldsymbol{A}|$，$|\boldsymbol{B}|$，$|\boldsymbol{A}|\cdot|\boldsymbol{B}|$，$|\boldsymbol{AB}|$，$|\boldsymbol{BA}|$.

方阵的行列式

解 $|\boldsymbol{A}|=\begin{vmatrix}1 & 3\\2 & -2\end{vmatrix}=-8$； $|\boldsymbol{B}|=\begin{vmatrix}2 & 5\\3 & 4\end{vmatrix}=-7$；

$$|\boldsymbol{A}|\cdot|\boldsymbol{B}|=(-8)\times(-7)=56;$$

$$\boldsymbol{AB}=\begin{pmatrix}1 & 3\\2 & -2\end{pmatrix}\begin{pmatrix}2 & 5\\3 & 4\end{pmatrix}=\begin{pmatrix}11 & 17\\-2 & 2\end{pmatrix},\quad |\boldsymbol{AB}|=\begin{vmatrix}11 & 17\\-2 & 2\end{vmatrix}=56;$$

$$\boldsymbol{BA}=\begin{pmatrix}2 & 5\\3 & 4\end{pmatrix}\begin{pmatrix}1 & 3\\2 & -2\end{pmatrix}=\begin{pmatrix}12 & -4\\11 & 1\end{pmatrix},\quad |\boldsymbol{BA}|=\begin{vmatrix}12 & -4\\11 & 1\end{vmatrix}=56.$$

n 阶方阵 $\boldsymbol{A}$ 的行列式的运算规律：

(1) $|\boldsymbol{A}^{\mathrm{T}}|=|\boldsymbol{A}|$（行列式的性质）.

(2) $|\lambda\boldsymbol{A}|=\lambda^n|\boldsymbol{A}|$（$\lambda$ 为实数）.

(3) $|\boldsymbol{AB}|=|\boldsymbol{A}||\boldsymbol{B}|$.

习　题　2.2

1. 计算题

(1) $\begin{pmatrix}1 & 2 & 3\\0 & -1 & 4\end{pmatrix}+\begin{pmatrix}2 & -2 & 4\\5 & 1 & -3\end{pmatrix}$；

(2) $2\begin{pmatrix}1 & 1 & 1\\2 & 2 & 2\\3 & 3 & 3\end{pmatrix}-3\begin{pmatrix}1 & 2 & 3\\3 & 1 & 2\\2 & 3 & 1\end{pmatrix}$；

(3) $\begin{pmatrix}1 & 2\\3 & 4\end{pmatrix}\begin{pmatrix}0 & 1\\1 & 0\end{pmatrix}$；

(4) $(1\quad 2)\begin{pmatrix}1 & 2 & -3 & -4\\2 & 3 & 4 & 5\end{pmatrix}$；

(5) $\begin{pmatrix}1 & 2 & -1\\0 & 1 & 2\\3 & 0 & 4\end{pmatrix}\begin{pmatrix}-1\\2\\5\end{pmatrix}$；

(6) $\begin{pmatrix}-1 & 1\\1 & -1\end{pmatrix}\begin{pmatrix}5 & 3 & 2\\2 & -1 & 0\end{pmatrix}$.

2. 已知二阶方阵 $\boldsymbol{A}=\begin{pmatrix}2 & 5\\1 & 3\end{pmatrix}$，$\boldsymbol{E}=\begin{pmatrix}1 & 0\\0 & 1\end{pmatrix}$，求 $2\boldsymbol{A}^2-4\boldsymbol{A}^{\mathrm{T}}+5\boldsymbol{E}$.

3. 已知 $(1\quad 0\quad 6\quad x)\begin{pmatrix}1 & 0 & 2 & 0\\0 & 0 & 1 & 1\\0 & 1 & 0 & 0\\0 & 0 & 1 & 0\end{pmatrix}=(1\quad 6\quad 1\quad 0)$，求 x.

4. 某工厂生产四种货物，上半年和下半年分别向三家商店发送的各种货物的数量可用矩阵 $\boldsymbol{A}$、$\boldsymbol{B}$ 表示，其中，$\boldsymbol{A}=\begin{pmatrix}16 & 18 & 2 & 29\\15 & 19 & 3 & 28\\17 & 17 & 2 & 27\end{pmatrix}$，$\boldsymbol{B}=\begin{pmatrix}15 & 16 & 1 & 25\\15 & 18 & 2 & 23\\15.5 & 16 & 2 & 25\end{pmatrix}$，试求：工厂在一年内向各商店发送的各种货物的数量.

5. 甲、乙、丙、丁四人的语文、数学、英语的平时成绩与期末卷面成绩分别为矩阵 $\boldsymbol{A}$、$\boldsymbol{B}$，又总评成绩的计算方法是平时成绩占 30%，期末卷面成绩占 70%，请算出四个人每门课的总评成绩（用整数表示，四舍五入）.（$0.3\boldsymbol{A}+0.7\boldsymbol{B}$）

$$\boldsymbol{A}=\begin{pmatrix}94 & 95 & 90\\90 & 94 & 88\\88 & 90 & 95\\89 & 96 & 92\end{pmatrix},\quad \boldsymbol{B}=\begin{pmatrix}88 & 90 & 93\\78 & 91 & 78\\70 & 85 & 54\\80 & 60 & 74\end{pmatrix}.$$

6. 某港口在某月运到Ⅰ、Ⅱ、Ⅲ三个地方的甲、乙两种货物的数量矩阵为 $\boldsymbol{A}=\begin{pmatrix}2000 & 1200 & 800\\1200 & 1400 & 600\end{pmatrix}$，两种货物的单价(万元)、单位重量(吨)与单位体积(立方米)为矩阵 $\boldsymbol{B}=\begin{pmatrix}0.2 & 0.01 & 0.12\\0.35 & 0.05 & 0.5\end{pmatrix}$，求运到三地的甲、乙两种货物的总价值、总重量、总体积.

2.3 矩阵的初等变换及矩阵的秩

2.3.1 矩阵的初等变换

在利用消元法解线性方程组时，经常反复使用如下三种初等变换(或运算)：

(1) 交换两个方程的位置；

(2) 用一个非零数乘某一方程；

(3) 用一个非零数乘某一方程，再加到另一方程上去(主要用来消元).

这三种方程组的初等变换，对应矩阵也有三种初等行变换.

矩阵的初等变换

定义 1 对矩阵施以下列三种变换，称为矩阵的**初等行变换**：

(1) 交换矩阵任意两行(交换变换 $r_i\leftrightarrow r_j$)；

(2) 矩阵的任意一行乘以非零数 k(倍乘变换 kr_i)；

(3) 矩阵的任意一行的 k 倍加到另外一行上去(倍加变换 kr_j+r_i).

类似地，可以定义矩阵的三种初等列变换，矩阵的初等行变换和矩阵的初等列变换统称为矩阵的**初等变换**.

定理 1 任何非奇异方阵(方阵行列式不为零)都可以用初等行变换将其化为单位矩阵.

例 1 用初等行变换化矩阵 $\boldsymbol{A}=\begin{pmatrix}2 & 3 & 1\\0 & 1 & 3\\1 & 2 & 5\end{pmatrix}$ 为单位矩阵.

利用初等变换化单位矩阵

解

$$\boldsymbol{A}=\begin{pmatrix}2 & 3 & 1\\0 & 1 & 3\\1 & 2 & 5\end{pmatrix}\xrightarrow{r_1\leftrightarrow r_3}\begin{pmatrix}1 & 2 & 5\\0 & 1 & 3\\2 & 3 & 1\end{pmatrix}\xrightarrow{-2r_1+r_3}\begin{pmatrix}1 & 2 & 5\\0 & 1 & 3\\0 & -1 & -9\end{pmatrix}$$

$$\xrightarrow{r_2+r_3}\begin{pmatrix}1 & 2 & 5\\0 & 1 & 3\\0 & 0 & -6\end{pmatrix}\xrightarrow{-\frac{1}{6}r_3}\begin{pmatrix}1 & 2 & 5\\0 & 1 & 3\\0 & 0 & 1\end{pmatrix}\xrightarrow[-5r_3+r_1]{-3r_3+r_2}\begin{pmatrix}1 & 2 & 0\\0 & 1 & 0\\0 & 0 & 1\end{pmatrix}$$

$$\xrightarrow{-2r_2+r_1}\begin{pmatrix}1 & 0 & 0\\0 & 1 & 0\\0 & 0 & 1\end{pmatrix}.$$

定理 2 任何一个矩阵都可以经过有限次初等行变换化为行阶梯形矩阵.

例 2　设 $A=\begin{pmatrix} 0 & 0 & 0 & 1 & 2 & -1 \\ 1 & 1 & 3 & -2 & 2 & -1 \\ 2 & 4 & 6 & -8 & 10 & 0 \\ -1 & -1 & -3 & 1 & -4 & 2 \end{pmatrix}$，用初等行变换把 A 化为行阶梯形矩阵.

利用初等变换化行阶梯阵

解　$A \xrightarrow[\frac{1}{2}r_3]{r_1 \leftrightarrow r_2} \begin{pmatrix} 1 & 1 & 3 & -2 & 2 & -1 \\ 0 & 0 & 0 & 1 & 2 & -1 \\ 1 & 2 & 3 & -4 & 5 & 0 \\ -1 & -1 & -3 & 1 & -4 & 2 \end{pmatrix}$

$$\xrightarrow[r_1+r_4]{-r_1+r_3} \begin{pmatrix} 1 & 1 & 3 & -2 & 2 & -1 \\ 0 & 0 & 0 & 1 & 2 & -1 \\ 0 & 1 & 0 & -2 & 3 & 1 \\ 0 & 0 & 0 & -1 & -2 & 1 \end{pmatrix}$$

$$\xrightarrow[r_3+r_4]{r_2 \leftrightarrow r_3} \begin{pmatrix} 1 & 1 & 3 & -2 & 2 & -1 \\ 0 & 1 & 0 & -2 & 3 & 1 \\ 0 & 0 & 0 & 1 & 2 & -1 \\ 0 & 0 & 0 & 0 & 0 & 0 \end{pmatrix}.\text{（行阶梯形矩阵）}$$

2.3.2　矩阵的秩

定义 2　在矩阵 $A=(a_{ij})_{m\times n}$ 中，任取 k 行 k 列，位于这 k 行 k 列交叉处的 k^2 个元素按其原来的次序排成一个 k 阶行列式，称为矩阵 A 的一个 **k 阶子式**.

例如，矩阵 $A=\begin{pmatrix} 1 & 1 & -2 & 1 \\ 4 & -6 & 2 & -16 \\ 3 & 6 & -9 & 9 \end{pmatrix}$ 中第 1，3 行与第 1，4 列交叉位置上的元素按照它们在矩阵 A 中的次序排成的行列式 $\begin{vmatrix} 1 & 1 \\ 3 & 9 \end{vmatrix}$ 是 A 的一个二阶子式，而第 1，2，3 行与第 1，2，3 列交叉位置上的元素按照它们在矩阵 A 中的次序排成的行列式 $\begin{vmatrix} 1 & 1 & -2 \\ 4 & -6 & 2 \\ 3 & 6 & -9 \end{vmatrix}$ 是 A 的一个三阶子式.

k 阶子式

注意：$A_{m\times n}$ 矩阵有 $C_m^k C_n^k$ 个 k 阶子式.

定义 3　矩阵 A 的不为零的子式的最高阶数称为矩阵的**秩**，记作 $r(A)$.

定理 3　如果 A 至少有一个 k 阶子式不为零，而所有 $k+1$ 阶子式全为零，则 $r(A)=k$.

利用子式求秩

例 3　设 $A=\begin{pmatrix} 1 & 2 & 3 & 4 \\ 2 & 4 & 0 & -2 \\ 0 & 0 & 0 & 0 \end{pmatrix}$，求 $r(A)$.

解　A 中有二阶子式 $\begin{vmatrix} 3 & 4 \\ 0 & -2 \end{vmatrix}=-6\neq 0$，而 A 中所有的三阶子式均为零，即

$$\begin{vmatrix}1&2&3\\2&4&0\\0&0&0\end{vmatrix}=\begin{vmatrix}1&2&4\\2&4&-2\\0&0&0\end{vmatrix}=\begin{vmatrix}1&3&4\\2&0&-2\\0&0&0\end{vmatrix}=\begin{vmatrix}2&3&4\\4&0&-2\\0&0&0\end{vmatrix}=0.$$

所以 $r(\boldsymbol{A})=2$.

定理 4　设 $\boldsymbol{A}$ 为 $m\times n$ 矩阵,则

(1) $r(\boldsymbol{A})\leqslant\min\{m,n\}$;

(2) $r(\boldsymbol{A})=0 \Leftrightarrow \boldsymbol{A}=\boldsymbol{O}$;

(3) $r(\boldsymbol{A})\geqslant k \Leftrightarrow \boldsymbol{A}$ 中有 k 阶子式不为 0;

(4) $r(\boldsymbol{A})\leqslant k \Leftrightarrow \boldsymbol{A}$ 中所有 $k+1$ 阶子式(如果存在的话)全为 0;

(5) $r(\boldsymbol{A}^{\mathrm{T}})=r(\boldsymbol{A})$.

例 4　设 $\boldsymbol{A}=\begin{pmatrix}1&2&3\\2&4&0\\-1&0&0\end{pmatrix}$,求 $r(\boldsymbol{A})$.

解　因为 $|\boldsymbol{A}|=\begin{vmatrix}1&2&3\\2&4&0\\-1&0&0\end{vmatrix}=12\neq0$, 所以 $r(\boldsymbol{A})=3$.

例 5　求 $\boldsymbol{B}=\begin{pmatrix}2&-1&0&3&-2\\0&3&1&-2&5\\0&0&0&4&-3\\0&0&0&0&0\end{pmatrix}$的秩.

解　由于矩阵是一个行阶梯型矩阵,非零行只有 3 行,最后一行元素都为零,所以所有四阶子式都为零,而三阶子式$\begin{vmatrix}2&-1&3\\0&3&-2\\0&0&4\end{vmatrix}\neq0$,所以 $r(\boldsymbol{B})=3$.

定义 4　若 n 阶方阵 $\boldsymbol{A}$ 的行列式不为 0,则称 $\boldsymbol{A}$ 为**满秩矩阵**,也称为**非奇异矩阵**.

定理 5　初等变换不改变矩阵的秩. 即 $\boldsymbol{A}\xrightarrow{\text{初等变换}}\boldsymbol{B}$,则 $r(\boldsymbol{A})=r(\boldsymbol{B})$.

结合定理 5 与例 5,用初等变换求矩阵秩的方法:

$\boldsymbol{A}\xrightarrow{\text{初等行变换}}$行阶梯形矩阵 $\boldsymbol{B}$,则矩阵 $\boldsymbol{A}$ 的秩 $r(\boldsymbol{A})$ 等于矩阵 $\boldsymbol{B}$ 非零行的行数.

利用初等变换求秩

例 6　设 $\boldsymbol{A}=\begin{pmatrix}1&1&3&-1&-2\\2&2&-1&2&3\\3&3&2&1&1\\1&1&-4&3&5\end{pmatrix}$,求 $r(\boldsymbol{A})$.

解　对矩阵 $\boldsymbol{A}$ 作初等行变换,化为行阶梯形矩阵:

$$\boldsymbol{A}\xrightarrow[-r_1+r_4]{\substack{-2r_1+r_2\\-3r_1+r_3}}\begin{pmatrix}1&1&3&-1&-2\\0&0&-7&4&7\\0&0&-7&4&7\\0&0&-7&4&7\end{pmatrix}\xrightarrow[-r_2+r_4]{-r_2+r_3}\begin{pmatrix}1&1&3&-1&-2\\0&0&-7&4&7\\0&0&0&0&0\\0&0&0&0&0\end{pmatrix}.$$

由于行阶梯形矩阵非零行为 2 行，于是 $r(\boldsymbol{A})=2$.

例 7 设 $\boldsymbol{A}=\begin{pmatrix}1&1&1&1&1&1\\0&1&2&2&6&3\\3&2&1&1&-3&x\\5&4&3&3&-1&y\end{pmatrix}$，求 x 和 y，使得 $r(\boldsymbol{A})=2$.

解 对矩阵 $\boldsymbol{A}$ 作初等行变换，化为行阶梯形矩阵：

$$\boldsymbol{A}\xrightarrow[-5r_1+r_4]{-3r_1+r_3}\begin{pmatrix}1&1&1&1&1&1\\0&1&2&2&6&3\\0&-1&-2&-2&-6&x-3\\0&-1&-2&-2&-6&y-5\end{pmatrix}\xrightarrow[r_2+r_4]{r_2+r_3}\begin{pmatrix}1&1&1&1&1&1\\0&1&2&2&6&3\\0&0&0&0&0&x\\0&0&0&0&0&y-2\end{pmatrix}.$$

要使 $r(\boldsymbol{A})=2$，第 3 行与第 4 行必须都是零行，即 $\begin{cases}x=0,\\y-2=0\end{cases}\Rightarrow\begin{cases}x=0,\\y=2,\end{cases}$ 所以元素 $x=0$ 且 $y=2$，使得 $r(\boldsymbol{A})=2$.

习 题 2.3

1. 用初等变换化矩阵 $\boldsymbol{A}=\begin{pmatrix}1&2&3\\1&4&3\\1&3&4\end{pmatrix}$ 为单位矩阵.

2. 求下列矩阵的秩.

(1) $\boldsymbol{A}=\begin{pmatrix}1&0&3&2&-1\\4&2&2&1&4\end{pmatrix}$；

(2) $\boldsymbol{A}=\begin{pmatrix}-5&6&-3\\3&1&11\\4&-2&8\end{pmatrix}$；

(3) $\boldsymbol{A}=\begin{pmatrix}1&-2&3&-1\\3&-1&5&-3\\2&1&2&-2\end{pmatrix}$；

(4) $\boldsymbol{A}=\begin{pmatrix}1&0&0&1&4\\0&1&0&2&5\\0&0&1&3&6\\1&2&3&14&32\end{pmatrix}$.

2.4 逆 矩 阵

2.4.1 逆矩阵的概念

逆矩阵、非奇异矩阵、奇异矩阵的概念

对于两个非零数 a、b，若满足 $ab=ba=1$，则 b 称为 a 的**倒数**，记作 $b=a^{-1}$，即有 $aa^{-1}=a^{-1}a=1$. 类似的，对于矩阵 $\boldsymbol{A}\neq\boldsymbol{O}$，是否存在矩阵 $\boldsymbol{B}$，使得 $\boldsymbol{AB}=\boldsymbol{BA}=\boldsymbol{E}$ 呢？若存在 $\boldsymbol{B}$，那么矩阵 $\boldsymbol{A}$ 须满足什么条件呢？

定义 1 对于 n 阶方阵 $\boldsymbol{A}$，若存在一个 n 阶方阵 $\boldsymbol{B}$，使得 $\boldsymbol{AB}=\boldsymbol{BA}=\boldsymbol{E}$，则称

$\boldsymbol{A}$ 是**可逆矩阵**,并称方阵 $\boldsymbol{B}$ 为方阵 $\boldsymbol{A}$ 的**逆矩阵**,记作 $\boldsymbol{A}^{-1}=\boldsymbol{B}$.

例如,矩阵 $\boldsymbol{A}=\begin{pmatrix}2&1\\3&1\end{pmatrix}$,$\boldsymbol{B}=\begin{pmatrix}-1&1\\3&-2\end{pmatrix}$,满足 $\boldsymbol{AB}=\boldsymbol{BA}=\boldsymbol{E}$,所以矩阵 $\boldsymbol{A}$ 可逆.且矩阵 $\boldsymbol{B}$ 是矩阵 $\boldsymbol{A}$ 的逆矩阵.同时,矩阵 $\boldsymbol{B}$ 也是可逆的,且其逆矩阵为矩阵 $\boldsymbol{A}$,所以 $\boldsymbol{A},\boldsymbol{B}$ 互为逆矩阵.

逆矩阵的性质:

(1) 若 $\boldsymbol{A}$ 为可逆阵,则 $\boldsymbol{A}^{-1}$ 是唯一的.

证明　设 $\boldsymbol{B}_1,\boldsymbol{B}_2$ 都是 $\boldsymbol{A}$ 的逆阵,则有 $\begin{cases}\boldsymbol{AB}_1=\boldsymbol{B}_1\boldsymbol{A}=\boldsymbol{E},\\\boldsymbol{AB}_2=\boldsymbol{B}_2\boldsymbol{A}=\boldsymbol{E},\end{cases}$ 那么

$$\boldsymbol{B}_1=\boldsymbol{B}_1\boldsymbol{E}=\boldsymbol{B}_1(\boldsymbol{AB}_2)=(\boldsymbol{B}_1\boldsymbol{A})\boldsymbol{B}_2=\boldsymbol{EB}_2=\boldsymbol{B}_2,$$

所以,逆矩阵是唯一的.

(2) 若 $\boldsymbol{A}$ 为可逆阵,则 $\boldsymbol{A}^{-1}$ 也可逆,且 $(\boldsymbol{A}^{-1})^{-1}=\boldsymbol{A}$,即 $\boldsymbol{A}$ 与 $\boldsymbol{A}^{-1}$ 互为逆矩阵.

(3) 若 $\boldsymbol{A}$ 为可逆阵,则 $\boldsymbol{A}^{\mathrm{T}}$ 也可逆,且 $(\boldsymbol{A}^{\mathrm{T}})^{-1}=(\boldsymbol{A}^{-1})^{\mathrm{T}}$.

(4) 若 $\boldsymbol{A}$ 为可逆阵,则 $|\boldsymbol{A}|\neq0$,且 $|\boldsymbol{A}^{-1}|=\dfrac{1}{|\boldsymbol{A}|}$.

(5) 若 $\boldsymbol{A}$ 为可逆阵,则当 $k\neq0$ 时,$(k\boldsymbol{A})^{-1}=\dfrac{1}{k}\boldsymbol{A}^{-1}$.

(6) 若 $\boldsymbol{A}$ 为可逆阵,且 $\boldsymbol{AB}=\boldsymbol{AC}$(或 $\boldsymbol{BA}=\boldsymbol{CA}$),则 $\boldsymbol{B}=\boldsymbol{C}$(满足消去律).

(7) 若 $\boldsymbol{A},\boldsymbol{B}$ 皆为可逆阵,则 $(\boldsymbol{AB})^{-1}=\boldsymbol{B}^{-1}\boldsymbol{A}^{-1}$.

2.4.2　用伴随矩阵求逆矩阵

定义 2　设 A_{ij} 是矩阵 $\boldsymbol{A}=\begin{pmatrix}a_{11}&a_{12}&\cdots&a_{1n}\\a_{21}&a_{22}&\cdots&a_{2n}\\\vdots&\vdots&&\vdots\\a_{n1}&a_{n2}&\cdots&a_{nn}\end{pmatrix}$ 所对应的行列式 $|\boldsymbol{A}|$ 中元素 a_{ij} 的代数余子式,则称矩阵 $\boldsymbol{A}^*=\begin{pmatrix}A_{11}&A_{21}&\cdots&A_{n1}\\A_{12}&A_{22}&\cdots&A_{n2}\\\vdots&\vdots&&\vdots\\A_{1n}&A_{2n}&\cdots&A_{nn}\end{pmatrix}$ 为 $\boldsymbol{A}$ 的**伴随矩阵**.

伴随矩阵

由行列式的展开定理与矩阵的乘法可得 $\boldsymbol{AA}^*=\boldsymbol{A}^*\boldsymbol{A}=|\boldsymbol{A}|\boldsymbol{E}$.

定理 1　n 阶方阵 $\boldsymbol{A}$ 可逆的充分必要条件是 $\boldsymbol{A}$ 为**非奇异矩阵**(满秩矩阵,即 $|\boldsymbol{A}|\neq0$),而且 $\boldsymbol{A}^{-1}=\dfrac{1}{|\boldsymbol{A}|}\boldsymbol{A}^*$.

证明　**必要性**　如果 $\boldsymbol{A}$ 可逆,则 $\boldsymbol{A}^{-1}$ 存在,使 $\boldsymbol{AA}^{-1}=\boldsymbol{E}$,两边取行列式得

$$|\boldsymbol{AA}^{-1}|=|\boldsymbol{E}|,$$

即

$$|\boldsymbol{A}||\boldsymbol{A}^{-1}|=1\neq0.$$

因而 $|\boldsymbol{A}|\neq0$,即 $\boldsymbol{A}$ 为**非奇异矩阵**.

充分性　设 $\boldsymbol{A}$ 为非奇异矩阵,即 $|\boldsymbol{A}|\neq0$,则

利用伴随矩阵求逆

$$\boldsymbol{A}\left(\frac{1}{|\boldsymbol{A}|}\boldsymbol{A}^*\right)=\left(\frac{1}{|\boldsymbol{A}|}\boldsymbol{A}^*\right)\boldsymbol{A}=\boldsymbol{E}.$$

所以，$\boldsymbol{A}$ 是可逆矩阵，且 $\boldsymbol{A}^{-1}=\frac{1}{|\boldsymbol{A}|}\boldsymbol{A}^*$.

例 1 求二阶方阵 $\boldsymbol{A}=\begin{pmatrix} a & b \\ c & d \end{pmatrix}$ 的伴随矩阵.

解 $|\boldsymbol{A}|=\begin{vmatrix} a & b \\ c & d \end{vmatrix}$，则其每个元素的代数余子式为

$$A_{11}=(-1)^{1+1}d=d,\quad A_{12}=(-1)^{1+2}c=-c,$$
$$A_{21}=(-1)^{2+1}b=-b,\quad A_{22}=(-1)^{2+2}a=a.$$

于是得到二阶方阵 $\boldsymbol{A}$ 的伴随矩阵为

$$\boldsymbol{A}^*=\begin{pmatrix} A_{11} & A_{12} \\ A_{21} & A_{22} \end{pmatrix}^{\mathrm{T}}=\begin{pmatrix} A_{11} & A_{21} \\ A_{12} & A_{22} \end{pmatrix}=\begin{pmatrix} d & -b \\ -c & a \end{pmatrix}.$$

例 2 求矩阵 $\boldsymbol{A}=\begin{pmatrix} 1 & 0 & 1 \\ 2 & 1 & 0 \\ -3 & 2 & -5 \end{pmatrix}$ 的逆矩阵.

解 因为 $|\boldsymbol{A}|=\begin{vmatrix} 1 & 0 & 1 \\ 2 & 1 & 0 \\ -3 & 2 & -5 \end{vmatrix}=2\neq 0$，所以 $\boldsymbol{A}$ 可逆.

$$A_{11}=(-1)^{1+1}\begin{vmatrix} 1 & 0 \\ 2 & -5 \end{vmatrix}=-5,$$

$$A_{12}=(-1)^{1+2}\begin{vmatrix} 2 & 0 \\ -3 & -5 \end{vmatrix}=10,$$

$$A_{13}=(-1)^{1+3}\begin{vmatrix} 2 & 1 \\ -3 & 2 \end{vmatrix}=7;$$

$$A_{21}=(-1)^{2+1}\begin{vmatrix} 0 & 1 \\ 2 & -5 \end{vmatrix}=2,$$

$$A_{22}=(-1)^{2+2}\begin{vmatrix} 1 & 1 \\ -3 & -5 \end{vmatrix}=-2,$$

$$A_{23}=(-1)^{2+3}\begin{vmatrix} 1 & 0 \\ -3 & 2 \end{vmatrix}=-2;$$

$$A_{31}=(-1)^{3+1}\begin{vmatrix} 0 & 1 \\ 1 & 0 \end{vmatrix}=-1,$$

$$A_{32}=(-1)^{3+2}\begin{vmatrix} 1 & 1 \\ 2 & 0 \end{vmatrix}=2,$$

$$A_{33}=(-1)^{3+3}\begin{vmatrix} 1 & 0 \\ 2 & 1 \end{vmatrix}=1.$$

则

$$A^{*}=\begin{pmatrix}-5 & 2 & -1\\ 10 & -2 & 2\\ 7 & -2 & 1\end{pmatrix},$$

所以

$$\boldsymbol{A}^{-1}=\frac{1}{|\boldsymbol{A}|}\boldsymbol{A}^{*}=\frac{1}{2}\begin{pmatrix}-5 & 2 & -1\\ 10 & -2 & 2\\ 7 & -2 & 1\end{pmatrix}=\begin{pmatrix}-\frac{5}{2} & 1 & -\frac{1}{2}\\ 5 & -1 & 1\\ \frac{7}{2} & -1 & \frac{1}{2}\end{pmatrix}.$$

2.4.3　初等行变换求逆矩阵

在给定的 n 阶方阵 $\boldsymbol{A}(|\boldsymbol{A}|\neq 0)$ 的右边放一个 n 阶单位矩阵 $\boldsymbol{E}$ 形成一个 $n\times 2n$ 的矩阵 $(\boldsymbol{A}\,\vdots\,\boldsymbol{E})$，然后对矩阵 $(\boldsymbol{A}\,\vdots\,\boldsymbol{E})$ 实施初等行变换，直到将原矩阵 $\boldsymbol{A}$ 所在部分变成单位矩阵 $\boldsymbol{E}$，原单位矩阵部分经过同样的初等变换后，所得到的矩阵就是 $\boldsymbol{A}$ 的逆矩阵 $\boldsymbol{A}^{-1}$，即

$$(\boldsymbol{A}\,\vdots\,\boldsymbol{E})\xrightarrow{\text{经初等行变换}}(\boldsymbol{E}\,\vdots\,\boldsymbol{A}^{-1}).$$

利用初等变换求逆

例 3　用初等行变换求矩阵 $\boldsymbol{A}=\begin{pmatrix}1 & 0 & 1\\ 2 & 1 & 0\\ -3 & 2 & -5\end{pmatrix}$ 的逆矩阵.

解　$$(\boldsymbol{A}\,\vdots\,\boldsymbol{E})=\left(\begin{array}{ccc:ccc}1 & 0 & 1 & 1 & 0 & 0\\ 2 & 1 & 0 & 0 & 1 & 0\\ -3 & 2 & -5 & 0 & 0 & 1\end{array}\right)\xrightarrow[3r_1+r_3]{-2r_1+r_2}\left(\begin{array}{ccc:ccc}1 & 0 & 1 & 1 & 0 & 0\\ 0 & 1 & -2 & -2 & 1 & 0\\ 0 & 2 & -2 & 3 & 0 & 1\end{array}\right)$$

$$\xrightarrow{-2r_2+r_3}\left(\begin{array}{ccc:ccc}1 & 0 & 1 & 1 & 0 & 0\\ 0 & 1 & -2 & -2 & 1 & 0\\ 0 & 0 & 2 & 7 & -2 & 1\end{array}\right)$$

$$\xrightarrow{\frac{1}{2}r_3}\left(\begin{array}{ccc:ccc}1 & 0 & 1 & 1 & 0 & 0\\ 0 & 1 & -2 & -2 & 1 & 0\\ 0 & 0 & 1 & \frac{7}{2} & -1 & \frac{1}{2}\end{array}\right)$$

$$\xrightarrow[-r_3+r_1]{2r_3+r_2}\left(\begin{array}{ccc:ccc}1 & 0 & 0 & -\frac{5}{2} & 1 & -\frac{1}{2}\\ 0 & 1 & 0 & 5 & -1 & 1\\ 0 & 0 & 1 & \frac{7}{2} & -1 & \frac{1}{2}\end{array}\right).$$

因此

$$\boldsymbol{A}^{-1}=\begin{pmatrix}-\frac{5}{2} & 1 & -\frac{1}{2}\\ 5 & -1 & 1\\ \frac{7}{2} & -1 & \frac{1}{2}\end{pmatrix}.$$

例 4 解矩阵方程 $X\begin{pmatrix}2 & 1\\ 1 & 2\end{pmatrix}=\begin{pmatrix}1 & 2\\ -1 & 4\end{pmatrix}$.

矩阵方程求解

解
$$X=\begin{pmatrix}1 & 2\\ -1 & 4\end{pmatrix}\begin{pmatrix}2 & 1\\ 1 & 2\end{pmatrix}^{-1}=\begin{pmatrix}1 & 2\\ -1 & 4\end{pmatrix}\left[\frac{1}{3}\begin{pmatrix}2 & -1\\ -1 & 2\end{pmatrix}\right]$$
$$=\frac{1}{3}\begin{pmatrix}1 & 2\\ -1 & 4\end{pmatrix}\begin{pmatrix}2 & -1\\ -1 & 2\end{pmatrix}$$
$$=\frac{1}{3}\begin{pmatrix}0 & 3\\ -6 & 9\end{pmatrix}=\begin{pmatrix}0 & 1\\ -2 & 3\end{pmatrix}.$$

例 5 一工厂有 1000 小时用于生产、维修和检验，各工序的工作时间分别为 P、M、I，且满足：$P+M+I=1000$，$P=I-100$，$P+I=M+100$，求各工序所用时间分别为多少？

解 由题意得 P、M、I 满足方程组 $\begin{cases}P+M+I=1000,\\ P\qquad\ -I=-100,\\ P-M+I=100,\end{cases}$

令
$$\boldsymbol{A}=\begin{pmatrix}1 & 1 & 1\\ 1 & 0 & -1\\ 1 & -1 & 1\end{pmatrix},\boldsymbol{X}=\begin{pmatrix}P\\ M\\ I\end{pmatrix},\boldsymbol{B}=\begin{pmatrix}1000\\ -100\\ 100\end{pmatrix},$$

则原方程组的矩阵形式：$\boldsymbol{AX}=\boldsymbol{B}\Rightarrow\boldsymbol{X}=\boldsymbol{A}^{-1}\boldsymbol{B}$. 因为

$$(\boldsymbol{A}\ \vdots\ \boldsymbol{E})=\left(\begin{array}{ccc:ccc}1 & 1 & 1 & 1 & 0 & 0\\ 1 & 0 & -1 & 0 & 1 & 0\\ 1 & -1 & 1 & 0 & 0 & 1\end{array}\right)\xrightarrow[-r_1+r_3]{-r_1+r_2}\left(\begin{array}{ccc:ccc}1 & 1 & 1 & 1 & 0 & 0\\ 0 & -1 & -2 & -1 & 1 & 0\\ 0 & -2 & 0 & -1 & 0 & 1\end{array}\right)$$
$$\xrightarrow[2r_2+r_3]{-r_2}\left(\begin{array}{ccc:ccc}1 & 1 & 1 & 1 & 0 & 0\\ 0 & 1 & 2 & 1 & -1 & 0\\ 0 & 0 & 4 & 1 & -2 & 1\end{array}\right)\xrightarrow{\frac{1}{4}r_3}\left(\begin{array}{ccc:ccc}1 & 1 & 1 & 1 & 0 & 0\\ 0 & 1 & 2 & 1 & -1 & 0\\ 0 & 0 & 1 & \frac{1}{4} & -\frac{1}{2} & \frac{1}{4}\end{array}\right)$$
$$\xrightarrow{r_1-r_2}\left(\begin{array}{ccc:ccc}1 & 0 & -1 & 0 & 1 & 0\\ 0 & 1 & 2 & 1 & -1 & 0\\ 0 & 0 & 1 & \frac{1}{4} & -\frac{1}{2} & \frac{1}{4}\end{array}\right)\xrightarrow[r_2-2r_3]{r_1+r_3}\left(\begin{array}{ccc:ccc}1 & 0 & 0 & \frac{1}{4} & \frac{1}{2} & \frac{1}{4}\\ 0 & 1 & 0 & \frac{1}{2} & 0 & -\frac{1}{2}\\ 0 & 0 & 1 & \frac{1}{4} & -\frac{1}{2} & \frac{1}{4}\end{array}\right),$$

所以
$$\boldsymbol{A}^{-1}=\begin{pmatrix}\frac{1}{4} & \frac{1}{2} & \frac{1}{4}\\ \frac{1}{2} & 0 & -\frac{1}{2}\\ \frac{1}{4} & -\frac{1}{2} & \frac{1}{4}\end{pmatrix},\quad \boldsymbol{X}=\boldsymbol{A}^{-1}\boldsymbol{B}=\begin{pmatrix}\frac{1}{4} & \frac{1}{2} & \frac{1}{4}\\ \frac{1}{2} & 0 & -\frac{1}{2}\\ \frac{1}{4} & -\frac{1}{2} & \frac{1}{4}\end{pmatrix}\begin{pmatrix}1000\\ -100\\ 100\end{pmatrix}=\begin{pmatrix}225\\ 450\\ 325\end{pmatrix}.$$

因此，各工序所用时间分别为 225 小时，450 小时，325 小时.

习　题　2.4

1. 验证下列等式.

(1) $\begin{pmatrix}1&1\\0&1\end{pmatrix}^{-1}=\begin{pmatrix}1&-1\\0&1\end{pmatrix}$；　　(2) $\begin{pmatrix}\cos\theta&-\sin\theta\\\sin\theta&\cos\theta\end{pmatrix}^{-1}=\begin{pmatrix}\cos\theta&\sin\theta\\-\sin\theta&\cos\theta\end{pmatrix}$；

(3) $\begin{pmatrix}1&2&3\\0&1&2\\0&0&1\end{pmatrix}^{-1}=\begin{pmatrix}1&-2&1\\0&1&-2\\0&0&1\end{pmatrix}$.

2. 求下列方阵的逆矩阵.

(1) $\boldsymbol{A}=\begin{pmatrix}1&2\\3&4\end{pmatrix}$；　　(2) $\boldsymbol{A}=\begin{pmatrix}1&0&0\\1&2&0\\1&2&3\end{pmatrix}$；

(3) $\boldsymbol{A}=\begin{pmatrix}3&2&1\\3&1&5\\3&2&3\end{pmatrix}$；　　(4) $\boldsymbol{A}=\begin{pmatrix}1&2&-1\\3&4&-2\\5&-4&1\end{pmatrix}$.

3. 解矩阵方程 $\begin{pmatrix}2&5\\1&3\end{pmatrix}\boldsymbol{X}=\begin{pmatrix}4&-6\\2&1\end{pmatrix}$.

4. 用初等变换法求下列矩阵的逆矩阵.

(1) $\boldsymbol{A}=\begin{pmatrix}1&3&3\\1&4&3\\1&3&4\end{pmatrix}$；　(2) $\boldsymbol{A}=\begin{pmatrix}1&2&3\\2&2&1\\3&4&3\end{pmatrix}$；　(3) $\boldsymbol{A}=\begin{pmatrix}1&1&0&0\\1&2&0&0\\3&7&2&3\\2&5&1&2\end{pmatrix}$.

复习参考题

1. 设 $\boldsymbol{A}=\begin{pmatrix}1&3\\2&-1\end{pmatrix}$，$\boldsymbol{B}=\begin{pmatrix}3&0\\1&2\end{pmatrix}$，求(1) $2\boldsymbol{A}-3\boldsymbol{B}$；(2) $\boldsymbol{A}^2+\boldsymbol{B}^2$；(3) $\boldsymbol{AB}-\boldsymbol{BA}$.

2. 设矩阵 $\boldsymbol{A}=\begin{pmatrix}1&-4&2\\-1&4&-2\end{pmatrix}$，$\boldsymbol{B}=\begin{pmatrix}1&2\\-1&3\\5&-2\end{pmatrix}$，$\boldsymbol{C}=\begin{pmatrix}2&2\\1&-1\\1&-3\end{pmatrix}$，

试求：(1) $2\boldsymbol{B}-3\boldsymbol{C}$；(2) $\boldsymbol{A}(2\boldsymbol{B}-3\boldsymbol{C})$.

3. 若矩阵 $\boldsymbol{A}=\begin{pmatrix}1&-4&2\\-1&4&-2\end{pmatrix}$，$\boldsymbol{B}=\begin{pmatrix}1&2\\-1&3\\5&-2\end{pmatrix}$，求积 $\boldsymbol{C}=\boldsymbol{AB}$ 第 2 行第 1 列的元素 c_{21}.

4. 设矩阵 $\boldsymbol{A}=\begin{pmatrix}2&2\\4&3\end{pmatrix}$，$\boldsymbol{B}=\begin{pmatrix}4&1\\2&3\end{pmatrix}$，且 $3\boldsymbol{A}+\boldsymbol{X}^{\mathrm{T}}=2\boldsymbol{B}$，求矩阵 $\boldsymbol{X}$.

5. 设$\begin{pmatrix} x & 2y \\ z & -8 \end{pmatrix}=\begin{pmatrix} 0 & 1 \\ 1 & 0 \end{pmatrix}\begin{pmatrix} -1 & 2x \\ -2w & w \end{pmatrix}$，求数 x,y,z,w.

6. 设矩阵$\boldsymbol{A}=\begin{pmatrix} 4 & 3 \\ 2 & -1 \end{pmatrix}$，$\boldsymbol{B}=\begin{pmatrix} 2 & -3 \\ 1 & 4 \end{pmatrix}$，$\boldsymbol{C}=\begin{pmatrix} 1 & 1 \\ 1 & 1 \end{pmatrix}$，求$\boldsymbol{A}^{\mathrm{T}}\boldsymbol{B}-3\boldsymbol{C}$.

7. 【合金成分】现有甲、乙两种合金各重 30 吨、20 吨，它们含有 A、B、C 三种金属成分，如表 2-11 所示，用矩阵表示，并用矩阵运算求在甲、乙两种合金中，这三种金属的含量各为多少？

表 2-11

合金 \ 成分比例 \ 金属	A	B	C
甲	0.8	0.1	0.1
乙	0.4	0.3	0.3

8. 【运输费用】设甲、乙两地的产品要运销到三个不同的地区去，两产地到三个销地的距离(单位：千米)用矩阵 $\boldsymbol{A}$ 表示，$\boldsymbol{A}=\begin{pmatrix} 5 & 6 & 7 \\ 4 & 3 & 1 \end{pmatrix}$，运费为 2 元/千米，用矩阵运算求甲、乙两地的产品运销到三个不同地区的费用各是多少？

9. 【汽车销售利润】某一汽车销售公司有甲、乙两个销售部，矩阵 $\boldsymbol{S}$ 给出了两个汽车销售部的三种汽车销量，矩阵 $\boldsymbol{P}$ 给出了三种汽车的销售利润. $\boldsymbol{S}=\begin{bmatrix} 18 & 15 \\ 24 & 17 \\ 16 & 20 \end{bmatrix}$，$\boldsymbol{P}=\begin{bmatrix} 400 \\ 650 \\ 900 \end{bmatrix}$，$\boldsymbol{S}$ 中的两列表示甲、乙两销售部，行表示大、中、小型三种汽车的销量；$\boldsymbol{P}$ 中表示大、中、小型三种汽车的销量利润. 试求甲、乙两个销售部的利润各是多少？

10. 求下列矩阵的秩.

(1) $\boldsymbol{A}=\begin{bmatrix} 1 & 2 & 3 & 4 \\ 1 & -2 & 4 & 5 \\ 1 & 10 & 1 & 2 \end{bmatrix}$；　　(2) $\boldsymbol{A}=\begin{bmatrix} 1 & 4 & -1 & 2 & 2 \\ 2 & -2 & 1 & 1 & 0 \\ -2 & -1 & 3 & 2 & 0 \end{bmatrix}$.

11. 设矩阵 $\boldsymbol{A}=\begin{bmatrix} 1 & 2 & -1 & k \\ 2 & 5 & k & -1 \\ 1 & 1 & -6 & 10 \end{bmatrix}$，若秩 $r(\boldsymbol{A})=2$，求元素 k 的值.

12. 设矩阵 $\boldsymbol{A}=\begin{bmatrix} 1 & 2 & -1 & 3 & 4 \\ 1 & 3 & 4 & 6 & 5 \\ 2 & 5 & 3 & 9 & k \end{bmatrix}$，若秩 $r(\boldsymbol{A})=2$，求元素 k 的值.

13. 求下列矩阵的逆矩阵.

(1) $\boldsymbol{A}=\begin{bmatrix} 1 & -2 & -1 \\ 0 & -1 & 0 \\ 0 & 2 & 1 \end{bmatrix}$；　　(2) $\boldsymbol{A}=\begin{bmatrix} 4 & -3 & 2 \\ -3 & 3 & -2 \\ 1 & -1 & 1 \end{bmatrix}$；

(3) $\boldsymbol{A}=\begin{pmatrix}1&0&-2\\-1&2&2\\-1&0&3\end{pmatrix}$;　　(4) $\boldsymbol{A}=\begin{pmatrix}1&1&1&1\\1&1&-1&-1\\1&-1&1&-1\\1&-1&-1&1\end{pmatrix}$.

14. 解下列矩阵方程.

(1) $\begin{pmatrix}1&2\\3&5\end{pmatrix}\boldsymbol{X}+\begin{pmatrix}3&1\\1&-2\end{pmatrix}=\begin{pmatrix}2&4\\-1&1\end{pmatrix}$;　　(2) $\begin{pmatrix}0&1&0\\1&0&0\\0&0&1\end{pmatrix}\boldsymbol{X}\begin{pmatrix}1&0&0\\0&0&1\\0&1&0\end{pmatrix}=\begin{pmatrix}1&-4&3\\2&0&-1\\1&-2&0\end{pmatrix}$.

15. 利用逆矩阵解下列线性方程组.

(1) $\begin{cases}x_1+x_2+x_3=3,\\x_1+2x_2+2x_3=5,\\2x_1+2x_2+3x_3=7;\end{cases}$　　(2) $\begin{cases}x_1+2x_2+3x_3=1,\\2x_1+2x_2+5x_3=2,\\3x_1+5x_2+x_3=3.\end{cases}$

16. 【电路分析】如图 2-2 所示的电路,通过分析可以建立电流满足如下线性方程组

$$\begin{cases}I_1+I_2+I_3=0,\\-2I_1+3I_2=24,\\-3I_2+6I_3=0.\end{cases}$$

请用逆矩阵求出各个电流.

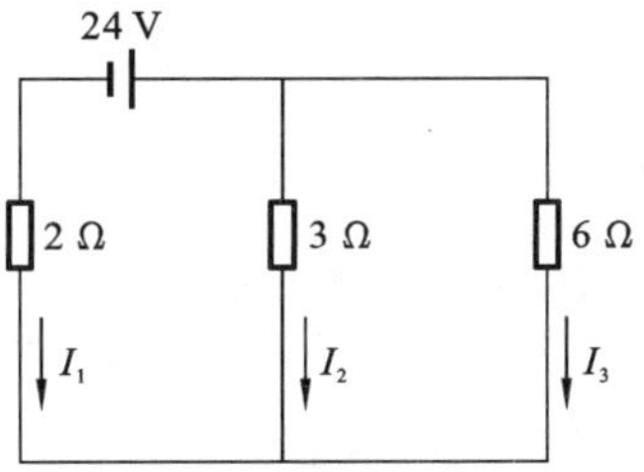

图 2-2

习题解答

习题 2.1

1. $\boldsymbol{A}=\begin{pmatrix}22&19&16\\18&15&13\end{pmatrix}$.

2. $\boldsymbol{B}=\begin{pmatrix}78&58&75&78&64\\90&70&85&84&76\\95&75&90&90&80\\89&70&82&80&76\end{pmatrix}$.

3. $\boldsymbol{A}=\begin{pmatrix}3&7&5&2\\0&2&1&4\\1&3&0&6\end{pmatrix}$, $\boldsymbol{B}=\begin{pmatrix}1&0&1&2\\3&2&4&3\\0&1&5&2\end{pmatrix}$.

习题 2.2

1. (1) $\begin{pmatrix} 3 & 0 & 7 \\ 5 & 0 & 1 \end{pmatrix}$；　(2) $\begin{pmatrix} -1 & -4 & -7 \\ -5 & 1 & -2 \\ 0 & -3 & 3 \end{pmatrix}$；

(3) $\begin{pmatrix} 2 & 1 \\ 4 & 3 \end{pmatrix}$；　(4) $(5 \quad 8 \quad 5 \quad 6)$；

(5) $\begin{pmatrix} -2 \\ 12 \\ 17 \end{pmatrix}$；　(6) $\begin{pmatrix} -3 & -4 & -2 \\ 3 & 4 & 2 \end{pmatrix}$.

2. $\begin{pmatrix} 15 & 46 \\ -10 & 21 \end{pmatrix}$.

3. $x=-1$.

4. $\boldsymbol{A}+\boldsymbol{B}=\begin{pmatrix} 31 & 34 & 3 & 54 \\ 30 & 37 & 5 & 51 \\ 32.5 & 33 & 4 & 52 \end{pmatrix}$.

5. $0.3\boldsymbol{A}+0.7\boldsymbol{B}=\begin{pmatrix} 90 & 92 & 92 \\ 82 & 92 & 81 \\ 75 & 87 & 66 \\ 83 & 71 & 79 \end{pmatrix}$.

6. $\boldsymbol{A}^{\mathrm{T}}\boldsymbol{B}=\begin{pmatrix} 820 & 80 & 840 \\ 730 & 82 & 844 \\ 370 & 38 & 396 \end{pmatrix}$.

习题 2.3

1. 略.

2. (1) 2；　(2) 2；　(3) 2；　(4) 3.

习题 2.4

1. 略.

2. (1) $\begin{pmatrix} -2 & 1 \\ \frac{3}{2} & -\frac{1}{2} \end{pmatrix}$；　(2) $\begin{pmatrix} 1 & 0 & 0 \\ -\frac{1}{2} & \frac{1}{2} & 0 \\ 0 & -\frac{1}{3} & \frac{1}{3} \end{pmatrix}$；

(3) $\begin{pmatrix} \frac{7}{6} & \frac{2}{3} & -\frac{3}{2} \\ -1 & -1 & 2 \\ -\frac{1}{2} & 0 & \frac{1}{2} \end{pmatrix}$；　(4) $\begin{pmatrix} -2 & 1 & 0 \\ -\frac{13}{2} & 3 & -\frac{1}{2} \\ -16 & 7 & -1 \end{pmatrix}$.

3. $\boldsymbol{X}=\begin{pmatrix} 2 & -23 \\ 0 & 8 \end{pmatrix}$.

4. (1) $\begin{pmatrix} 7 & -3 & -3 \\ -1 & 1 & 0 \\ -1 & 0 & 1 \end{pmatrix}$；(2) $\begin{pmatrix} 1 & 3 & -2 \\ -\frac{3}{2} & -3 & \frac{5}{2} \\ 1 & 1 & -1 \end{pmatrix}$；(3) $\begin{pmatrix} 2 & -1 & 0 & 0 \\ -1 & 1 & 0 & 0 \\ -1 & 1 & 2 & -3 \\ 1 & -2 & -1 & 2 \end{pmatrix}$.

复习参考题答案

1. (1) $\begin{pmatrix} -7 & 6 \\ 1 & -8 \end{pmatrix}$；　(2) $\begin{pmatrix} 16 & 0 \\ 5 & 11 \end{pmatrix}$；　(3) $\begin{pmatrix} 3 & -3 \\ 0 & -3 \end{pmatrix}$.

2. (1) $\begin{pmatrix} -4 & -2 \\ -5 & 9 \\ 7 & 5 \end{pmatrix}$；　(2) $\begin{pmatrix} 30 & -28 \\ -30 & 28 \end{pmatrix}$.

3. $c_{21}=-15$.

4. $\begin{pmatrix} 2 & -8 \\ -4 & -3 \end{pmatrix}$.

5. $x=-4, y=1, z=-1, w=2$.

6. $\begin{pmatrix} 7 & -7 \\ 2 & -16 \end{pmatrix}$.

7. $(30\quad 20)\begin{pmatrix} 0.8 & 0.1 & 0.1 \\ 0.4 & 0.3 & 0.3 \end{pmatrix}=(32\quad 9\quad 9)$.

8. $2\begin{pmatrix} 5 & 6 & 7 \\ 4 & 3 & 1 \end{pmatrix}=\begin{pmatrix} 10 & 12 & 14 \\ 8 & 6 & 2 \end{pmatrix}$.

9. $\boldsymbol{P}^{\mathrm{T}}\boldsymbol{S}=(400\quad 650\quad 900)\begin{pmatrix} 18 & 15 \\ 24 & 17 \\ 16 & 20 \end{pmatrix}=(37200\quad 35050)$.

10. (1) 2；　(2) 3.

11. $k=3$.

12. $k=9$.

13. (1) $\begin{pmatrix} 1 & 0 & 1 \\ 0 & -1 & 0 \\ 0 & 2 & 1 \end{pmatrix}$；　(2) $\begin{pmatrix} 1 & 1 & 0 \\ 1 & 2 & 2 \\ 0 & 1 & 3 \end{pmatrix}$；

(3) $\begin{pmatrix} 3 & 0 & 2 \\ \frac{1}{2} & \frac{1}{2} & 0 \\ 1 & 0 & 1 \end{pmatrix}$；　(4) $\begin{pmatrix} \frac{1}{4} & \frac{1}{4} & \frac{1}{4} & \frac{1}{4} \\ \frac{1}{4} & \frac{1}{4} & -\frac{1}{4} & -\frac{1}{4} \\ \frac{1}{4} & -\frac{1}{4} & \frac{1}{4} & -\frac{1}{4} \\ \frac{1}{4} & -\frac{1}{4} & -\frac{1}{4} & \frac{1}{4} \end{pmatrix}$.

14. (1) $\boldsymbol{X}=\begin{pmatrix}1 & -9\\ -1 & 6\end{pmatrix}$；　(2) $\boldsymbol{X}=\begin{pmatrix}2 & -1 & 0\\ 1 & 3 & -4\\ 1 & 0 & -2\end{pmatrix}$.

15. (1) $\begin{cases}x_1=1,\\ x_2=1,\\ x_3=1;\end{cases}$　(2) $\begin{cases}x_1=1,\\ x_2=0,\\ x_3=0.\end{cases}$

16. $$\begin{pmatrix}I_1\\ I_2\\ I_3\end{pmatrix}=\begin{pmatrix}1 & 1 & 1\\ -2 & 3 & 0\\ 0 & -3 & 6\end{pmatrix}^{-1}\begin{pmatrix}0\\ 24\\ 0\end{pmatrix}=\begin{pmatrix}\frac{1}{2} & -\frac{1}{4} & -\frac{1}{12}\\ \frac{1}{3} & \frac{1}{6} & -\frac{1}{18}\\ \frac{1}{6} & \frac{1}{12} & \frac{5}{36}\end{pmatrix}\begin{pmatrix}0\\ 24\\ 0\end{pmatrix}=\begin{pmatrix}-6\\ 4\\ 2\end{pmatrix}.$$

【知识拓展】

矩阵和中国数学家的联系

19 世纪，英国数学家凯利首次提出了矩阵(Matrix)的概念，矩阵最早来源于方程组的系数及常数所构成的方阵.

其实早在东汉前期的《九章算术方程》中，就已经有了矩阵的身影. 该书中记载的方法是世界上最早的完整的解线性方程组的方法，它采用分离系数的方式表示线性方程组，这些系数代表的就是现在的增广矩阵，而书中提到的解线性方程组时使用的直除法，如将某行乘以一非零实数加至另一行、从某行中减去另一行等方式也类似于现代的矩阵的初等变换. 同时，该书中也近似提出了线性方程组解的唯一性问题，即方程组中不能有两行相同或者成比例关系的方程，否则就不存在唯一解，这个发现与克拉默法则完全一致. 但当时，书中并没有提到矩阵的概念，虽然形式上与现在的矩阵相似，但当时也只是用来表示和处理线性方程组.

矩阵的概念最早出现在中文著作中是在 1922 年，当时，我国著名学者程廷熙在一篇文章中将矩阵译为“纵横阵”. 1935 年，“矩阵”作为译名首次出现. 1993 年，中国自然科学名词审定委员会公布的《数学名词》中，“矩阵”被定为正式译名，并沿用至今.

(来源：https://baike.baidu.com/item/%E7%9F%A9%E9%98%B5/18069?fr=aladdin)

第3章 线性方程组

在学完行列式和矩阵有关知识的基础上，本章主要讨论线性方程组在什么情况下有解，并找出线性方程组求解的一般方法，研究其解的结构，举例说明在实际问题中的应用.

3.1 齐次线性方程组

3.1.1 线性方程组的基本概念

考虑由 m 个线性方程式构成的 n 元线性方程组

$$\begin{cases} a_{11}x_1+a_{12}x_2+\cdots+a_{1n}x_n=b_1, \\ a_{21}x_1+a_{22}x_2+\cdots+a_{2n}x_n=b_2, \\ \qquad\qquad\qquad\vdots \\ a_{m1}x_1+a_{m2}x_2+\cdots+a_{mn}x_n=b_m. \end{cases} \tag{3-1}$$

由未知量系数构成的 m 行 n 列矩阵称为**系数矩阵**，记作 $\boldsymbol{A}$；由未知量构成的矩阵称为**未知量矩阵**，记作 $\boldsymbol{X}$；由常数项构成的矩阵称为**常数项矩阵**，记作 $\boldsymbol{B}$，即矩阵

线性方程组的基本概念

$$\boldsymbol{A}=\begin{pmatrix} a_{11} & a_{12} & \cdots & a_{1n} \\ a_{21} & a_{22} & \cdots & a_{2n} \\ \vdots & \vdots & & \vdots \\ a_{m1} & a_{m2} & \cdots & a_{mn} \end{pmatrix}, \quad \boldsymbol{X}=\begin{pmatrix} x_1 \\ x_2 \\ \vdots \\ x_n \end{pmatrix}, \quad \boldsymbol{B}=\begin{pmatrix} b_1 \\ b_2 \\ \vdots \\ b_m \end{pmatrix}.$$

这时线性方程组(3-1)可以表示成矩阵形式

$$\boldsymbol{AX}=\boldsymbol{B}. \tag{3-2}$$

显然，线性方程组解的情况取决于未知量系数与常数项. 由未知量系数与常数项构成的 m 行 $n+1$ 列矩阵称为**增广矩阵**，记作 $\bar{\boldsymbol{A}}$，即矩阵

$$\bar{\boldsymbol{A}}=(\boldsymbol{A} \,\vdots\, \boldsymbol{B})=\left(\begin{array}{cccc:c} a_{11} & a_{12} & \cdots & a_{1n} & b_1 \\ a_{21} & a_{22} & \cdots & a_{2n} & b_2 \\ \vdots & \vdots & & \vdots & \vdots \\ a_{m1} & a_{m2} & \cdots & a_{mn} & b_m \end{array}\right).$$

它们与线性方程组是一一对应的.

如果常数项 $b_1,b_2,\cdots,b_m$ 不全为零，即 $\boldsymbol{B}\neq\boldsymbol{0}$，则称方程组(3-1)为**非齐次线性方程组**. 其任

一组解 $\boldsymbol{X}=\begin{pmatrix}x_1\\x_2\\\vdots\\x_n\end{pmatrix}=\begin{pmatrix}k_1\\k_2\\\vdots\\k_n\end{pmatrix}$ 称为方程组(3-1)的一个**解向量**,也称为一个解.

例如,二元线性方程组

$$\begin{cases}x_1+x_2=2,\\2x_1-x_2=1.\end{cases}$$

则系数矩阵 $\boldsymbol{A}=\begin{pmatrix}1&1\\2&-1\end{pmatrix}$,增广矩阵 $\bar{\boldsymbol{A}}=\left(\begin{array}{cc:c}1&1&2\\2&-1&1\end{array}\right)$,$\boldsymbol{X}=\begin{pmatrix}1\\1\end{pmatrix}$ 为该线性方程组的一个解向量.

如果常数项 $b_1,b_2,\cdots,b_m$ 全为零,即 $\boldsymbol{B}=\boldsymbol{0}$,则方程组(3-1)为

$$\begin{cases}a_{11}x_1+a_{12}x_2+\cdots+a_{1n}x_n=0,\\a_{21}x_1+a_{22}x_2+\cdots+a_{2n}x_n=0,\\\qquad\qquad\vdots\\a_{m1}x_1+a_{m2}x_2+\cdots+a_{mn}x_n=0.\end{cases}\tag{3-3}$$

方程组(3-3)称为**齐次线性方程组**.

显然,方程组(3-3)至少有一个解向量 $\boldsymbol{0}=\begin{pmatrix}0\\0\\\vdots\\0\end{pmatrix}$,即 n 元齐次线性方程组至少有零解.

方程组(3-3)可以表示为矩阵形式

$$\boldsymbol{AX}=\boldsymbol{0}.\tag{3-4}$$

下面通过一个实例说明解线性方程组的消元过程就是对增广矩阵实施初等行变换的过程.

例 1 某人用 60 万元投资 A、B 两个项目,其中项目 A 的收益率为 7%,项目 B 的收益率为 12%,最终总收益为 5.6 万元.求在 A、B 两个项目上各投资了多少万元?

解 设在 A、B 两个项目上各投资了 x_1,x_2 万元,根据题意,列方程组为

$$\begin{cases}0.07x_1+0.12x_2=5.6,\\x_1+x_2=60.\end{cases}$$

现将高斯消元法求解过程与增广矩阵初等行变换求解过程列表(见表 3-1)对照如下.

表 3-1

方程组的消元过程	增广矩阵的初等行变换过程
$\begin{cases}0.07x_1+0.12x_2=5.6 & ①\\x_1+x_2=60 & ②\end{cases}$	$\left(\begin{array}{cc:c}0.07&0.12&5.6\\1&1&60\end{array}\right)\xrightarrow{r_1\leftrightarrow r_2}$
①,②互换	第 1 行与第 2 行互换
$\begin{cases}x_1+x_2=60 & ①\\0.07x_1+0.12x_2=5.6 & ②\end{cases}$	$\left(\begin{array}{cc:c}1&1&60\\0.07&0.12&5.6\end{array}\right)\xrightarrow{100\times r_2}$
100×②	100 乘以第 2 行

消元法与矩阵的初等行变换

续表

方程组的消元过程	增广矩阵的初等行变换过程
$\begin{cases} x_1+\quad x_2=60 & ① \\ 7x_1+12x_2=560 & ② \end{cases}$	$\left(\begin{array}{cc:c} 1 & 1 & 60 \\ 7 & 12 & 560 \end{array}\right)\xrightarrow{-7r_1+r_2}$
②－①×7	第 1 行的－7 倍加到第 2 行
$\begin{cases} x_1+x_2=60 & ① \\ \quad 5x_2=140 & ② \end{cases}$	$\left(\begin{array}{cc:c} 1 & 1 & 60 \\ 0 & 5 & 140 \end{array}\right)\xrightarrow{\frac{1}{5}r_2}$
$\frac{1}{5}$×②	$\frac{1}{5}$乘以第 2 行
$\begin{cases} x_1+x_2=60 & ① \\ \quad x_2=28 & ② \end{cases}$	$\left(\begin{array}{cc:c} 1 & 1 & 60 \\ 0 & 1 & 28 \end{array}\right)\xrightarrow{-1\times r_2+r_1}$
①－②	第 2 行的－1 倍加到第 1 行
$\begin{cases} x_1=32 \\ x_2=28 \end{cases}$	$\left(\begin{array}{cc:c} 1 & 0 & 32 \\ 0 & 1 & 28 \end{array}\right)$

此例说明：求解线性方程组的过程，实际上是其增广矩阵实施初等行变换的过程.

3.1.2　齐次线性方程组解的判断

若方程组(3-3)系数矩阵的秩 $r(\boldsymbol{A})=r=n$，则齐次线性方程组(3-3)有唯一解，即 $\boldsymbol{X}=\boldsymbol{0}$(只有零解)；

若方程组(3-3)系数矩阵的秩 $r(\boldsymbol{A})=r<n$，则齐次线性方程组(3-3)有无穷多解(即有非零解)，且自由未知量的个数为 $n-r(\boldsymbol{A})=n-r$.

齐次线性方程组解的判断

3.1.3　齐次线性方程组的基础解系和通解

定义 1　由线性方程组的解组成的列矩阵(或列向量)称为线性方程组的**解向量**.

基础解系和通解

如例 1 中，列矩阵 $\begin{pmatrix} 32 \\ 28 \end{pmatrix}$ 称为该线性方程组的一个解向量.

定义 2　若齐次线性方程组(3-3)有无穷多解，且有 $n-r(\boldsymbol{A})=n-r$ 个自由未知量，则存在 $n-r$ 个线性无关的解向量 $\boldsymbol{\xi}_1,\boldsymbol{\xi}_2,\cdots,\boldsymbol{\xi}_{n-r}$，使方程组(3-3)的任一解向量都可表示成这 $n-r$ 个向量的线性组合，即

$$\boldsymbol{X}=c_1\boldsymbol{\xi}_1+c_2\boldsymbol{\xi}_2+\cdots+c_{n-r}\boldsymbol{\xi}_{n-r}\quad (c_1,c_2,\cdots,c_{n-r}\text{为任意常数}). \tag{3-5}$$

那么，称这 $n-r$ 个向量 $\boldsymbol{\xi}_1,\boldsymbol{\xi}_2,\cdots,\boldsymbol{\xi}_{n-r}$ 为齐次线性方程组(3-3)的一个**基础解系**，式(3-5)为齐次线性方程组(3-3)的**通解**(或**全部解**).

注意：基础解系中解向量的个数等于自由未知量的个数，也等于齐次线性方程组(3-3)的未知量的个数 n 与系数矩阵的秩 $r(\boldsymbol{A})$ 的差，即为 $n-r(\boldsymbol{A})=n-r$，基础解系中解向量的个数是确定的，而基础解系不唯一.

例 2 求齐次线性方程组$\begin{cases}x_1-2x_2+x_3+\ x_4=0,\\x_1-2x_2+x_3-\ x_4=0,\\x_1-2x_2+x_3+5x_4=0\end{cases}$的基础解系和通解.

齐次线性方程组的解

解 由例 1 知道，解线性方程组主要通过对应矩阵的初等行变换进行求解. 对系数矩阵 $\boldsymbol{A}$ 作初等行变换化为行最简形.

$$\boldsymbol{A}=\begin{pmatrix}1&-2&1&1\\1&-2&1&-1\\1&-2&1&5\end{pmatrix}\xrightarrow[-r_1+r_3]{-r_1+r_2}\begin{pmatrix}1&-2&1&1\\0&0&0&-2\\0&0&0&4\end{pmatrix}$$

$$\xrightarrow[2r_2+r_3]{-\frac{1}{2}r_2}\begin{pmatrix}1&-2&1&1\\0&0&0&1\\0&0&0&0\end{pmatrix}\xrightarrow{-r_2+r_1}\begin{pmatrix}1&-2&1&0\\0&0&0&1\\0&0&0&0\end{pmatrix}.$$

因为 $r(\boldsymbol{A})=2<4$，所以方程组有无穷多解，且有 2 个自由未知量. 同解方程组为

$$\begin{cases}x_1-2x_2+x_3=0,\\ \qquad\qquad x_4=0\end{cases}\Rightarrow\begin{cases}x_1=2x_2-x_3,\\x_2=x_2,\\x_3=x_3,\\x_4=0.\end{cases}$$

于是

$$\boldsymbol{X}=\begin{pmatrix}x_1\\x_2\\x_3\\x_4\end{pmatrix}=\begin{pmatrix}2\\1\\0\\0\end{pmatrix}x_2+\begin{pmatrix}-1\\0\\1\\0\end{pmatrix}x_3,$$

令

$$x_2=c_1,\quad x_3=c_2,$$

得线性方程组的基础解系为 $\boldsymbol{\xi}_1=\begin{pmatrix}2\\1\\0\\0\end{pmatrix}$，$\boldsymbol{\xi}_2=\begin{pmatrix}-1\\0\\1\\0\end{pmatrix}$，通解为 $\boldsymbol{X}=c_1\boldsymbol{\xi}_1+c_2\boldsymbol{\xi}_2$ （c_1，c_2 为任意常数）.

由例 2 我们归纳出解齐次线性方程组的一般步骤：

(1) 对系数矩阵 $\boldsymbol{A}\xrightarrow{\text{初等行变换}}$行最简形；

(2) 求出自由未知量的个数，并确定自由未知量；

(3) 写出同解方程组，并转化为以自由未知量为系数的任一解向量表达式；

(4) 指出基础解系，写出通解.

例 3 求齐次线性方程组

$$\begin{cases}x_1+\ x_2+\ x_3+\ x_4+\ x_5=0,\\3x_1+2x_2+\ x_3+\ x_4-3x_5=0,\\ \qquad\ x_2+2x_3+2x_4+6x_5=0,\\5x_1+4x_2+3x_3+3x_4-\ x_5=0\end{cases}$$

的通解.

解 $\boldsymbol{A}=\begin{pmatrix}1&1&1&1&1\\3&2&1&1&-3\\0&1&2&2&6\\5&4&3&3&-1\end{pmatrix}\xrightarrow[-5r_1+r_4]{-3r_1+r_2}\begin{pmatrix}1&1&1&1&1\\0&-1&-2&-2&-6\\0&1&2&2&6\\0&-1&-2&-2&-6\end{pmatrix}$

$$\xrightarrow{-r_2}\begin{pmatrix}1&1&1&1&1\\0&1&2&2&6\\0&1&2&2&6\\0&-1&-2&-2&-6\end{pmatrix}\xrightarrow[r_2+r_4]{-r_2+r_3}\begin{pmatrix}1&1&1&1&1\\0&1&2&2&6\\0&0&0&0&0\\0&0&0&0&0\end{pmatrix}$$

$$\xrightarrow{-r_2+r_1}\begin{pmatrix}1&0&-1&-1&-5\\0&1&2&2&6\\0&0&0&0&0\\0&0&0&0&0\end{pmatrix}.$$

得 $r(\boldsymbol{A})=2<5$,则方程组有非零解,且有 3 个自由未知量,同解方程组为

$$\begin{cases}x_1=x_3+x_4+5x_5,\\x_2=-2x_3-2x_4-6x_5,\\x_3=x_3,\\x_4=x_4,\\x_5=x_5.\end{cases}$$

$$\boldsymbol{X}=\begin{pmatrix}x_1\\x_2\\x_3\\x_4\\x_5\end{pmatrix}=x_3\begin{pmatrix}1\\-2\\1\\0\\0\end{pmatrix}+x_4\begin{pmatrix}1\\-2\\0\\1\\0\end{pmatrix}+x_5\begin{pmatrix}5\\-6\\0\\0\\1\end{pmatrix},$$

所以基础解系为

$$\boldsymbol{\xi}_1=\begin{pmatrix}1\\-2\\1\\0\\0\end{pmatrix},\quad\boldsymbol{\xi}_2=\begin{pmatrix}1\\-2\\0\\1\\0\end{pmatrix},\quad\boldsymbol{\xi}_3=\begin{pmatrix}5\\-6\\0\\0\\1\end{pmatrix}.$$

通解为 $\boldsymbol{X}=c_1\boldsymbol{\xi}_1+c_2\boldsymbol{\xi}_2+c_3\boldsymbol{\xi}_3$　(c_1,c_2,c_3 为任意常数).

* **例 4**　求 λ,使齐次线性方程组

$$\begin{cases}(\lambda+3)x_1+x_2+2x_3=0,\\\lambda x_1+(\lambda-1)x_2+x_3=0,\\3(\lambda+1)x_1+\lambda x_2+(\lambda+3)x_3=0\end{cases}$$

有非零解,并求其通解.

解 先计算系数行列式

$$|\boldsymbol{A}|=\begin{vmatrix}\lambda+3 & 1 & 2\\ \lambda & \lambda-1 & 1\\ 3(\lambda+1) & \lambda & \lambda+3\end{vmatrix}=\lambda^2(\lambda-1),$$

当 $|\boldsymbol{A}|=\lambda^2(\lambda-1)=0$,即 $\lambda=0$ 或 $\lambda=1$ 时,方程组有非零解.

(1) 当 $\lambda=0$ 时,方程组的系数矩阵

$$\boldsymbol{A}=\begin{pmatrix}3 & 1 & 2\\ 0 & -1 & 1\\ 3 & 0 & 3\end{pmatrix}\to\begin{pmatrix}3 & 1 & 2\\ 0 & -1 & 1\\ 0 & 0 & 0\end{pmatrix}\to\begin{pmatrix}3 & 0 & 3\\ 0 & -1 & 1\\ 0 & 0 & 0\end{pmatrix}\to\begin{pmatrix}1 & 0 & 1\\ 0 & 1 & -1\\ 0 & 0 & 0\end{pmatrix}.$$

因为 $r(\boldsymbol{A})=2<3$,所以方程组有非零解,且有一个自由未知量.同解方程组为

$$\begin{cases}x_1=-x_3\\ x_2=x_3\\ x_3=x_3\end{cases},\quad \boldsymbol{X}=x_3\begin{pmatrix}-1\\ 1\\ 1\end{pmatrix},$$

于是,基础解系为 $\boldsymbol{\xi}=\begin{pmatrix}-1\\ 1\\ 1\end{pmatrix}$,通解为 $\boldsymbol{X}=c\boldsymbol{\xi}$($c$ 为任意常数).

(2) 当 $\lambda=1$ 时,方程组的系数矩阵

$$\boldsymbol{A}=\begin{pmatrix}4 & 1 & 2\\ 1 & 0 & 1\\ 6 & 1 & 4\end{pmatrix}\to\begin{pmatrix}1 & 0 & 1\\ 4 & 1 & 2\\ 6 & 1 & 4\end{pmatrix}\to\begin{pmatrix}1 & 0 & 1\\ 0 & 1 & -2\\ 0 & 1 & -2\end{pmatrix}\to\begin{pmatrix}1 & 0 & 1\\ 0 & 1 & -2\\ 0 & 0 & 0\end{pmatrix}.$$

因为 $r(\boldsymbol{A})=2<3$,所以方程组有非零解,且有一个自由未知量.同解方程组为

$$\begin{cases}x_1=-x_3\\ x_2=2x_3\\ x_3=x_3\end{cases},\quad \boldsymbol{X}=x_3\begin{pmatrix}-1\\ 2\\ 1\end{pmatrix},$$

于是,基础解系为 $\boldsymbol{\xi}=\begin{pmatrix}-1\\ 2\\ 1\end{pmatrix}$,通解为 $\boldsymbol{X}=c\boldsymbol{\xi}$($c$ 为任意常数).

习 题 3.1

求下列齐次线性方程的基础解系和通解.

1. $\begin{cases}x_1+x_3=0,\\ 3x_1+x_2+2x_3=0,\\ -x_2+x_3=0;\end{cases}$

2. $\begin{cases}x_1+x_2+2x_3-x_4=0,\\ 2x_1+x_2+x_3-x_4=0,\\ 2x_1+2x_2+x_3+2x_4=0;\end{cases}$

3. $\begin{cases}x_1+2x_2+x_3-x_4=0,\\ 3x_1+6x_2-x_3-3x_4=0,\\ 5x_1+10x_2+x_3-5x_4=0;\end{cases}$

4. $\begin{cases}2x_1+3x_2-x_3+5x_4=0,\\ 3x_1+x_2+2x_3-7x_4=0,\\ 4x_1+x_2-3x_3+6x_4=0,\\ x_1-2x_2+3x_3-11x_4=0.\end{cases}$

3.2　非齐次线性方程组

3.2.1　导出组的概念

非齐次线性方程组

$$\begin{cases} a_{11}x_1+a_{12}x_2+\cdots+a_{1n}x_n=b_1, \\ a_{21}x_1+a_{22}x_2+\cdots+a_{2n}x_n=b_2, \\ \qquad\qquad\vdots \\ a_{m1}x_1+a_{m2}x_2+\cdots+a_{mn}x_n=b_m \end{cases} \tag{3-6}$$

矩阵形式为

$$\boldsymbol{AX}=\boldsymbol{B}\ (\boldsymbol{B}\neq\boldsymbol{0}). \tag{3-7}$$

定义 1　已知非齐次线性方程组 $\boldsymbol{AX}=\boldsymbol{B}\ (\boldsymbol{B}\neq\boldsymbol{0})$,称对应的齐次线性方程组

$$\boldsymbol{AX}=\boldsymbol{0} \tag{3-8}$$

为它的**导出组**.

3.2.2　非齐次线性方程组解的结构

根据非齐次线性方程组解的性质,可以得到下面的非齐次线性方程组解的结构定理.

定理 1　已知非齐次线性方程组 $\boldsymbol{AX}=\boldsymbol{B}(\boldsymbol{B}\neq\boldsymbol{0})$有无穷多解,如果 $\boldsymbol{\eta}_0$ 是非齐次线性方程组的一个**解向量**(或称**特解**),向量 $\boldsymbol{\xi}_1,\boldsymbol{\xi}_2,\cdots,\boldsymbol{\xi}_{n-r}$是它的导出组 $\boldsymbol{AX}=\boldsymbol{0}$ 的一个基础解系,则非齐次线性方程组的**通解**(或称**全部解**)可以表示为

$$\boldsymbol{X}=c_1\boldsymbol{\xi}_1+c_2\boldsymbol{\xi}_2+\cdots+c_{n-r}\boldsymbol{\xi}_{n-r}+\boldsymbol{\eta}_0 \quad (c_1,c_2,\cdots,c_{n-r}\text{为任意常数}).$$

这就是说,非齐次线性方程组的通解等于其导出组的通解加它的一个特解.

3.2.3　非齐次线性方程组解的判定

(1) 当 $r(\bar{\boldsymbol{A}})=r(\boldsymbol{A})$时,非齐次线性方程组(3-6)有解.且当 $r(\bar{\boldsymbol{A}})=r(\boldsymbol{A})=r=n$($n$ 为未知量的个数)时,非齐次线性方程组(3-6)有唯一解;当 $r(\bar{\boldsymbol{A}})=r(\boldsymbol{A})=r<n$ 时,非齐次线性方程组(3-6)有无穷多解.

(2) 当 $r(\bar{\boldsymbol{A}})\neq r(\boldsymbol{A})$时,非齐次线性方程组(3-6)无解.

3.2.4　求非齐次线性方程组通解的步骤

步骤 1　求非齐次线性方程组(3-6)的一个特解;

步骤 2　求导出组(3-8)的基础解系;

步骤 3　写出非齐次线性方程组(3-6)的通解.

例 1 求方程组$\begin{cases} x_1+2x_2-x_3+2x_4=1, \\ 2x_1+4x_2+x_3+x_4=5, \\ -x_1-2x_2-2x_3+x_4=-4 \end{cases}$的通解.

解 对增广矩阵作初等行变换，直至化为行最简形矩阵，有

$$\bar{\boldsymbol{A}}=\left(\begin{array}{cccc:c} 1 & 2 & -1 & 2 & 1 \\ 2 & 4 & 1 & 1 & 5 \\ -1 & -2 & -2 & 1 & -4 \end{array}\right) \xrightarrow[r_1+r_3]{-2r_1+r_2} \left(\begin{array}{cccc:c} 1 & 2 & -1 & 2 & 1 \\ 0 & 0 & 3 & -3 & 3 \\ 0 & 0 & -3 & 3 & -3 \end{array}\right)$$

$$\xrightarrow[\frac{1}{3}r_2]{r_3+r_2} \left(\begin{array}{cccc:c} 1 & 2 & -1 & 2 & 1 \\ 0 & 0 & 1 & -1 & 1 \\ 0 & 0 & 0 & 0 & 0 \end{array}\right) \xrightarrow{r_1+r_2} \left(\begin{array}{cccc:c} 1 & 2 & 0 & 1 & 2 \\ 0 & 0 & 1 & -1 & 1 \\ 0 & 0 & 0 & 0 & 0 \end{array}\right).$$

因为 $r(\bar{\boldsymbol{A}})=r(\boldsymbol{A})=2<4$，所以，方程组有无穷多解，自由未知量有 2 个. 同解方程组为

$$\begin{cases} x_1+2x_2+x_4=2, \\ x_3-x_4=1 \end{cases} \Rightarrow \begin{cases} x_1=2-2x_2-x_4, \\ x_2=x_2, \\ x_3=1+x_4, \\ x_4=x_4, \end{cases}$$

即

$$\begin{pmatrix} x_1 \\ x_2 \\ x_3 \\ x_4 \end{pmatrix}=\begin{pmatrix} 2 \\ 0 \\ 1 \\ 0 \end{pmatrix}+\begin{pmatrix} -2 \\ 1 \\ 0 \\ 0 \end{pmatrix}x_2+\begin{pmatrix} -1 \\ 0 \\ 1 \\ 1 \end{pmatrix}x_4.$$

原方程组的特解为 $\boldsymbol{\eta}_0=\begin{pmatrix} 2 \\ 0 \\ 1 \\ 0 \end{pmatrix}$，导出组的基础解系为 $\boldsymbol{\xi}_1=\begin{pmatrix} -2 \\ 1 \\ 0 \\ 0 \end{pmatrix}$，$\boldsymbol{\xi}_2=\begin{pmatrix} -1 \\ 0 \\ 1 \\ 1 \end{pmatrix}$. 故方程组的通解为

$$\boldsymbol{X}=\begin{pmatrix} x_1 \\ x_2 \\ x_3 \\ x_4 \end{pmatrix}=c_1\begin{pmatrix} -2 \\ 1 \\ 0 \\ 0 \end{pmatrix}+c_2\begin{pmatrix} -1 \\ 0 \\ 1 \\ 1 \end{pmatrix}+\begin{pmatrix} 2 \\ 0 \\ 1 \\ 0 \end{pmatrix} \quad (c_1, c_2 \text{ 为任意常数}).$$

例 2 当 λ 取何值时，非齐次线性方程组

$$\begin{cases} \lambda x_1+x_2+x_3=1, \\ x_1+\lambda x_2+x_3=\lambda, \\ x_1+x_2+\lambda x_3=\lambda^2 \end{cases}$$

有唯一解？无解？有无穷多解？

解 系数行列式

$$|\boldsymbol{A}|=\begin{vmatrix} \lambda & 1 & 1 \\ 1 & \lambda & 1 \\ 1 & 1 & \lambda \end{vmatrix}=\begin{vmatrix} \lambda & 1 & 1 \\ 1 & \lambda & 1 \\ 0 & 1-\lambda & \lambda-1 \end{vmatrix}=\begin{vmatrix} \lambda & 2 & 1 \\ 1 & \lambda+1 & 1 \\ 0 & 0 & \lambda-1 \end{vmatrix}=(\lambda-1)^2(\lambda+2).$$

(1) 当 $\lambda\neq1, \lambda\neq-2$ 时，$|\boldsymbol{A}|\neq0$，方程组有唯一解.

（2）当 $\lambda=1$ 时，$$\overline{\boldsymbol{A}}=\left(\begin{array}{ccc:c}1&1&1&1\\1&1&1&1\\1&1&1&1\end{array}\right)\xrightarrow[-r_1+r_3]{-r_1+r_2}\left(\begin{array}{ccc:c}1&1&1&1\\0&0&0&0\\0&0&0&0\end{array}\right).$$

因为 $r(\overline{\boldsymbol{A}})=r(\boldsymbol{A})=1<3$，所以，方程组有无穷多解，自由未知量 2 个. 同解方程组为

$$x_1+x_2+x_3=1\Rightarrow\begin{cases}x_1=-x_2-x_3+1,\\x_2=\quad x_2,\\x_3=\qquad x_3,\end{cases}$$

所以，通解为

$$\boldsymbol{X}=c_1\begin{pmatrix}-1\\1\\0\end{pmatrix}+c_2\begin{pmatrix}-1\\0\\1\end{pmatrix}+\begin{pmatrix}1\\0\\0\end{pmatrix}\quad(c_1,c_2\text{ 为任意常数}).$$

（3）当 $\lambda=-2$ 时，

$$\overline{\boldsymbol{A}}=\left(\begin{array}{ccc:c}-2&1&1&1\\1&-2&1&-2\\1&1&-2&4\end{array}\right)\xrightarrow{r_1\leftrightarrow r_3}\left(\begin{array}{ccc:c}1&1&-2&4\\1&-2&1&-2\\-2&1&1&1\end{array}\right)$$

$$\xrightarrow[2r_1+r_3]{-r_1+r_2}\left(\begin{array}{ccc:c}1&1&-2&1\\0&-3&3&-6\\0&3&-3&9\end{array}\right)\xrightarrow{r_2+r_3}\left(\begin{array}{ccc:c}1&1&-2&1\\0&-3&3&-6\\0&0&0&3\end{array}\right).$$

因为 $r(\boldsymbol{A})=2$，$r(\overline{\boldsymbol{A}})=3$，即 $r(\overline{\boldsymbol{A}})\neq r(\boldsymbol{A})$，所以原方程组无解.

习　题　3.2

判断下列非齐次线性方程组是否有解，若有解，求出它的通解.

1. $\begin{cases}2x_1+3x_2+x_3=4,\\x_1-2x_2+4x_3=-5,\\3x_1+8x_2-2x_3=13,\\4x_1-x_2+9x_3=-6;\end{cases}$

2. $\begin{cases}2x_1+x_2-x_3+x_4=1,\\3x_1-2x_2+x_3-3x_4=4,\\x_1+4x_2-3x_3+5x_4=-2;\end{cases}$

3. $\begin{cases}4x_1+2x_2-x_3=2,\\3x_1-x_2+2x_3=10,\\11x_1+3x_2\qquad=8;\end{cases}$

4. $\begin{cases}x_1-2x_2+4x_3-x_4=3,\\3x_1-7x_2+6x_3+x_4=5,\\-x_1+x_2-10x_3+5x_4=-7,\\4x_1-11x_2-2x_3+8x_4=0.\end{cases}$

3.3　线性方程组的应用

3.3.1　投入产出问题

考虑一个经济系统，它由 n 个部门组成，这 n 个部门之间在产品的生产与分配上有着复杂

的经济和技术联系，这种联系可以按实物表现，也可以按价值表现，下面的讨论按价值表现进行，即所有数值都按价值单位计量. 在复杂的联系中，每一个部门都有双重身份，一方面作为生产者将自己的产品分配给各部门，并提供最终产品，它们之和即为此部门的总产出；另一方面作为消费者消耗各部门的产品，即接收各部门的投入，同时创造价值，它们之和即为对此部门的总投入. 当然，一个部门的总产出应该等于对它的总投入.

首先考察各部门作为生产者的情况：

第 $i(i=1,2,\cdots,n)$ 个部门分配给第 $j(j=1,2,\cdots,n)$ 个部门的产品为 x_{ij}，最终产品为 y_i，总产出为 x_i.

其次考察各部门作为消费者的情况：

第 $j(j=1,2,\cdots,n)$ 个部门消耗第 $i(i=1,2,\cdots,n)$ 个部门的产品为 x_{ij}，创造的总价值为 z_j，得到的总投入为它的总产出 x_j.

列出投入产出平衡表，如表 3-2 所示.

表 3-2

部门间流量（投入＼产出）		消费部门				最终产品	总产出
		1	2	$\cdots$	n		
生产部门	1	x_{11}	x_{12}	$\cdots$	x_{1n}	y_1	x_1
	2	x_{21}	x_{22}	$\cdots$	x_{2n}	y_2	x_2
	$\vdots$	$\vdots$	$\vdots$		$\vdots$	$\vdots$	$\vdots$
	n	x_{n1}	x_{n2}	$\cdots$	x_{nn}	y_n	x_n
创造价值		z_1	z_2	$\cdots$	z_n	—	—
总投入		x_1	x_2	$\cdots$	x_n	—	—

在表 3-2 的前 n 行中，每一行都反映出该部门作为生产者将自己的产品分配给各部门，这些产品加上该部门的最终产品应该等于它的总产出，即

$$\begin{cases} x_1 = x_{11} + x_{12} + \cdots + x_{1n} + y_1, \\ x_2 = x_{21} + x_{22} + \cdots + x_{2n} + y_2, \\ \qquad \vdots \\ x_n = x_{n1} + x_{n2} + \cdots + x_{nn} + y_n, \end{cases}$$

这个方程组称为**产品分配平衡方程组**.

在表 3-2 的前 n 列中，每一列都反映出该部门作为消费者消耗各部门的产品，即接收各部门对它的投入，这些投入加上该部门的创造价值就是对它的总投入，应该等于它的总产出，即

$$\begin{cases} x_1 = x_{11} + x_{21} + \cdots + x_{n1} + z_1, \\ x_2 = x_{12} + x_{22} + \cdots + x_{n2} + z_2, \\ \qquad \vdots \\ x_n = x_{1n} + x_{2n} + \cdots + x_{nn} + z_n, \end{cases}$$

这个方程组称为**产品消耗平衡方程组**.

比较两个方程组，容易看出：在一般情况下，一个部门的最终产品并不恒等于它的创造价值，即等式 $y_i=z_i(i=1,2,\cdots,n)$ 非恒成立. 但是，所有部门的最终产品之和一定等于它们的创造价值之和，即 $y_1+y_2+\cdots+y_n=z_1+z_2+\cdots+z_n$.

为了揭示部门间流量与总投入的内在联系，还要考虑一个部门消耗各部门的产品在对该部门的总投入中占有多大比重，于是引进下面的概念.

定义　第 j 部门消耗第 i 部门的产品 x_{ij} 在对第 j 部门的总投入 x_j 中占有的比重，称为第 j 部门对第 i 部门的**直接消耗系数**，记作

$$a_{ij}=\frac{x_{ij}}{x_j}\ (i=1,2,\cdots,n;j=1,2,\cdots,n).$$

在表 3-2 中，每个部门间流量除以所在列的总投入，就得到部门间的直接消耗系数，共有 n^2 个，它们构成一个 n 阶方阵，称为**直接消耗系数矩阵**，记作 $\boldsymbol{A}=(a_{ij})_{n\times n}$，即

$$\boldsymbol{A}=\begin{pmatrix} a_{11} & a_{12} & \cdots & a_{1n} \\ a_{21} & a_{22} & \cdots & a_{2n} \\ \vdots & \vdots & & \vdots \\ a_{n1} & a_{n2} & \cdots & a_{nn} \end{pmatrix}=\begin{pmatrix} \frac{x_{11}}{x_1} & \frac{x_{12}}{x_2} & \cdots & \frac{x_{1n}}{x_n} \\ \frac{x_{21}}{x_1} & \frac{x_{22}}{x_2} & \cdots & \frac{x_{2n}}{x_n} \\ \vdots & \vdots & & \vdots \\ \frac{x_{n1}}{x_1} & \frac{x_{n2}}{x_2} & \cdots & \frac{x_{nn}}{x_n} \end{pmatrix}.$$

直接消耗系数具有下列性质

性质 1　$0\leqslant a_{ij}<1\ (i=1,2,\cdots,n;j=1,2,\cdots,n)$.

性质 2　$|a_{1j}|+|a_{2j}|+\cdots+|a_{nj}|<1\ (j=1,2,\cdots,n)$.

由定义有 $x_{ij}=a_{ij}x_j(i=1,2,\cdots,n;j=1,2,\cdots,n)$，代入产品分配平衡方程组，得

$$\begin{cases} x_1=a_{11}x_1+a_{12}x_2+\cdots+a_{1n}x_n+y_1, \\ x_2=a_{21}x_1+a_{22}x_2+\cdots+a_{2n}x_n+y_2, \\ \quad\vdots \\ x_n=a_{n1}x_1+a_{n2}x_2+\cdots+a_{nn}x_n+y_n. \end{cases}$$

它可以表示为矩阵形式

$$\boldsymbol{X}=\boldsymbol{AX}+\boldsymbol{Y},\quad \text{即有}\quad (\boldsymbol{E}-\boldsymbol{A})\boldsymbol{X}=\boldsymbol{Y}.$$

其中，矩阵 $\boldsymbol{A}=\begin{pmatrix} a_{11} & a_{12} & \cdots & a_{1n} \\ a_{21} & a_{22} & \cdots & a_{2n} \\ \vdots & \vdots & & \vdots \\ a_{n1} & a_{n2} & \cdots & a_{nn} \end{pmatrix}$ 为直接消耗系数矩阵，向量 $\boldsymbol{X}=\begin{pmatrix} x_1 \\ x_2 \\ \vdots \\ x_n \end{pmatrix}$ 为总产出向量，向量 $\boldsymbol{Y}=\begin{pmatrix} y_1 \\ y_2 \\ \vdots \\ y_n \end{pmatrix}$ 为最终产品向量.

应用投入产出方法所要解决的一个重要问题是：已知经济系统在报告期内的直接消耗系数矩阵 $\boldsymbol{A}$，各部门在计划期内的最终产品 $\boldsymbol{Y}$，预测各部门在计划期内的总产出 $\boldsymbol{X}$. 由于直接消

耗系数在短期内变化很小,因而可以认为计划期内的直接消耗系数矩阵与报告期内的直接消耗系数矩阵是一样的.所以这个问题就是解计划期内产品分配平衡的线性方程组

$$(\boldsymbol{E}-\boldsymbol{A})\boldsymbol{X}=\boldsymbol{Y}.$$

根据直接消耗系数的性质,经过较复杂的推导,可以得到下面的定理.

定理 产品分配平衡的线性方程组$(\boldsymbol{E}-\boldsymbol{A})\boldsymbol{X}=\boldsymbol{Y}$有唯一解且为非负解.

例 1 已知一个经济系统包括三个部门,在报告期内的直接消耗系数矩阵

$$\boldsymbol{A}=\begin{pmatrix}0.2 & 0.1 & 0.2\\0.1 & 0.2 & 0.2\\0.1 & 0.1 & 0.1\end{pmatrix},$$

若各部门在计划期内的最终产品为 $y_1=75$,$y_2=120$,$y_3=225$,预测各部门在计划期内的总产出 x_1,x_2,x_3.

解 列出此经济系统在计划期内的产品分配平衡表,如表 3-3 所示,

表 3-3

部门间流量(产出/投入)		消费部门 1	消费部门 2	消费部门 3	最终产品	总产出
生产部门	1	$0.2x_1$	$0.1x_2$	$0.2x_3$	75	x_1
	2	$0.1x_1$	$0.2x_2$	$0.2x_3$	120	x_2
	3	$0.1x_1$	$0.1x_2$	$0.1x_3$	225	x_3

得到此经济系统在计划期内的产品分配平衡方程组

$$\begin{cases}x_1=0.2x_1+0.1x_2+0.2x_3+75,\\x_2=0.1x_1+0.2x_2+0.2x_3+120,\\x_3=0.1x_1+0.1x_2+0.1x_3+225,\end{cases}$$

即有

$$\begin{cases}0.8x_1-0.1x_2-0.2x_3=75,\\-0.1x_1+0.8x_2-0.2x_3=120,\\-0.1x_1-0.1x_2+0.9x_3=225.\end{cases}$$

将增广矩阵作初等行变换化为行最简形

$$\left(\begin{array}{ccc:c}0.8 & -0.1 & -0.2 & 75\\-0.1 & 0.8 & -0.2 & 120\\-0.1 & -0.1 & 0.9 & 225\end{array}\right)\xrightarrow[-10r_3]{\substack{-10r_1\\-10r_2}}\left(\begin{array}{ccc:c}-8 & 1 & 2 & -750\\1 & -8 & 2 & -1200\\1 & 1 & -9 & -2250\end{array}\right)$$

$$\xrightarrow{r_1\leftrightarrow r_3}\left(\begin{array}{ccc:c}1 & 1 & -9 & -2250\\1 & -8 & 2 & -1200\\-8 & 1 & 2 & -750\end{array}\right)\xrightarrow[8r_1+r_3]{-r_1+r_2}\left(\begin{array}{ccc:c}1 & 1 & -9 & -2250\\0 & -9 & 11 & 1050\\0 & 9 & -70 & -18750\end{array}\right)$$

$$\xrightarrow{r_2+r_3}\left(\begin{array}{ccc:c}1 & 1 & -9 & -2250\\0 & -9 & 11 & 1050\\0 & 0 & -59 & -17700\end{array}\right)\xrightarrow{-\frac{1}{59}r_3}\left(\begin{array}{ccc:c}1 & 1 & -9 & -2250\\0 & -9 & 11 & 1050\\0 & 0 & 1 & 300\end{array}\right)$$

$$\xrightarrow[-11r_3+r_2]{9r_3+r_1}\left(\begin{array}{ccc:c}1&1&0&450\\0&-9&0&-2250\\0&0&1&300\end{array}\right)\xrightarrow{-\frac{1}{9}r_2}\left(\begin{array}{ccc:c}1&1&0&450\\0&1&0&250\\0&0&1&300\end{array}\right)$$

$$\xrightarrow{-r_2+r_1}\left(\begin{array}{ccc:c}1&0&0&200\\0&1&0&250\\0&0&1&300\end{array}\right),$$

方程组有唯一解，所以

$$\begin{cases}x_1=200,\\x_2=250,\\x_3=300\end{cases}$$

就是各部门在计划期内的总产出的预测值.

这个结果说明：若各部门在计划期内向市场提供的商品量为 $y_1=75, y_2=120, y_3=225$，则应向它们下达生产计划指标 $x_1=200, x_2=250, x_3=300$.

例 2　已知一个经济系统包括三个部门，报告期的投入产出平衡表，如表 3-4 所示.

表 3-4

部门间流量（投入＼产出）		消费部门 1	消费部门 2	消费部门 3	最终产品	总产出
生产部门	1	30	40	15	215	300
	2	30	20	30	120	200
	3	30	20	30	70	150
创造价值		210	120	75	—	—
总投入		300	200	150		

试求：

(1) 直接消耗系数矩阵 $\boldsymbol{A}$；

(2) 若各部门在计划期内的最终产品 $y_1=280, y_2=190, y_3=90$，预测各部门在计划期内的总产出 x_1, x_2, x_3.

解　(1) 根据直接消耗系数的定义，得到直接消耗系数矩阵

$$\boldsymbol{A}=\begin{pmatrix}\frac{30}{300}&\frac{40}{200}&\frac{15}{150}\\\frac{30}{300}&\frac{20}{200}&\frac{30}{150}\\\frac{30}{300}&\frac{20}{200}&\frac{30}{150}\end{pmatrix}=\begin{pmatrix}0.1&0.2&0.1\\0.1&0.1&0.2\\0.1&0.1&0.2\end{pmatrix}.$$

(2) 列出此经济系统在计划期内的产品分配平衡表，如表 3-5 所示.

表 3-5

部门间流量（产出 / 投入）		消费部门 1	消费部门 2	消费部门 3	最终产品	总产出
生产部门	1	$0.1x_1$	$0.2x_2$	$0.1x_3$	280	x_1
	2	$0.1x_1$	$0.1x_2$	$0.2x_3$	190	x_2
	3	$0.1x_1$	$0.1x_2$	$0.2x_3$	90	x_3

得到此经济系统在计划期内的产品分配平衡方程组

$$\begin{cases} x_1=0.1x_1+0.2x_2+0.1x_3+280, \\ x_2=0.1x_1+0.1x_2+0.2x_3+190, \\ x_3=0.1x_1+0.1x_2+0.2x_3+90, \end{cases}$$

即有

$$\begin{cases} 0.9x_1-0.2x_2-0.1x_3=280, \\ -0.1x_1+0.9x_2-0.2x_3=190, \\ -0.1x_1-0.1x_2+0.8x_3=90. \end{cases}$$

将增广矩阵作初等行变换化为行最简形

$$\left(\begin{array}{ccc|c} 0.9 & -0.2 & -0.1 & 280 \\ -0.1 & 0.9 & -0.2 & 190 \\ -0.1 & -0.1 & 0.8 & 90 \end{array}\right) \xrightarrow[-10r_3]{\substack{-10r_1 \\ -10r_2}} \left(\begin{array}{ccc|c} -9 & 2 & 1 & -2800 \\ 1 & -9 & 2 & -1900 \\ 1 & 1 & -8 & -900 \end{array}\right)$$

$$\xrightarrow{r_1\leftrightarrow r_3} \left(\begin{array}{ccc|c} 1 & 1 & -8 & -900 \\ 1 & -9 & 2 & -1900 \\ -9 & 2 & 1 & -2800 \end{array}\right) \xrightarrow[9r_1+r_3]{-r_1+r_2} \left(\begin{array}{ccc|c} 1 & 1 & -8 & -900 \\ 0 & -10 & 10 & -1000 \\ 0 & 11 & -71 & -10900 \end{array}\right)$$

$$\xrightarrow{-\frac{1}{10}r_2} \left(\begin{array}{ccc|c} 1 & 1 & -8 & -900 \\ 0 & 1 & -1 & 100 \\ 0 & 11 & -71 & -10900 \end{array}\right) \xrightarrow{-11r_2+r_3} \left(\begin{array}{ccc|c} 1 & 1 & -8 & -900 \\ 0 & 1 & -1 & 100 \\ 0 & 0 & -60 & -12000 \end{array}\right)$$

$$\xrightarrow{-\frac{1}{60}r_3} \left(\begin{array}{ccc|c} 1 & 1 & -8 & -900 \\ 0 & 1 & -1 & 100 \\ 0 & 0 & 1 & 200 \end{array}\right) \xrightarrow[r_2+r_3]{r_1+8r_3} \left(\begin{array}{ccc|c} 1 & 1 & 0 & 700 \\ 0 & 1 & 0 & 300 \\ 0 & 0 & 1 & 200 \end{array}\right)$$

$$\xrightarrow{-r_2+r_1} \left(\begin{array}{ccc|c} 1 & 0 & 0 & 400 \\ 0 & 1 & 0 & 300 \\ 0 & 0 & 1 & 200 \end{array}\right),$$

方程组有唯一解，所以

$$\begin{cases} x_1=400, \\ x_2=300, \\ x_3=200 \end{cases}$$

就是各部门在计划期内的总产出的预测值.

这个结果说明：若各部门在计划期内向市场提供的商品量为 $y_1=280$，$y_2=190$，$y_3=90$，则应向它们下达生产计划指标 $x_1=400$，$x_2=300$，$x_3=200$.

投入产出方法是研究一个经济系统各部门联系平衡的一种科学方法，在经济领域内有着广泛的应用.

3.3.2　产品销售问题

例 3　某百货商店出售四种型号的T恤衫：小号、中号、大号和加大号，四种型号的T恤衫售价分别为22元、24元、26元、30元.若商店某周共售出了13件T恤衫，毛收入为320元.并已知大号的销售量为小号和加大号销售量的总和，大号的销售收入（毛收入）也为小号和加大号销售收入（毛收入）的总和.问各种型号的T恤衫各售出多少件？

解　设该T恤衫小号、中号、大号和加大号销售量分别为 $x_i(i=1,2,3,4)$，由题意得

$$\begin{cases} x_1+x_2+x_3+x_4=13, \\ 22x_1+24x_2+26x_3+30x_4=320, \\ x_3=x_1+x_4, \\ 26x_3=22x_1+30x_4, \end{cases}$$

即

$$\begin{cases} x_1+x_2+x_3+x_4=13, \\ 22x_1+24x_2+26x_3+30x_4=320, \\ x_1-x_3+x_4=0, \\ 22x_1-26x_3+30x_4=0. \end{cases}$$

用初等变换把增广矩阵化为行最简形

$$\overline{\boldsymbol{A}}=\left(\begin{array}{cccc:c} 1 & 1 & 1 & 1 & 13 \\ 22 & 24 & 26 & 30 & 320 \\ 1 & 0 & -1 & 1 & 0 \\ 22 & 0 & -26 & 30 & 0 \end{array}\right) \xrightarrow[\substack{-r_1+r_3 \\ -22r_1+r_4}]{-22r_1+r_2} \left(\begin{array}{cccc:c} 1 & 1 & 1 & 1 & 13 \\ 0 & 2 & 4 & 8 & 34 \\ 0 & -1 & -2 & 0 & -13 \\ 0 & -22 & -48 & 8 & -286 \end{array}\right)$$

$$\xrightarrow{r_2 \leftrightarrow r_3} \left(\begin{array}{cccc:c} 1 & 1 & 1 & 1 & 13 \\ 0 & -1 & -2 & 0 & -13 \\ 0 & 2 & 4 & 8 & 34 \\ 0 & -22 & -48 & 8 & -286 \end{array}\right) \xrightarrow[-22r_2+r_4]{2r_2+r_3} \left(\begin{array}{cccc:c} 1 & 1 & 1 & 1 & 13 \\ 0 & -1 & -2 & 0 & -13 \\ 0 & 0 & 0 & 8 & 8 \\ 0 & 0 & -4 & 8 & 0 \end{array}\right)$$

$$\xrightarrow{r_3 \leftrightarrow r_4} \left(\begin{array}{cccc:c} 1 & 1 & 1 & 1 & 13 \\ 0 & -1 & -2 & 0 & -13 \\ 0 & 0 & -4 & 8 & 0 \\ 0 & 0 & 0 & 8 & 8 \end{array}\right) \xrightarrow[\frac{1}{8}r_4]{\substack{-r_2 \\ -\frac{1}{4}r_3}} \left(\begin{array}{cccc:c} 1 & 1 & 1 & 1 & 13 \\ 0 & 1 & 2 & 0 & 13 \\ 0 & 0 & 1 & -2 & 0 \\ 0 & 0 & 0 & 1 & 1 \end{array}\right)$$

$$\xrightarrow[2r_4+r_3]{-r_4+r_1} \left(\begin{array}{cccc:c} 1 & 1 & 1 & 0 & 12 \\ 0 & 1 & 2 & 0 & 13 \\ 0 & 0 & 1 & 0 & 2 \\ 0 & 0 & 0 & 1 & 1 \end{array}\right) \xrightarrow[-2r_3+r_2]{-r_3+r_1} \left(\begin{array}{cccc:c} 1 & 1 & 0 & 0 & 10 \\ 0 & 1 & 0 & 0 & 9 \\ 0 & 0 & 1 & 0 & 2 \\ 0 & 0 & 0 & 1 & 1 \end{array}\right)$$

$$\xrightarrow{-r_2+r_1} \left(\begin{array}{cccc:c} 1 & 0 & 0 & 0 & 1 \\ 0 & 1 & 0 & 0 & 9 \\ 0 & 0 & 1 & 0 & 2 \\ 0 & 0 & 0 & 1 & 1 \end{array}\right).$$

于是
$$\begin{cases} x_1=1, \\ x_2=9, \\ x_3=2, \\ x_4=1. \end{cases}$$

所以,小号、中号、大号和加大号销售量分别为 1 件、9 件、2 件和 1 件.

3.3.3 电路分析问题

例 4 在如图 3-1 所示的电路中应用基尔霍夫定律,得到如下的方程

$$\begin{cases} I_A+I_B+I_C+I_D=0, \\ I_A-I_B=-1, \\ 2I_C-2I_D=-2, \\ I_B-2I_C=6. \end{cases}$$

求各个部分的电流强度(单位:A).

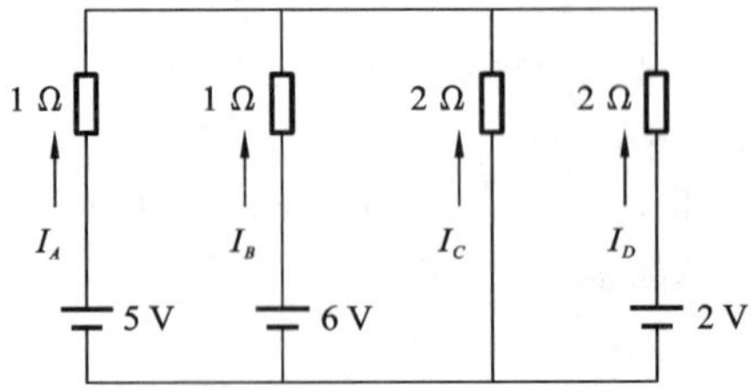

图 3-1

解 用初等变换把增广矩阵化为行最简形

$$\bar{\mathbf{A}}=\left(\begin{array}{cccc:c} 1 & 1 & 1 & 1 & 0 \\ 1 & -1 & 0 & 0 & -1 \\ 0 & 0 & 2 & -2 & -2 \\ 0 & 1 & -2 & 0 & 6 \end{array}\right) \xrightarrow{-r_1+r_2} \left(\begin{array}{cccc:c} 1 & 1 & 1 & 1 & 0 \\ 0 & -2 & -1 & -1 & -1 \\ 0 & 0 & 2 & -2 & -2 \\ 0 & 1 & -2 & 0 & 6 \end{array}\right)$$

$$\xrightarrow{r_2\leftrightarrow r_4} \left(\begin{array}{cccc:c} 1 & 1 & 1 & 1 & 0 \\ 0 & 1 & -2 & 0 & 6 \\ 0 & 0 & 2 & -2 & -2 \\ 0 & -2 & -1 & -1 & -1 \end{array}\right) \xrightarrow[-r_2+r_1]{2r_2+r_4} \left(\begin{array}{cccc:c} 1 & 0 & 3 & 1 & -6 \\ 0 & 1 & -2 & 0 & 6 \\ 0 & 0 & 2 & -2 & -2 \\ 0 & 0 & -5 & -1 & 11 \end{array}\right)$$

$$\xrightarrow{\frac{1}{2}r_3} \left(\begin{array}{cccc:c} 1 & 0 & 3 & 1 & -6 \\ 0 & 1 & -2 & 0 & 6 \\ 0 & 0 & 1 & -1 & -1 \\ 0 & 0 & -5 & -1 & 11 \end{array}\right) \xrightarrow[\substack{2r_3+r_2 \\ 5r_3+r_4}]{-3r_3+r_1} \left(\begin{array}{cccc:c} 1 & 0 & 0 & 4 & -3 \\ 0 & 1 & 0 & -2 & 4 \\ 0 & 0 & 1 & -1 & -1 \\ 0 & 0 & 0 & -6 & 6 \end{array}\right)$$

$$\xrightarrow{-\frac{1}{6}r_4} \left(\begin{array}{cccc:c} 1 & 0 & 0 & 4 & -3 \\ 0 & 1 & 0 & -2 & 4 \\ 0 & 0 & 1 & -1 & -1 \\ 0 & 0 & 0 & 1 & -1 \end{array}\right) \xrightarrow[\substack{2r_4+r_2 \\ r_4+r_3}]{-4r_4+r_1} \left(\begin{array}{cccc:c} 1 & 0 & 0 & 0 & 1 \\ 0 & 1 & 0 & 0 & 2 \\ 0 & 0 & 1 & 0 & -2 \\ 0 & 0 & 0 & 1 & -1 \end{array}\right),$$

于是
$$\begin{cases} I_A=1, \\ I_B=2, \\ I_C=-2, \\ I_D=-1. \end{cases}$$
所以，各个部分的电流强度为 $I_A=1$ A，$I_B=2$ A，$I_C=-2$ A，$I_D=-1$ A.

3.3.4 交通流量问题

例 5 如图 3-2 所示是某地区的交通网络图，设所有道路均为单行道，且道路边不能停车，图中的箭头标识了交通的方向，标识的数为高峰期每小时进出道路网络的车辆数. 设进出道路网络的车辆相同，总数各有 800 辆，若进入每个交叉点的车辆数等于离开该点的车辆数，则交通流量平衡条件得到满足，交通就不出现堵塞. 求各支路交通流量为多少时，此交通网络交通流量达到平衡.

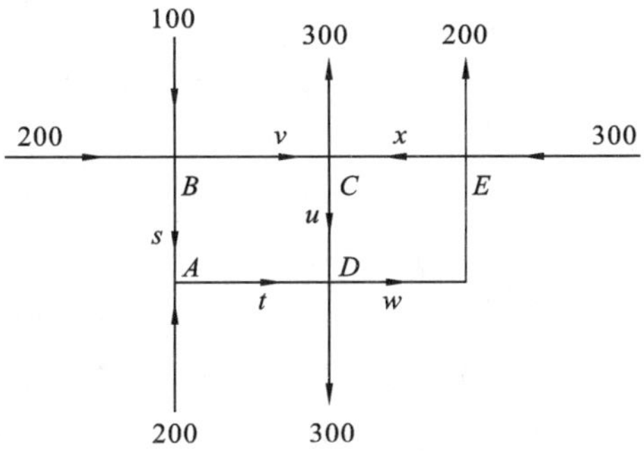

图 3-2

分析 对每一个道路交叉点的平衡条件，即道路交叉点的车辆进出平衡(进入某点的车辆数=离开某点的车辆数)可建立一个方程.

解 设每小时进出交叉点的未知车辆如图 3-2 所示，根据题意，建立如下各点方程：

A 点：$200+s=t$；

B 点：$200+100=s+v$；

C 点：$v+x=300+u$；

D 点：$u+t=300+w$；

E 点：$300+w=200+x$.

得到描述交通网络的线性方程组：
$$\begin{cases} s-t=-200, \\ s+v=300, \\ -u+v+x=300, \\ t+u-w=300, \\ -w+x=100. \end{cases}$$

用初等变换把增广矩阵化为行最简形

$$
\begin{array}{c} \\ \overline{\mathbf{A}}= \end{array}
\begin{array}{c} \begin{matrix} s & t & u & v & w & x & \end{matrix} \\
\left(\begin{array}{cccccc:c}
1 & -1 & 0 & 0 & 0 & 0 & -200 \\
1 & 0 & 0 & 1 & 0 & 0 & 300 \\
0 & 0 & -1 & 1 & 0 & 1 & 300 \\
0 & 1 & 1 & 0 & -1 & 0 & 300 \\
0 & 0 & 0 & 0 & -1 & 1 & 100
\end{array}\right) \end{array}
$$

$$
\xrightarrow{-r_1+r_2}
\left(\begin{array}{cccccc:c}
1 & -1 & 0 & 0 & 0 & 0 & -200 \\
0 & 1 & 0 & 1 & 0 & 0 & 500 \\
0 & 0 & -1 & 1 & 0 & 1 & 300 \\
0 & 1 & 1 & 0 & -1 & 0 & 300 \\
0 & 0 & 0 & 0 & -1 & 1 & 100
\end{array}\right)
$$

$$
\xrightarrow[-r_2+r_4]{r_1+r_2}
\left(\begin{array}{cccccc:c}
1 & 0 & 0 & 1 & 0 & 0 & 300 \\
0 & 1 & 0 & 1 & 0 & 0 & 500 \\
0 & 0 & -1 & 1 & 0 & 1 & 300 \\
0 & 0 & 1 & -1 & -1 & 0 & -200 \\
0 & 0 & 0 & 0 & -1 & 1 & 100
\end{array}\right)
$$

$$
\xrightarrow{r_3+r_4}
\left(\begin{array}{cccccc:c}
1 & 0 & 0 & 1 & 0 & 0 & 300 \\
0 & 1 & 0 & 1 & 0 & 0 & 500 \\
0 & 0 & -1 & 1 & 0 & 1 & 300 \\
0 & 0 & 0 & 0 & -1 & 1 & 100 \\
0 & 0 & 0 & 0 & -1 & 1 & 100
\end{array}\right)
$$

$$
\xrightarrow[-r_4]{-r_3}
\left(\begin{array}{cccccc:c}
1 & 0 & 0 & 1 & 0 & 0 & 300 \\
0 & 1 & 0 & 1 & 0 & 0 & 500 \\
0 & 0 & 1 & -1 & 0 & -1 & -300 \\
0 & 0 & 0 & 0 & 1 & -1 & -100 \\
0 & 0 & 0 & 0 & -1 & 1 & 100
\end{array}\right)
$$

$$
\xrightarrow{r_4+r_5}
\left(\begin{array}{cccccc:c}
1 & 0 & 0 & 1 & 0 & 0 & 300 \\
0 & 1 & 0 & 1 & 0 & 0 & 500 \\
0 & 0 & 1 & -1 & 0 & -1 & -300 \\
0 & 0 & 0 & 0 & 1 & -1 & -100 \\
0 & 0 & 0 & 0 & 0 & 0 & 0
\end{array}\right).
$$

因为 $r(\mathbf{A})=r(\overline{\mathbf{A}})=4<6$，所以，有无穷多解，有 2 个自由未知量 v,x，方程组的同解方程组为

$$
\begin{cases}
s=-v+300, \\
t=-v+500, \\
u=v+x-300, \\
v=v, \\
w=x-100, \\
x=x,
\end{cases}
$$

即

$$\begin{pmatrix} s \\ t \\ u \\ v \\ w \\ x \end{pmatrix}=\begin{pmatrix} -1 \\ -1 \\ 1 \\ 1 \\ 0 \\ 0 \end{pmatrix}v+\begin{pmatrix} 0 \\ 0 \\ 1 \\ 0 \\ 1 \\ 1 \end{pmatrix}x+\begin{pmatrix} 300 \\ 500 \\ -300 \\ 0 \\ -100 \\ 0 \end{pmatrix},$$

所以，通解为

$$\begin{pmatrix} s \\ t \\ u \\ v \\ w \\ x \end{pmatrix}=c_1\begin{pmatrix} -1 \\ -1 \\ 1 \\ 1 \\ 0 \\ 0 \end{pmatrix}+c_2\begin{pmatrix} 0 \\ 0 \\ 1 \\ 0 \\ 1 \\ 1 \end{pmatrix}+\begin{pmatrix} 300 \\ 500 \\ -300 \\ 0 \\ -100 \\ 0 \end{pmatrix}\quad (c_1,c_2\text{ 为任意常数}).$$

由于出入各交叉点的车辆数不能为负数，即各未知数必须为正. 因此 c_1,c_2 还必须满足以下条件：$0\leqslant c_1\leqslant 300$，$c_2\geqslant 100$，$c_1+c_2\geqslant 300$，才能得到实际问题的解. 如取 $c_1=200$，$c_2=200$，则可得实际问题的一组解(100　300　100　200　100　200).

习　题　3.3

1. 已知一个经济系统包括三个部门，在报告期内的直接消耗系数矩阵

$$\boldsymbol{A}=\begin{pmatrix} 0.6 & 0.1 & 0.1 \\ 0.1 & 0.6 & 0.1 \\ 0.1 & 0.1 & 0.6 \end{pmatrix},$$

若各部门在计划期内的最终产品为 $y_1=30$，$y_2=40$，$y_3=30$，预测各部门在计划期内的总产出 x_1,x_2,x_3.

2. 如图 3-3 所示的电路，通过分析可以建立关于电流的如下线性方程组

$$\begin{cases} I_1+I_2+I_3=0, \\ -2I_1+3I_2=24, \\ -3I_2+6I_3=0. \end{cases}$$

求出各个支路电流.

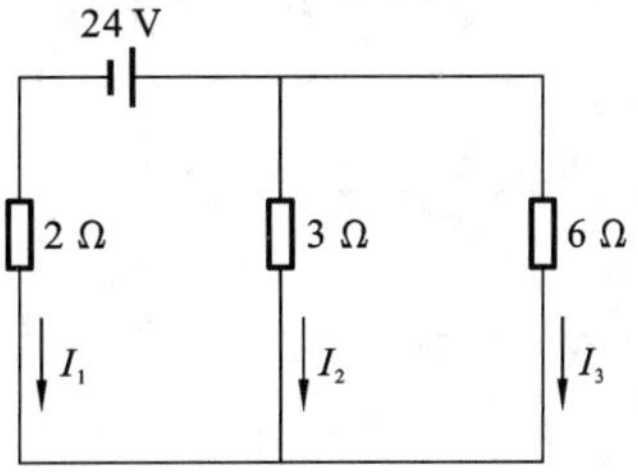

图 3-3

复习参考题

一、选择题

1. 设 n 元齐次线性方程组 $\boldsymbol{AX}=\boldsymbol{0}$ 的系数矩阵的秩为 r，则 $\boldsymbol{AX}=\boldsymbol{0}$ 有非零解的充分必要条件是(　　).

A. $r=n$　　B. $r<n$　　C. $r\geq n$　　D. $r>n$

2. 设 $\boldsymbol{A}$ 是 $m\times n$ 矩阵，则线性方程组 $\boldsymbol{AX}=\boldsymbol{B}$ 有无穷解的充要条件是(　　).

A. $r(\boldsymbol{A})<m$　　B. $r(\boldsymbol{A})<n$

C. $r(\bar{\boldsymbol{A}})=r(\boldsymbol{A})<m$　　D. $r(\bar{\boldsymbol{A}})=r(\boldsymbol{A})<n$

3. 设 $\boldsymbol{A}$ 是 $m\times n$ 矩阵，非齐次线性方程组 $\boldsymbol{AX}=\boldsymbol{B}$ 的导出组为 $\boldsymbol{AX}=\boldsymbol{0}$，若 $m<n$，则(　　).

A. $\boldsymbol{AX}=\boldsymbol{B}$ 必有无穷多解　　B. $\boldsymbol{AX}=\boldsymbol{B}$ 必有唯一解

C. $\boldsymbol{AX}=\boldsymbol{0}$ 必有非零解　　D. $\boldsymbol{AX}=\boldsymbol{0}$ 必有唯一解

4. 方程组 $\begin{cases} x_1+2x_2-x_3=4, \\ x_2+2x_3=2, \\ (\lambda-2)x_3=-(\lambda-3)(\lambda-4)(\lambda-1) \end{cases}$ 无解的充分条件是 $\lambda=$(　　).

A. 1　　B. 2　　C. 3　　D. 4

5. 方程组 $\begin{cases} x_1+x_2+x_3=\lambda-1, \\ 2x_2-x_3=\lambda-2, \\ x_3=\lambda-4, \\ (\lambda-1)x_3=-(\lambda-3)(\lambda-1) \end{cases}$ 有唯一解的充分条件是 $\lambda=$(　　).

A. 1　　B. 2　　C. 3　　D. 4

6. 方程组 $\begin{cases} x_1+2x_2-x_3=\lambda-1, \\ 3x_2-x_3=\lambda-2, \\ \lambda x_2-x_3=(\lambda-3)(\lambda-4)+(\lambda-2) \end{cases}$ 有无穷解的充分条件是 $\lambda=$(　　).

A. 1　　B. 2　　C. 3　　D. 4

7. 设 $\boldsymbol{A}$ 为 $m\times n$ 矩阵，则下列结论正确的是(　　).

A. 若 $\boldsymbol{AX}=\boldsymbol{0}$ 仅有零解，则 $\boldsymbol{AX}=\boldsymbol{B}$ 有唯一解

B. 若 $\boldsymbol{AX}=\boldsymbol{0}$ 有非零解，则 $\boldsymbol{AX}=\boldsymbol{B}$ 有无穷多解

C. 若 $\boldsymbol{AX}=\boldsymbol{B}$ 有无穷多解，则 $\boldsymbol{AX}=\boldsymbol{0}$ 仅有零解

D. 若 $\boldsymbol{AX}=\boldsymbol{B}$ 有无穷多解，则 $\boldsymbol{AX}=\boldsymbol{0}$ 有非零解

8. 线性方程组 $\begin{cases} x_1+x_2+x_3=1, \\ x_1+2x_2+3x_3=0, \\ 4x_1+7x_2+10x_3=1 \end{cases}$ (　　).

A. 无解　　B. 有唯一解

C. 有无穷多解　　D. 其导出组只有零解

二、填空题

1. 设 $\boldsymbol{A}$ 为 n 阶矩阵，且对任意 n 维的非零列向量 $\boldsymbol{X}$，均有 $\boldsymbol{AX}\neq\boldsymbol{0}$，则 $r(\boldsymbol{A})=$________.

2. 线性方程组 $\begin{cases} kx_1+2x_2+x_3=0, \\ 2x_1+kx_2=0, \\ x_1-x_2+x_3=0 \end{cases}$ 仅有零解的充分必要条件是________.

3. 若线性方程组 $\boldsymbol{AX}=\boldsymbol{B}$ 的导出组与 $\boldsymbol{CX}=\boldsymbol{0}$ ($r(\boldsymbol{C})=r$) 有相同的基础解系，则 $r(\boldsymbol{A})=$________.

4. 若线性方程组 $A_{m\times n}X=B$ 的系数矩阵的秩为 m，则其增广矩阵的秩为________.

5. 设 10×15 矩阵 A 的秩为 8，则 $AX=0$ 的解向量组的秩为________.

6. 设 $A=\begin{pmatrix}1&2&1\\2&3&a+2\\1&a&-2\end{pmatrix}$，$B=\begin{pmatrix}1\\3\\0\end{pmatrix}$，$X=\begin{pmatrix}x_1\\x_2\\x_3\end{pmatrix}$，若线性方程组 $AX=B$ 无解，则 $a=$________.

7. n 阶方阵 A，对于 $AX=0$，若每个 n 维向量都是解，则 $r(A)=$________.

8. 设 A 为 $m\times n$ 矩阵，$r(A)=r<\min(m,n)$，则 $AX=0$ 有______个解，有______个线性无关的解.

三、计算题

1. 已知齐次线性方程组 $\begin{cases}x_1+x_2+x_3+x_4=0,\\3x_1+2x_2+x_3=0,\\x_2+2x_3+3x_4=0,\end{cases}$ 求它的一个基础解系.

2. 解下列齐次线性方程组.

(1) $\begin{cases}x_1+3x_2-2x_3+2x_4=0,\\-2x_1-5x_2+x_3-5x_4=0;\end{cases}$　(2) $\begin{cases}3x_1+4x_2-5x_3+7x_4=0,\\2x_1-3x_2+3x_3-2x_4=0,\\4x_1+11x_2-13x_3+16x_4=0,\\7x_1-2x_2+x_3+3x_4=0.\end{cases}$

3. 求 λ，使齐次线性方程组 $\begin{cases}(\lambda+3)x_1+x_2+2x_3=0,\\\lambda x_1+(\lambda-1)x_2+2x_3=0,\\3(\lambda+1)x_1+\lambda x_2+(\lambda+3)x_3=0\end{cases}$ 有非零解，并求其通解.

4. 解下列非齐次线性方程组.

(1) $\begin{cases}x_1+x_2+x_3+x_4=7,\\3x_1+2x_2+x_3+x_4=-2,\\5x_1+4x_2+3x_3+3x_4=12,\\x_2+2x_3+2x_4=23;\end{cases}$　(2) $\begin{cases}x_1-2x_2+3x_3-x_4=2,\\3x_1-x_2+5x_3-3x_4=6,\\2x_1+x_2+2x_3-2x_4=8;\end{cases}$

(3) $\begin{cases}x_1+x_2-2x_3+4x_4=1,\\x_1+2x_2-2x_3+5x_4=3;\end{cases}$　(4) $\begin{cases}2x_1+7x_2+3x_3+x_4=6,\\3x_1+5x_2+2x_3+2x_4=4,\\9x_1+4x_2+x_3+7x_4=2.\end{cases}$

5. 已知线性方程组 $\begin{cases}x_1+2x_2-x_3+4x_4=2,\\2x_1+5x_2+x_3+15x_4=7,\\x_1+3x_2+2x_3+11x_4=\lambda\end{cases}$ 有解，求常数 λ 的值，并解线性方程组.

6. 已知线性方程组 $\begin{cases}x_1+2x_3=\lambda,\\2x_2-x_3=\lambda^2,\\2x_1+\lambda^2x_3=4,\end{cases}$ 讨论当常数 λ 为何值时，它有唯一解？有无穷多解？无解？

7. 讨论 p、q 为何值时，线性方程组 $\begin{cases}x_1+x_2+x_3+x_4+x_5=1,\\3x_1+2x_2+x_3+x_4-3x_5=p,\\x_2+2x_3+2x_4+6x_5=3,\\5x_1+4x_2+3x_3+3x_4-x_5=q\end{cases}$ 有解？无解？有解时求其

通解.

8. 已知四元非齐次线性方程组,其增广矩阵的秩与系数矩阵的秩都等于3,且向量 $\boldsymbol{\eta}_1=\begin{pmatrix}1\\2\\1\\0\end{pmatrix}$,$\boldsymbol{\eta}_2=\begin{pmatrix}1\\1\\1\\-1\end{pmatrix}$都是它的解向量,求它的通解.

9. 已知一个经济系统包括三个部门,报告期的投入产出平衡表,如表3-6所示.

表 3-6

部门间流量(产出 / 投入)		消费部门 1	消费部门 2	消费部门 3	最终产品	总产出
生产部门	1	32	10	10	28	80
	2	8	40	5	47	100
	3	8	10	15	17	50
创造价值		32	40	20	—	—
总投入		80	100	50	—	—

试求:

(1) 直接消耗系数矩阵 $\mathbf{A}$;

(2) 若各部门在计划期内的最终产品 $y_1=20,y_2=100,y_3=40$,预测各部门在计划期内的总产出 x_1,x_2,x_3.

10. 在一次对空气抽样的环境检测中发现空气中含有四种有毒物质:SO_2,NO,NO_2,CO,在空气中体积分数之和为 6×10^{-6},其中CO的含量为 SO_2 的10倍,而与NO和 NO_2 的总量相同,SO_2 和NO的体积分数之和为 0.8×10^{-6},问此空气中这四种物质的含量各为多少?

11. 有三种化肥,成分(质量分数,%)如表3-7所示.现要得到200 kg中含钾12%,氮25%,磷63%的化肥,需要以上三种化肥的量各是多少?

表 3-7

种类 \ 数量 \ 成分	钾	氮	磷
A	20	30	50
B	10	20	70
C	0	30	70

习题解答

习题 3.1

1. $\boldsymbol{X}=\begin{pmatrix}x_1\\x_2\\x_3\end{pmatrix}=c\begin{pmatrix}-1\\1\\1\end{pmatrix}$（$c$ 为任意常数）.

2. $\boldsymbol{X}=\begin{pmatrix}x_1\\x_2\\x_3\\x_4\end{pmatrix}=c\begin{pmatrix}4\\-9\\4\\3\end{pmatrix}$（$c$ 为任意常数）.

3. $\boldsymbol{X}=\begin{pmatrix}x_1\\x_2\\x_3\\x_4\end{pmatrix}=c_1\begin{pmatrix}-2\\1\\0\\0\end{pmatrix}+c_2\begin{pmatrix}1\\0\\0\\1\end{pmatrix}$（$c_1,c_2$ 为任意常数）.

4. 只有零解.

习题 3.2

1. $\boldsymbol{X}=\begin{pmatrix}x_1\\x_2\\x_3\end{pmatrix}=c\begin{pmatrix}-2\\1\\1\end{pmatrix}+\begin{pmatrix}-1\\2\\0\end{pmatrix}$（$c$ 为任意常数）.

2. $\boldsymbol{X}=\begin{pmatrix}x_1\\x_2\\x_3\\x_4\end{pmatrix}=c_1\begin{pmatrix}\frac{1}{7}\\\frac{5}{7}\\1\\0\end{pmatrix}+c_2\begin{pmatrix}\frac{1}{7}\\-\frac{9}{7}\\0\\1\end{pmatrix}+\begin{pmatrix}\frac{6}{7}\\-\frac{5}{7}\\0\\0\end{pmatrix}$（$c_1,c_2$ 为任意常数）.

3. 无解.

4. $\boldsymbol{X}=\begin{pmatrix}x_1\\x_2\\x_3\\x_4\end{pmatrix}=c_1\begin{pmatrix}-16\\-6\\1\\0\end{pmatrix}+c_2\begin{pmatrix}9\\4\\0\\1\end{pmatrix}+\begin{pmatrix}11\\4\\0\\0\end{pmatrix}$（$c_1,c_2$ 为任意常数）.

习题 3.3

1. $x_1=160$，$x_2=180$，$x_3=160$.

2. $I_1=-6$，$I_2=4$，$I_3=2$.

复习参考题答案

一、选择题

1. B.　**2.** D.　**3.** C.　**4.** B.　**5.** A.　**6.** C.　**7.** D.　**8.** C.

二、填空题

1. n. **2.** $k\neq -2$ 且 $k\neq 3$. **3.** r. **4.** m. **5.** 7. **6.** $a=-1$. **7.** 0. **8.** 无穷，$n-r$.

三、计算题

1. $\boldsymbol{\xi}_1=\begin{pmatrix}1\\-2\\1\\0\end{pmatrix},\boldsymbol{\xi}_2=\begin{pmatrix}2\\-3\\0\\1\end{pmatrix}$.

2. (1) $\boldsymbol{X}_1=\begin{pmatrix}x_1\\x_2\\x_3\\x_4\end{pmatrix}=c_1\begin{pmatrix}-7\\3\\1\\0\end{pmatrix}+c_2\begin{pmatrix}-5\\1\\0\\1\end{pmatrix}$（$c_1,c_2$ 为任意常数）；

(2) $\boldsymbol{X}_1=\begin{pmatrix}x_1\\x_2\\x_3\\x_4\end{pmatrix}=c_1\begin{pmatrix}3\\19\\17\\0\end{pmatrix}+c_2\begin{pmatrix}-23\\-20\\0\\17\end{pmatrix}$（$c_1,c_2$ 为任意常数）.

3. 当 $\lambda=1$ 或 $\lambda=3$ 时，方程组有非零解. 当 $\lambda=1$ 时，$\boldsymbol{X}=c\begin{pmatrix}-2\\0\\1\end{pmatrix}$（$c$ 为任意常数）；

当 $\lambda=3$ 时，

$\boldsymbol{X}=c\begin{pmatrix}\frac{1}{2}\\-\frac{1}{2}\\1\end{pmatrix}$（$c$ 为任意常数）.

4. (1) $\boldsymbol{X}=\begin{pmatrix}x_1\\x_2\\x_3\\x_4\end{pmatrix}=c_1\begin{pmatrix}1\\-2\\1\\0\end{pmatrix}+c_2\begin{pmatrix}1\\-2\\0\\1\end{pmatrix}+\begin{pmatrix}-16\\23\\0\\0\end{pmatrix}$（$c_1,c_2$ 为任意常数）；

(2) 无解；

(3) $\boldsymbol{X}=\begin{pmatrix}x_1\\x_2\\x_3\\x_4\end{pmatrix}=c_1\begin{pmatrix}2\\0\\1\\0\end{pmatrix}+c_2\begin{pmatrix}-3\\-1\\0\\1\end{pmatrix}+\begin{pmatrix}-1\\2\\0\\0\end{pmatrix}$（$c_1,c_2$ 为任意常数）；

(4) $\boldsymbol{X}=\begin{pmatrix}x_1\\x_2\\x_3\\x_4\end{pmatrix}=c_1\begin{pmatrix}\frac{1}{11}\\-\frac{5}{11}\\1\\0\end{pmatrix}+c_2\begin{pmatrix}-\frac{9}{11}\\\frac{1}{11}\\0\\1\end{pmatrix}+\begin{pmatrix}-\frac{2}{11}\\\frac{10}{11}\\0\\0\end{pmatrix}$（$c_1,c_2$ 为任意常数）.

5. $\lambda=5$ 有无穷多解，$\boldsymbol{X}=\begin{pmatrix}x_1\\x_2\\x_3\\x_4\end{pmatrix}=c_1\begin{pmatrix}7\\-3\\1\\0\end{pmatrix}+c_2\begin{pmatrix}10\\-7\\0\\1\end{pmatrix}+\begin{pmatrix}-4\\3\\0\\0\end{pmatrix}$（$c_1,c_2$ 为任意常数）.

6. 当 $\lambda\neq2$ 且 $\lambda\neq-2$ 时，有唯一解；当 $\lambda=2$ 时，有无穷多解；当 $\lambda=-2$ 时，无解.

7. 当 $p\neq0$ 或 $q\neq2$ 时，无解；当 $p=0$ 且 $q=2$ 时，有无穷多解，其通解为

$$\boldsymbol{X}=\begin{pmatrix}x_1\\x_2\\x_3\\x_4\\x_5\end{pmatrix}=c_1\begin{pmatrix}1\\-2\\1\\0\\0\end{pmatrix}+c_2\begin{pmatrix}1\\-2\\0\\1\\0\end{pmatrix}+c_3\begin{pmatrix}5\\-6\\0\\0\\1\end{pmatrix}+\begin{pmatrix}-2\\3\\0\\0\\0\end{pmatrix}$$（c_1,c_2,c_3 为任意常数）.

8. $\boldsymbol{X}=\begin{pmatrix}x_1\\x_2\\x_3\\x_4\end{pmatrix}=c\begin{pmatrix}0\\1\\0\\1\end{pmatrix}+\begin{pmatrix}1\\2\\1\\0\end{pmatrix}$（$c$ 为任意常数）.

9. (1) $\boldsymbol{A}=\begin{pmatrix}0.4&0.1&0.2\\0.1&0.4&0.1\\0.1&0.1&0.3\end{pmatrix}$；(2) $x_1=100,x_2=200,x_3=100$.

10. 设 SO_2、NO、NO_2、CO 含量分别为 x_1,x_2,x_3,x_4，列方程组为

$$\begin{cases}x_1+x_2+x_3+x_4=6\times10^{-6},\\x_4=10x_1,\\x_4=x_2+x_3,\\x_1+x_2=0.8\times10^{-6},\end{cases}\quad\text{解得}\quad\begin{cases}x_1=0.2857\times10^{-6},\\x_2=0.514\times10^{-6},\\x_3=2.343\times10^{-6},\\x_4=2.857\times10^{-6}.\end{cases}$$

11. 设 A、B、C 三种化肥的量各是 x_1,x_2,x_3，列方程组为

$$\begin{cases}20\%x_1+10\%x_2=200\times12\%,\\30\%x_1+20\%x_2+30\%x_3=200\times25\%,\\50\%x_1+70\%x_2+70\%x_3=200\times63\%,\end{cases}\quad\text{解得}\quad\begin{cases}x_1=70,\\x_2=100,\\x_3=30.\end{cases}$$

【知识拓展】

克拉默法则的发展历程

克拉默法则是线性代数中一个求解线性方程组的定理，它适用于变量和方程数目相等的线性方程组，是瑞士数学家克拉默(G. Cramer)于 1750 年在其著作《线性代数分析导言》中发表的，但是现在学习的克拉默法则的背后包含的是数学家们几百年的努力.

在十八世纪以前，对于二元一次线性方程组，未知数还固定用 x、y 来表示. 据此，方程组

的解可以表示成两个数相除的结果，并且分母是相同的，都是由未知数的系数组成的，而分子是不同的，但是存在着一定的规律. 莱布尼茨提出，这个规律可能与未知数的位置有关，为此他给未知数加上了索引，将 x、y 修改为 x_1、x_2.

后来，克拉默将未知数的系数进行了进一步的修改，将 x_1 的系数修改为 a_1、a_2，x_2 的系数修改为 b_1、b_2，常数用 M_1、M_2 表示，则 x_1 的解中的分子可以视为：将分母中 x_1 的系数 a_1、a_2 替换成常数 M_1、M_2；x_2 的解中的分子可以视为：将分母中 x_2 的系数 b_1、b_2 替换成常数 M_1、M_2，并且他还发现，除了二元方程组外，三元、四元、五元也符合这个规律. 此时，虽然规律已经总结出来了，但是由于当时行列式还没有被发明出来，分子、分母还是用代数表达式表示.

之后经过拉普拉斯等人的努力，行列式被发明了出来，将分子、分母用行列式表示后，解的形式就被大大简化，再之后，柯西引入了双下标的记号法，并将等式右边的常数，固定用字母 b 来表示. 经过一代又一代数学家的努力，克拉默法则终于成为了我们今天看到的样子.

第 4 章　数学软件在线性代数中的应用

4.1　行列式计算

MATLAB 在行列式计算中的命令及功能如表 4-1 所示。

表 4-1

MATLAB 命令	功　　能
syms	定义符号、变量，非具体数字
D=det(A)	计算行列式 A 的值
solve(D)	解方程 $D=0$
factor(D)	将多项式分解因式

例 1　计算行列式 $D=\begin{vmatrix} 1 & 2 & -4 \\ -2 & 2 & 1 \\ -3 & 4 & -2 \end{vmatrix}$.

MWorks
的应用 1

解　在命令窗口输入如下命令：

```
>>A=[1 2 -4; -2 2 1; -3 4 -2]
```

按 Enter 键可得

```
A=
     1     2    -4
    -2     2     1
    -3     4    -2
```

输入

```
>>D=det(A)
```

按 Enter 键可得

```
D=
   -14
```

或者在命令窗口输入如下命令：

```
>>A=[1 2 -4; -2 2 1; -3 4 -2]; D=det(A)
```

按 Enter 键可得

```
D=
   -14
```

例 2　求解方程

$$\begin{vmatrix} 1 & 1 & 1 \\ 2 & 3 & x \\ 4 & 9 & x^2 \end{vmatrix}=0.$$

MWorks 的应用 2

解　在命令窗口输入如下命令：

```
>>syms x
```

按 Enter 键，然后输入如下命令：

```
>>A=[1 1 1; 2 3 x; 4 9 x^2]
```

按 Enter 键可得

```
A=
   [1,  1,  1]
   [2,  3,  x]
   [4,  9,  x^2]
```

输入

```
>>D=det(A)
```

按 Enter 键可得

```
D =
  x^2-5*x+6
```

输入

```
>>solve(D)
```

按 Enter 键可得

```
ans=
  3
```

例 3　证明 $\begin{vmatrix} b & a & a & a \\ a & b & a & a \\ a & a & b & a \\ a & a & a & b \end{vmatrix}=(3a+b)(b-a)^3.$

MWorks 的应用 3

解　在命令窗口输入如下命令：

```
>>syms a b
```

按 Enter 键,然后输入如下命令:

```
>>A=[b a a a; a b a a; a a b a; a a a b]
```

按 Enter 键可得

```
A=
   [b,a,a,a]
   [a,b,a,a]
   [a,a,b,a]
   [a,a,a,b]
```

输入

```
>>D=det(A)
```

按 Enter 键可得

```
D=
   b^4-6*b^2*a^2+8*b*a^3-3*a^4
```

输入

```
>>factor(D)
```

按 Enter 键可得

```
ans =
   -(3*a+b)*(a-b)^3
```

4.2 矩阵计算

矩阵的主要运算 MATLAB 命令格式与功能如表 4-2 所示。

表 4-2

格式	功　能	格式	功　能
A+B	矩阵相加	A′	矩阵转置
A−B	矩阵相减	rank(A)	矩阵的秩
A * B	矩阵相乘(其中乘号 * 不能掉)	det(A)	方阵的行列式
A/B	矩阵右除	inv(A)	方阵的逆矩阵
A\B	矩阵左除	rref(A)	求矩阵 ***A*** 的行最简形
A^n	矩阵乘方(不是矩阵元素乘方)	size(A)	矩阵的阶数
A. * B	矩阵点乘	eig(A)	特征值及特征向量
A. /B	矩阵右点除	trace(A)	矩阵的迹

续表

格式	功　　能	格式	功　　能
A\.B	矩阵左点除	rot90(A)	矩阵逆时针旋转 90°
A.^B	矩阵元素乘方	fliplr(A)	矩阵左右翻折
eye(n)	创建 n 阶单位矩阵	flipud(A)	矩阵上下翻折

注：① 矩阵右除 MATLAB 表达形式 C=A/B，它表示的含义是 $\boldsymbol{B}*\mathrm{inv}(\boldsymbol{A})$.

② 矩阵左除 MATLAB 表达形式 C=A\B，它表示的含义是 $\mathrm{inv}(\boldsymbol{A})*\boldsymbol{B}$.

③ 矩阵右点除 MATLAB 表达形式 C=A./B，它表示的含义是矩阵 $\boldsymbol{A}$ 中的每个元素除以矩阵 $\boldsymbol{B}$ 中每个对应的元素.

④ 矩阵左点除 MATLAB 表达形式 C=A\.B，它表示的含义是矩阵 $\boldsymbol{B}$ 中的每个元素除以矩阵 $\boldsymbol{A}$ 中每个对应的元素，即 C=A\.B=B./A.

⑤ 注意"矩阵乘方"与"矩阵元素乘方"的区别.

⑥ 矩阵的迹，表示矩阵主对角线的所有元素之和.

例 1　设矩阵 $\boldsymbol{A}=\begin{pmatrix}4 & 3\\ 2 & -1\end{pmatrix}$，$\boldsymbol{B}=\begin{pmatrix}2 & -3\\ 1 & 4\end{pmatrix}$，$\boldsymbol{C}=\begin{pmatrix}1 & 1\\ 1 & 1\end{pmatrix}$，求 $\boldsymbol{A}^{\mathrm{T}}\boldsymbol{B}-3\boldsymbol{C}$.

解　在命令窗口输入如下命令：

MWorks 的应用 4

```
>>A=[4 3; 2 -1]; B=[2 -3; 1 4]; C=[1 1; 1 1];
```

按 Enter 键，然后输入：

```
>>A'
```

按 Enter 键可得

```
ans =
    4  2
    3  -1
```

输入

```
>>A' * B-3 * C
```

按 Enter 键可得

```
ans =
    7  -7
    2  -16
```

例 2　设 $\boldsymbol{A}=\begin{pmatrix}1 & 1 & 3 & -1 & -2\\ 2 & 2 & -1 & 2 & 3\\ 3 & 3 & 2 & 1 & 1\\ 1 & 1 & -4 & 3 & 5\end{pmatrix}$，求 $r(\boldsymbol{A})$.

MWorks 的应用 5

解　在命令窗口输入如下命令：

```
>>A=[1 1 3 -1 -2;2 2 -1 2 3;3 3 2 1 1;1 1 -4 3 5];r=rank(A)
```

按 Enter 键可得

```
r=
  2
```

例 3　求矩阵 $\boldsymbol{A}=\begin{pmatrix}1 & 0 & 1\\ 2 & 1 & 0\\ -3 & 2 & -5\end{pmatrix}$的行列式及逆矩阵.

MWorks
的应用 6

解　在命令窗口输入如下命令：

```
>>A=[1 0 1;2 1 0;-3 2 -5];d=det(A)
```

按 Enter 键可得

```
d=
  2
```

输入

```
>>B=inv(A)
```

按 Enter 键可得

```
B=
  - 2.5000     1.0000    - 0.5000
    5.0000   - 1.0000      1.0000
    3.5000   - 1.0000      0.5000
```

例 4　一工厂有 1000 小时用于生产、维修和检验，各工序的工作时间分别为 P,M,I，且满足：$P+M+I=1000$，$P=I-100$，$P+I=M+100$，求各工序所用时间分别为多少？

解　在命令窗口输入如下命令：

MWorks
的应用 7

```
>>A=[1 1 1;1 0 -1;1 -1 1];B=[1000;-100;100];x=inv(A)*B
```

按 Enter 键可得

```
x=
  225
  450
  325
```

4.3　解线性方程组

例 1　某人用 60 万元投资 A、B 两个项目，其中项目 A 的收益率为 7%，项目 B 的收益率为 12%，最终总收益为 5.6 万元. 问他在 A、B 两个项目上各投资了多少万元？

解　在命令窗口输入如下命令：

```
>>A=[0.07,0.12;1,1];B=[5.6;60];X=inv(A)*B
```

MWorks 的应用 8

按 Enter 键可得

```
X=
   32.0000
   28.0000
```

例 2 求齐次线性方程组
$$\begin{cases} x_1+x_2+x_3+x_4+x_5=0, \\ 3x_1+2x_2+x_3+x_4-3x_5=0, \\ x_2+2x_3+2x_4+6x_5=0, \\ 5x_1+4x_2+3x_3+3x_4-x_5=0 \end{cases}$$
的通解.

解 在命令窗口输入如下命令：

```
>>A=[1 1 1 1 1;3 2 1 1 -3;0 1 2 2 6;5 4 3 3 -1];r=rank(A)
```

按 Enter 键可得

```
r=
     2
```

输入

```
>>B=rref(A)
```

按 Enter 键可得

```
B=
    1    0    -1    -1    -5
    0    1     2     2     6
    0    0     0     0     0
    0    0     0     0     0
```

输入

```
>>X=[-B(1:2,3:5);eye(3)]
```

按 Enter 键可得

```
X=
     1     1     5
    -2    -2    -6
     1     0     0
     0     1     0
     0     0     1
```

注：B(1:2,3:5)表示取矩阵 $\boldsymbol{B}$ 的第 1 至第 2 行中的第 3 至第 5 列的元素，eye(3)表示构建三阶单位矩阵.

于是可写出齐次线性方程组的通解为

$$X=c_1\begin{pmatrix}1\\-2\\1\\0\\0\end{pmatrix}+c_2\begin{pmatrix}1\\-2\\0\\1\\0\end{pmatrix}+c_3\begin{pmatrix}5\\-6\\0\\0\\1\end{pmatrix}\quad(c_1,c_2,c_3\text{ 为任意常数})$$

例 3　解非齐次线性方程组 $\begin{cases}x_1+\ x_2-2x_3+4x_4=1,\\x_1+2x_2-2x_3+5x_4=3.\end{cases}$

解　在命令窗口输入如下命令：

```
>>A=[1 1 -2 4 1;1 2 -2 5 3];B=rref(A)
```

按 Enter 键可得

```
B=
   1    0    -2    3    -1
   0    1     0    1     2
```

输入

```
>>X=[-B(1:2,3:4);eye(2)]
```

按 Enter 键可得

```
X=
   2    3
   0   -1
   1    0
   0    1
```

于是可写出非齐次线性方程组的通解为

$$X=c_1\begin{pmatrix}2\\0\\1\\0\end{pmatrix}+c_2\begin{pmatrix}-3\\-1\\0\\1\end{pmatrix}+c_3\begin{pmatrix}-1\\2\\0\\0\end{pmatrix}\quad(c_1,c_2,c_3\text{ 为任意常数}).$$

第2部分

线 性 规 划

第 5 章　线性规划问题

5.1　线性规划问题的概念

线性规划是数学规划中理论较完整、方法较成熟、应用较广泛的一个分支，它可以用来解决科学研究、工程设计、活动安排、军事指挥、经济管理等方面提出的大量问题.

在实际问题中，往往需要研究一类必须满足另外要求的线性方程组或线性不等式组的解.

例 1　某中药厂用当归作原料制成当归丸和当归膏，生产一盒当归丸需要 5 个劳动工时，使用 2 kg 当归原料，销售后获得利润 160 元；生产一瓶当归膏需要 2 个劳动工时，使用 5 kg 当归原料，销售后获得利润 80 元. 工厂现在有可供利用的劳动工时为 4000 工时，可供利用的当归原料为 5800 kg，为了避免当归原料存放时间过长而变质. 要求把这 5800 kg 当归原料都用掉. 问工厂应如何安排生产，才能使得两种产品销售后获得的总利润最大？怎样考虑这个问题？

解　设工厂生产 x_1 盒当归丸和 x_2 瓶当归膏，称 x_1,x_2 为决策变量，它们不能任意取值，要受到可供利用的劳动力资源与可供利用的原料资源数量的限制.

由于生产一盒当归丸需要 5 个劳动工时，因而生产 x_1 盒当归丸需要 $5x_1$ 个劳动工时；生产一瓶当归膏需要 2 个劳动工时，因而生产 x_2 瓶当归膏需要 $2x_2$ 个劳动工时. 这样，需要劳动工时的总量为 $(5x_1+2x_2)$ 个，它不能突破可供利用的 4000 劳动工时，即

$$5x_1+2x_2\leqslant 4000.$$

由于生产一盒当归丸使用 2 kg 当归原料，因而生产 x_1 盒当归丸使用 $2x_1$ kg 当归原料；生产一瓶当归膏使用 5 kg 当归原料，因而生产 x_2 瓶当归膏使用 $5x_2$ kg 当归原料. 这样，使用当归原料的总量为 $(2x_1+5x_2)$ kg，考虑到现有的 5800 kg 当归原料都用掉，于是使用当归原料的总量应等于 5800 kg，即

$$2x_1+5x_2=5800.$$

又考虑到 x_1 是盒数，x_2 是瓶数，因而它们的取值只能是正整数或零，表示为

$$x_i\geqslant 0,\text{且 } x_i\in \mathbf{Z}\ (i=1,2).$$

上面得到的线性不等式与线性方程式是决策变量 x_1,x_2 取值所必须满足的条件，它们约束决策变量 x_1,x_2 不能任意取值，称它们为**约束条件**，记作

$$\begin{cases}5x_1+2x_2\leqslant 4000,\\ 2x_1+5x_2=5800,\\ x_i\geqslant 0,\text{且 } x_i\in \mathbf{Z}\ (i=1,2).\end{cases}$$

容易看出,满足约束条件的变量 x_1,x_2 值有无穷多组,即表示约束条件的线性不等式与线性方程式有无穷多组解,如$\begin{cases}x_1=100,\\x_2=1120\end{cases}$是一组解,此外$\begin{cases}x_1=150,\\x_2=1100\end{cases}$也是一组解,还可以找出许多组解.这说明仅考虑到劳动工时和当归原料的制约,对生产的安排是很有选择余地的.这些安排生产的方案都是可行的,应该从中挑选出最优方案.那么,根据什么挑选出最优方案?

由于每一个可行方案,即每一组满足约束条件的变量 x_1,x_2 值,都对应两种产品总利润的一个值,在一般情况下,不同可行方案所对应的总利润也不相同,所以应该找出使得总利润最大的可行方案,这就是最优方案.

一盒当归丸销售后获得利润 160 元,因而 x_1 盒当归丸销售后获得利润 $160x_1$ 元;一瓶当归膏销售后获得利润 80 元,因而 x_2 瓶当归膏销售后获得利润 $80x_2$ 元.于是两种产品销售后获得的总利润为

$$S=160x_1+80x_2,$$

函数 S 称为**目标函数**.

经过上面的讨论,所有问题归结为:求一组变量 x_1,x_2 的值,满足约束条件

$$\begin{cases}5x_1+2x_2\leqslant 4000,\\2x_1+5x_2=5800,\\x_i\geqslant 0,\text{且 } x_i\in\mathbf{Z}\ (i=1,2).\end{cases}$$

且使目标函数

$$S=160x_1+80x_2,$$

取最大值.

可以用 $\max S$ 表示 S 的最大值,则上面问题记作

$$\max S=160x_1+80x_2,$$

$$\text{s.t.}\quad\begin{cases}5x_1+2x_2\leqslant 4000,\\2x_1+5x_2=5800,\\x_i\geqslant 0,\ \text{且 } x_i\in\mathbf{Z}\ (i=1,2),\end{cases}$$

式中,s.t. 表示**约束条件**.

例 2 某合金厂用锡铅合金制作重量为 50 g 的产品,其中锡不少于 25 g,铅不多于 30 g.锡的平均单位成本为 0.8 元/g,铅的平均单位成本为 0.12 元/g.问工厂应如何在产品中搭配锡、铅两种原料,才能使得产品的成本最低?怎样考虑这个问题?

解 设工厂在产品中搭配 x_1 g 锡和 x_2 g 铅.可得如下线性方程式与线性不等式构成的约束条件,即

$$\begin{cases}x_1+x_2=50,\\x_1\geqslant 25,\\x_2\leqslant 30,\\x_i\geqslant 0\ (i=1,2),\end{cases}$$

产品的成本为

$$S=0.8x_1+0.12x_2(\text{元}).$$

求一组变量 x_1,x_2 的值使得 S 取值最小. 可以用 $\min S$ 表示 S 的最小值,则上面的问题记作

$$\min S=0.8x_1+0.12x_2,$$
$$\text{s.t.}\begin{cases}x_1+x_2=50,\\x_1\geqslant 25,\\x_2\leqslant 30,\\x_i\geqslant 0\quad(i=1,2).\end{cases}$$

定义 1　求一组变量非负值,满足由变量的线性方程式或线性不等式构成的约束条件,且使得作为变量线性函数的目标函数取值最大或最小,这样的问题称为**线性规划问题**,它的一般形式为

求一组变量 $x_1,x_2,\cdots,x_n$ 的值,满足约束条件

$$\begin{cases}a_{11}x_1+a_{12}x_2+\cdots+a_{1n}x_n\leqslant b_1(\text{或}\geqslant b_1\ \text{或}=b_1),\\a_{21}x_1+a_{22}x_2+\cdots+a_{2n}x_n\leqslant b_2(\text{或}\geqslant b_2\ \text{或}=b_2),\\\quad\vdots\\a_{m1}x_1+a_{m2}x_2+\cdots+a_{mn}x_n\leqslant b_m(\text{或}\geqslant b_m\ \text{或}=b_m),\\x_i\geqslant 0\ (i=1,2,\cdots,n),\end{cases}$$

且使得目标函数

$$S=c_1x_1+c_2x_2+\cdots+c_nx_n$$

取最大值(或最小值),记作

$$\max(\min)\ S=c_1x_1+c_2x_2+\cdots+c_nx_n,$$
$$\text{s.t.}\begin{cases}a_{11}x_1+a_{12}x_2+\cdots+a_{1n}x_n\leqslant b_1\quad(\text{或}\geqslant b_1\ \text{或}=b_1),\\a_{21}x_1+a_{22}x_2+\cdots+a_{2n}x_n\leqslant b_2\quad(\text{或}\geqslant b_2\ \text{或}=b_2),\\\quad\vdots\\a_{m1}x_1+a_{m2}x_2+\cdots+a_{mn}x_n\leqslant b_m\quad(\text{或}\geqslant b_m\ \text{或}=b_m),\\x_i\geqslant 0\quad(i=1,2,\cdots,n).\end{cases}$$

显然,构成线性规划问题的要素是决策变量、约束条件及目标函数.

关于线性规划问题的解,有下面的概念.

定义 2　在线性规划问题中,满足约束条件的解称为**可行解**,所有可行解的集合称为**可行解集**;使得目标函数取值最大或最小的可行解称为**最优解**,对应于最优解的目标函数值称为**最优值**. 当然,解线性规划问题就是求得最优解与最优值.

习　题　5.1

1. 某元件厂生产甲、乙两种产品,生产一件甲产品需在设备 A 上加工 2 小时,在设备 B 上加工 1 小时,销售后获得利润 40 元;生产一件乙产品需在设备 A 上加工 1 小时,在设备 B 上加工 2 小时,销售后获得利润 50 元. 工厂每天可供利用的设备 A 加工工时为 120 个小时,可供利用的设备 B 加工工时为 90 小时. 问工厂在每天内应如何安排生产,才能使得两种产品销售后获得的总利润最大? 写出这个问题的数学模型.

2. 某工厂用甲、乙两种原料混合制作重量为 55 g 的产品，其中甲原料不少于 20 g，乙原料不多于 40 g. 甲原料的平均单位成本为 2.5 元/g，乙原料的平均单位成本为 1 元/g. 问工厂应如何在产品中搭配甲、乙两种原料，才能使得产品的成本最低？写出这个问题的数学模型.

5.2 线性规划问题的数学模型

数学模型是描述实际问题共性的抽象的数学形式，对它的研究有助于认识这类问题的性质和寻求一般解法.

线性规划研究的问题有两类：一类是在一定的人力、财力、物力等资源条件下，如何合理安排，使得经济效益最大；另一类是在给定任务条件下，如何合理安排，使得资源消耗最小. 显然，这是一个问题的两种提法，其实质都是寻求经济函数的优化，它的数学模型称为线性规划问题的**数学模型**.

建立线性规划问题的数学模型，就是从实际问题出发，抓住主要因素，确定决策变量，找出约束条件，并给出目标函数的表达式. 5.1 节中例 1、例 2 已经分别建立了所给线性规划问题的数学模型. 下面讨论五类典型的经济问题，建立其线性规划问题的数学模型.

5.2.1 安排问题

企业如何依据现有生产能力与市场状况，合理安排各种产品的产量，使得各种产品销售后获得的总利润最大.

例 1 某精密仪器厂生产甲、乙、丙三种仪器，生产一台甲种仪器需要 7 小时加工与 6 小时装配，销售后获得利润 300 元；生产一台乙种仪器需要 8 小时加工与 4 小时装配，销售后获得利润 250 元；生产一台丙种仪器需要 5 小时加工与 3 小时装配，销售后获得利润 180 元. 工厂可供利用的加工工时为 2000 小时，可供利用的装配工时为 1200 小时，又预测每月对丙种仪器的需求不超过 300 台. 问工厂在每月内应如何安排生产，才能使得三种仪器销售后获得的总利润最大？写出这个问题的数学模型.

解 设工厂每月内生产 x_1 台甲种仪器，x_2 台乙种仪器及 x_3 台丙种仪器，将问题进行表格化，如表 5-1 所示.

表 5-1

	加工	装配	利润
甲	$7x_1$	$6x_1$	$300x_1$
乙	$8x_2$	$4x_2$	$250x_2$
丙	$5x_3$	$3x_3$	$180x_3$
资源	2000	1200	max S

三种仪器销售后获得的总利润为

$$S=300x_1+250x_2+180x_3\text{（元）}.$$

这个线性函数即为目标函数，求它在约束条件下的最大值点即为最优解.

加工工时的约束：$7x_1+8x_2+5x_3\leqslant 2000$.

装配工时的约束：$6x_1+4x_2+3x_3\leqslant 1200$.

丙种仪器的约束：$x_3\leqslant 300$.

这个线性规划问题的数学模型为

$$\max S=300x_1+250x_2+180x_3,$$

$$\text{s.t.}\quad\begin{cases}7x_1+8x_2+5x_3\leqslant 2000,\\6x_1+4x_2+3x_3\leqslant 1200,\\x_3\leqslant 300,\\x_i\geqslant 0,\text{且 } x_i\in\mathbf{Z}\ (i=1,2,3).\end{cases}$$

5.2.2　投资问题

投资者将一定数量的资金投向企业，如何依据不同的获得利润情况，分配对各企业的投资额，使得若干年后收益最高.

例 2　某投资公司将 1000 万元的资金对 A、B 两个企业进行投资. 对 A 企业每投资 1 万元，一年后公司可获得利润 0.1 万元；对 B 企业每投资 1 万元，两年后可获得利润 0.3 万元. 对 A 企业每次投资期限必须是一年，对 B 企业每次投资期限必须是两年，到期结算后，以本利和作为资金继续对 A、B 两个企业投资. 问公司应如何投资，才能使得在第三年底收益最高？写出这个问题的数学模型.

解　设公司对 A、B 两个企业的投资额在第一年分别为 x_{11}，x_{12} 万元；第二年分别为 x_{21}，x_{22} 万元；第三年分别为 x_{31}，x_{32} 万元.

第一年投资额总和为 1000 万元，有

$$x_{11}+x_{12}=1000\ (\text{万元}).$$

由于对 A 企业每次投资期限是一年，对 B 企业每次投资期限是两年，从而在第一年底只从 A 企业回收第一年的本利和 $x_{11}+0.1x_{11}=1.1x_{11}$ 万元，作为第二年初对 A、B 两个企业投资的资金. 投资额之和应等于 $1.1x_{11}$ 万元，所以有

$$x_{21}+x_{22}=1.1x_{11}.$$

在第二年底，公司从 B 企业回收第一年初对其投资的本利和 $x_{12}+0.3x_{12}=1.3x_{12}$ 万元；公司还从 A 企业回收第二年初对其投资的本利和 $x_{21}+0.1x_{21}=1.1x_{21}$ 万元. 这样，公司共回收 $1.3x_{12}+1.1x_{21}$ 万元作为第三年初投资的资金，考虑到对 A 企业每次投资期限是一年，对 B 企业每次投资期限是两年，第三年初只对企业 A 投资，不对企业 B 投资，第三年底公司收益最高，有

$$\begin{cases}x_{31}=1.3x_{12}+1.1x_{21},\\x_{32}=0.\end{cases}$$

又考虑到 x_{11}，x_{12}，x_{21}，x_{22}，x_{31}，x_{32} 都是投资额，因而它们的取值只能是非负实数，所以有

$$x_{ij}\geqslant 0\ (i=1,2,3;j=1,2).$$

上面得到的线性方程式与线性不等式构成了约束条件.

在第三年底，公司从 B 企业回收第二年初对其投资的本利和 $x_{22}+0.3x_{22}=1.3x_{22}$ 万元；

公司还可以从A企业回收第三年初对其投资的本利和 $x_{31}+0.1x_{31}=1.1x_{31}$ 万元. 于是,公司第三年底的收益为

$$S=1.3x_{22}+1.1x_{31}(\text{万元}).$$

这个线性函数即为目标函数,求它在约束条件下的最大值点即为最优解.

这个线性规划问题的数学模型为

$$\max S=1.3x_{22}+1.1x_{31},$$

$$\text{s. t.}\begin{cases}x_{11}+x_{12}=1000,\\x_{21}+x_{22}=1.1x_{11},\\x_{31}=1.3x_{12}+1.1x_{21},\\x_{32}=0,\\x_{ij}\geqslant 0\ (i=1,2,3;j=1,2).\end{cases}$$

5.2.3 配方问题

企业如何根据产品的质量标准,搭配各种原料,使得产品的成本最低.

例3 某食堂自制饮料,饮料由甲、乙两种原料混合而成. 1 kg甲种原料含10 g糖与30 g蛋白质,购买价格为5元;1 kg乙种原料含30 g糖与10 g蛋白质,购买价格为3元. 现要求这批饮料含糖的最低量为90 g,含蛋白质的最低量为110 g. 问食堂应如何在这批饮料中搭配甲、乙两种原料,才能使得这批饮料的成本最低? 写出这个问题的数学模型.

解 设食堂在这批饮料中搭配 x_1 kg甲种原料与 x_2 kg乙种原料.

含糖量的约束: $10x_1+30x_2\geqslant 90$.

含蛋白质量的约束: $30x_1+10x_2\geqslant 110$.

成本为: $S=5x_1+3x_2$(元).

这个线性函数即为目标函数,它在约束条件下的最小值点即为最优解.

这个线性规划问题的数学模型为

$$\min S=5x_1+3x_2,$$

$$\text{s. t.}\begin{cases}10x_1+30x_2\geqslant 90,\\30x_1+10x_2\geqslant 110,\\x_i\geqslant 0\quad(i=1,2).\end{cases}$$

5.2.4 下料问题

企业如何根据对各种规格原料的需求,选择下料方式,使得原料的耗费最省.

例4 某家具厂需要150根长80 cm的角钢与330根长60 cm的角钢,这两种长度不同的角钢由长210 cm的角钢截得. 问工厂应如何下料,才能使得用料根数最少? 写出这个问题的数学模型.

解 共有三种下料方式,其一是将一根长210 cm的角钢截得两根所需的长80 cm的角钢;其二是将一根长210 cm的角钢截得一根所需的长80 cm的角钢与两根长60 cm的角钢;其三是将一根长210 cm的角钢截得三根所需长60 cm的角钢. 这三种下料方式应该混合

使用.

设第一种下料方式用掉 x_1 根长 210 cm 的角钢,第二种下料方式用掉 x_2 根长 210 cm 的角钢,第三种下料方式用掉 x_3 根长 210 cm 的角钢. S 为用掉长 210 cm 的角钢的总根数.

对于所需长 80 cm 的角钢约束条件:$2x_1+x_2\geqslant 150$.

对于所需长 60 cm 的角钢约束条件:$2x_2+3x_3\geqslant 330$.

用掉 210 cm 的角钢的总根数:$S=x_1+x_2+x_3$.

这个线性函数即为目标函数,它在约束条件下的最小值点即为最优解.

这个线性规划问题的数学模型为

$$\min S=x_1+x_2+x_3,$$

$$\text{s.t.}\begin{cases}2x_1+x_2\geqslant 150,\\ 2x_2+3x_3\geqslant 330,\\ x_i\geqslant 0,\ 且\ x_i\in\mathbf{Z}\ (i=1,2,3).\end{cases}$$

5.2.5　运输问题

企业如何依据若干个产地与销地的产销与运价状况,组织运输,使得产品的总运费最省.

例 5　A、B 农场储存苹果分别为 23 吨、27 吨,宾馆甲、乙、丙需要苹果分别为 17 吨、18 吨、15 吨. 要将 A、B 农场储存的苹果运往宾馆甲、乙、丙处. A 农场到宾馆甲、乙、丙的运价分别为 50 元/吨、60 元/吨、70 元/吨;B 农场到宾馆甲、乙、丙运价分别为 60 元/吨、110 元/吨、160 元/吨. 问农场部门应如何组织运输,才能使得总运费最省? 写出这个问题的数学模型.

解　设 A 农场运往宾馆甲、乙、丙的苹果吨数分别为 x_{11},x_{12},x_{13};B 农场运往宾馆甲、乙、丙的苹果吨数分别为 x_{21}、x_{22}、x_{23},总运费为 S.

注意到,A、B 农场总储量为 50 吨,宾馆甲、乙、丙总需求量也为 50 吨,称为**储需平衡**. 因而 A、B 农场分别运往宾馆甲、乙、丙的苹果数量之和等于储量,即

$$x_{11}+x_{12}+x_{13}=23, \tag{1}$$

$$x_{21}+x_{22}+x_{23}=27. \tag{2}$$

由于储需平衡,因而 A、B 农场分别运往宾馆甲、乙、丙的苹果数量之和等于各宾馆的需求量,即

$$x_{11}+x_{21}=17, \tag{3}$$

$$x_{12}+x_{22}=18, \tag{4}$$

$$x_{13}+x_{23}=15. \tag{5}$$

上面得到的 5 个线性方程式不完全有效,如第 1 个方程与第 2 个方程之和再减去第 3 个方程与第 4 个方程之和,就得到第 5 个方程,说明 5 个线性方程式中有一个方程是多余的,这是由储需平衡所决定的,不妨去掉第一个方程式,由于 $x_{11},x_{12},x_{13},x_{21},x_{22},x_{23}$ 都是运量,所以

$$x_{ij}\geqslant 0\ (i=1,2;j=1,2,3).$$

上面得到的 5 个线性方程式与线性不等式构成约束条件. 于是总运费为

$$S=50x_{11}+60x_{12}+70x_{13}+60x_{21}+110x_{22}+160x_{23}(元).$$

这个线性函数即为目标函数,它在约束条件下的最小值点即为最优解.

这个线性规划问题的数学模型为

$$\min S=50x_{11}+60x_{12}+70x_{13}+60x_{21}+110x_{22}+160x_{23},$$

$$\text{s. t.}\begin{cases}x_{21}+x_{22}+x_{23}=27,\\x_{11}+x_{21}=17,\\x_{12}+x_{22}=18,\\x_{13}+x_{23}=15,\\x_{ij}\geqslant 0\ (i=1,2;j=1,2,3).\end{cases}$$

上面讨论了五类典型的经济问题，得到其线性规划问题的数学模型，但是讨论的目的不仅是建立数学模型，而是在此基础上进一步研究有无最优解，若有，如何求得，这正是以后要讨论的内容.

习 题 5.2

1. 某铁器厂生产甲、乙、丙三种产品，生产一件甲种产品需要 1 小时车工加工、2 小时铣工加工及 2 小时装配，销售后获得利润 100 元；生产一件乙种产品需要 2 小时车工加工、1 小时铣工加工及 2 小时装配，销售后获得利润 90 元；生产一件丙种产品需要 2 小时车工加工、1 小时铣工加工及 1 小时装配，销售后获得利润 60 元. 工厂可供利用的车工加工工时为 4200 小时，可供利用的铣工加工工时为 6000 小时，可供利用的装配工时为 3600 小时. 问工厂在每月内应如何安排生产，才能使得三种产品销售后获得的总利润最大？写出这个问题的数学模型.

2. 某投资公司将 10 万元的资金对 A、B、C 三个项目投资. 对项目 A 在第一年初与第二年初需要投资，并于次年底回收本利和为本金的 1.3 倍；对项目 B 在第一年初需要投资，并于第三年底回收本利和为本金的 1.4 倍；对项目 C 在每年初需要投资，并于当年底回收本利和为本金的 1.1 倍. 问公司应如何投资，才能使得在第三年底收入最高？写出这个问题的数学模型.

3. 某农场配制饲料，饲料由甲、乙两种谷类混合而成. 1 kg 甲种谷类含 2 g 微量元素 A，1 g 微量元素 B 及 1 g 微量元素 C，购买价格为 0.6 元；1 kg 乙种谷类含 1 g 微量元素 A，2 g 微量元素 B 及 1 g 微量元素 C，购买价格为 0.5 元. 现在要求这批饲料含微量元素 A 的最低量为 240 g，含微量元素 B 的最低量 300 g，含微量元素 C 的最低量为 200 g. 问农场应如何在这批饲料中搭配甲、乙两种谷类，才能使得这批饲料的成本最低？写出这个问题的数学模型.

5.3 两个变量线性规划问题的图解法

考虑两个变量 x_1,x_2 的线性规划问题

$$\max(\text{或}\ \min)S=c_1x_1+c_2x_2,$$

$$\text{s.t.}\begin{cases} a_{11}x_1+a_{12}x_2\leqslant b_1(\text{或}\geqslant b_1\ \text{或}=b_1), \\ a_{21}x_1+a_{22}x_2\leqslant b_2(\text{或}\geqslant b_2\ \text{或}=b_2), \\ \qquad\vdots \\ a_{m1}x_1+a_{m2}x_2\leqslant b_m(\text{或}\geqslant b_m\ \text{或}=b_m), \\ x_i\geqslant 0\ (i=1,2), \end{cases}$$

其中，$a_{11},\cdots,a_{m2};b_1,\cdots,b_m;c_1,c_2$ 皆为已知常数，用几何直观的方法求其最优解.

作平面直角坐标系 Ox_1x_2，在这个坐标系中，一个点(x_1,x_2)代表变量 x_1,x_2 的一组值，这时，构成约束条件的二元线性方程式表示一条直线，二元线性不等式表示一个半平面. 由于对变量 x_1,x_2 有非负约束，因而若它们在第一象限内的交集为空集，则说明无可行解，当然也就无最优解；若它们在第一象限内的交集为非空集，则这个交集就是可行解集，记作 E. 可行解集 E 一定在第一象限内，但可以含坐标轴的正半轴或原点. 在一般情况下，可行解集 E 是第一象限内的平面区域或直线段.

令目标函数 $S=0$，它表示一条直线，这条直线称为**目标直线**. 显然，目标直线上所有的点都使得目标函数 S 取值等于零. 目标直线把整个平面分成两个半平面，其中一个半平面上的所有点都使得 $S<0$，而另一个半平面上的所有点则使得 $S>0$，从 $S<0$ 到 $S>0$ 的方向就是使得目标函数值增加的方向. 显然，在 $S<0$ 半平面上，距离目标直线 $S=0$ 越远的点使得目标函数 S 取值越小，而距离目标直线 $S=0$ 越近的点则使得目标函数 S 取值越大；在 $S>0$ 半平面上，距离目标直线 $S=0$ 越近的点使得目标函数 S 取值越小，而距离目标直线 $S=0$ 越远的点则使得目标函数 S 取值越大.

观察可行解集 E 与目标直线 $S=0$ 的位置关系，将目标函数 S 取值最大或最小转化为寻找可行解集 E 在某个方向上的点距离目标直线 $S=0$ 最远或最近. 若无符合要求的点，则说明无最优解；若有符合要求的点，则该点坐标即为所求最优解.

上述求两个变量线性规划问题最优解的方法称为**图解法**，它的步骤如下.

步骤 1　根据约束条件画出可行解集 E；

步骤 2　根据目标函数 S 的表达式画出目标直线 $S=0$，并标明目标函数值增加的方向；

步骤 3　在可行解集 E 中，寻找符合要求的距离目标直线 $S=0$ 最远或最近的点，并求出该点坐标.

例 1　解线性规划问题

$$\max S=3x_1+x_2,$$

$$\text{s.t.}\begin{cases} x_1+2x_2\leqslant 8, \\ x_1\leqslant 6, \\ x_i\geqslant 0\ (i=1,2). \end{cases}$$

解　应用图解法求解，如图 5-1 所示，以 x_1 和 x_2 为坐标轴建立直角坐标系，把问题转化在二维平面上. 约束条件是由四个不等式组成，每一个不等式对应着一个半平面，因此可行解是几个半平面的公共部分.

然后作目标函数 $S=0$，即 $3x_1+x_2=0$.

在目标函数 $S=0$ 外任取一点，不妨取点$(1,0)$，在该点处使得 $S=3>0$，这说明这点所在的一侧的半平面使得 $S>0$，而另一侧的半平面当然使得 $S<0$，这样就确定了目标函数增值的

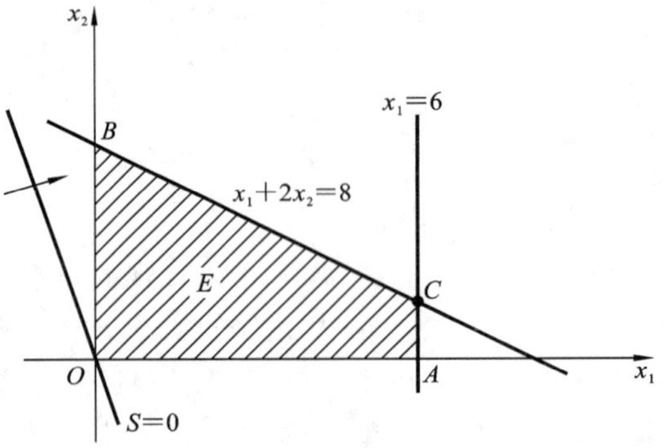

图 5-1

方向,图 5-1 中已画出.于是可行解集 E 中距离目标直线 $S=0$ 最远的点 C 使得目标函数值最大,即点 C 的坐标为唯一最优解.

点 C 是直线 $\begin{cases} x_1+2x_2=8, \\ x_1=6 \end{cases}$ 的交点,得最优解 $\begin{cases} x_1=6, \\ x_2=1. \end{cases}$

将最优解代入目标函数表达式中得最优值

$$\max S=3\times 6+1=19.$$

例 2 解线性规划问题

$$\min S=x_1-2x_2,$$

$$\text{s. t. } \begin{cases} x_1+x_2\leqslant 1, \\ x_i\geqslant 0\ (i=1,2). \end{cases}$$

解 如图 5-2 所示,可行解域为 E,在 $S<0$ 一侧,距离目标函数 $S=0$ 最近的点 B 使得目标函数值最小,即点 B 的坐标为唯一最优解.

点 B 是直线 $\begin{cases} x_1+x_2=1, \\ x_1=0 \end{cases}$ 的交点,得最优解 $\begin{cases} x_1=0, \\ x_2=1. \end{cases}$

将最优解代入目标函数表达式中,得最优值为

$$\min S=0-2\times 1=-2.$$

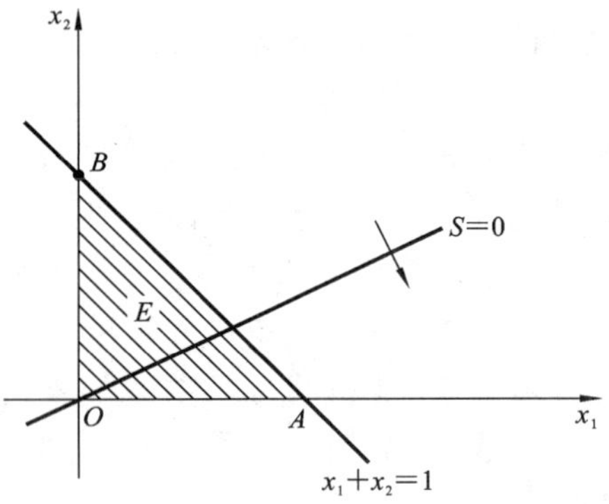

图 5-2

例 3 解线性规划问题

$$\max S=-x_1+x_2,$$

$$\text{s. t. } \begin{cases} x_1-2x_2\geqslant 4, \\ x_i\geqslant 0\ (i=1,2). \end{cases}$$

解 应用图解法求解,如图 5-3 所示,首先在平面直角坐标系 Ox_1x_2 中画出直线

$$x_1-2x_2=4.$$

容易看出,原点的坐标(0,0)不满足不等式 $x_1-2x_2>4$,说明不含原点的一侧满足不等式 $x_1-2x_2>4$,因而直线 $x_1-2x_2=4$ 的点与不含原点一侧的半平面上的点满足约束条件

$$x_1-2x_2\geqslant 4.$$

上述平面点集在第一象限内的子集(含部分坐标系轴)即为可行解集 E,它是无界区域,如图

5-3 所示.

然后作目标直线 $S=0$，即

$$-x_1+x_2=0.$$

在目标直线 $S=0$ 外任取一点，不妨取点(1，0)，在该点处使得 $S=-1<0$，这说明点(1,0)所在一侧的半平面使得 $S<0$，而另一侧的半平面当然使得 $S>0$，这样就确定了目标函数增加的方向，用箭头表示. 由于可行解集 E 全部位于 $S<0$ 的一侧，于是可行解集 E 中距离目标直线 $S=0$ 最近的点 A 使得目标函数值最大，即点 A 的坐标为此线性规划问题的唯一最优解.

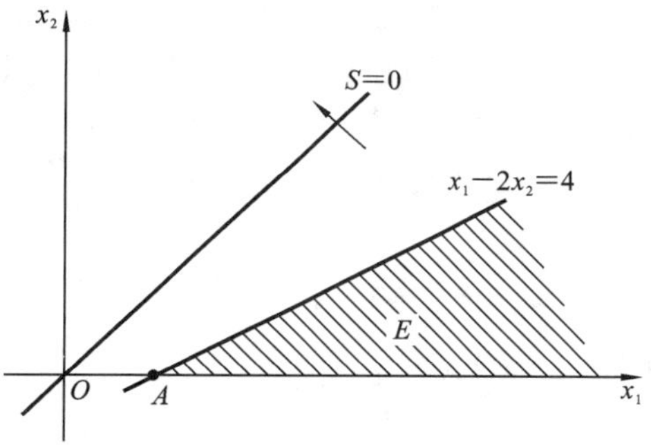

图 5-3

点 A 是直线 $x_1-2x_2=4$ 与 x_1 轴即直线 $x_2=0$ 的交点，解二元线性方程组

$$\begin{cases}x_1-2x_2=4,\\x_2=0,\end{cases}$$

得到唯一最优解

$$\begin{cases}x_1=4,\\x_2=0.\end{cases}$$

将唯一最优解代入目标函数表达式中得到最优值

$$\max S=-4+0=-4.$$

例 4　解线性规划问题

$$\min S=-2x_1+4x_2,$$

$$\text{s. t.}\begin{cases}x_1-x_2\leqslant 0,\\x_1+x_2=2,\\x_i\geqslant 0\ (i=1,2).\end{cases}$$

解　应用图解法求解，如图 5-4 所示，首先在平面直角坐标系 Ox_1x_2 中画出直线 $x_1-x_2=0$，容易看出点(1,0)的坐标不满足不等式 $x_1-x_2<0$，说明不含点(1,0)的一侧满足不等式 $x_1-x_2<0$，因而直线 $x_1-x_2=0$ 上的点与不含点(1,0)一侧的半平面上的点满足约束条件

$$x_1-x_2\leqslant 0.$$

再画出直线

$$x_1+x_2=2.$$

上述两个平面点集在第一象限内的交集(含 x_2 轴上点 B)即为可行解集 E，它是直线段 AB，如图 5-4 所示.

然后作目标直线 $S=0$，即

$$-2x_1+4x_2=0.$$

在目标直线 $S=0$ 外任取一点，不妨取点(1,0)，在该点处使得 $S=-2<0$，这说明点(1,0)所在一侧的半平面使得 $S<0$，而另一侧当然使得 $S>0$，这样就确定了

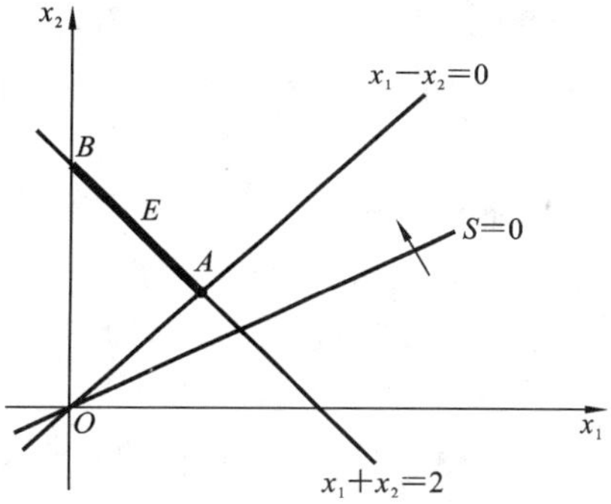

图 5-4

目标函数值增加的方向,用箭头表示.由于可行解集 E 全部位于 $S>0$ 的一侧,于是可行解集 E 中距离目标直线 $S=0$ 最近的点 A 使得目标函数值最小,即点 A 的坐标为此线性规划问题的唯一最优解.

点 A 是直线 $x_1-x_2=0$ 与 $x_1+x_2=2$ 的交点,解二元线性方程组

$$\begin{cases}x_1-x_2=0,\\x_1+x_2=2,\end{cases}$$

得到唯一最优解

$$\begin{cases}x_1=1,\\x_2=1.\end{cases}$$

将唯一最优解代入目标函数表达式中,得到最优值

$$\min S=-2\times1+4\times1=2.$$

例 5 解线性规划问题

$$\max S=x_1+2x_2,$$

$$\text{s. t. }\begin{cases}x_1+2x_2\leqslant6,\\x_1\leqslant4,\\x_2\leqslant2,\\x_i\geqslant0\ (i=1,2).\end{cases}$$

解 应用图解法求解,如图 5-5 所示,首先在平面直角坐标系 Ox_1x_2 中画出直线

$$x_1+2x_2=6.$$

容易看出原点的坐标(0,0)满足不等式 $x_1+2x_2<6$,因而直线 $x_1+2x_2=6$ 上的点与原点所在一侧的半平面上的点满足约束条件

$$x_1+2x_2\leqslant6.$$

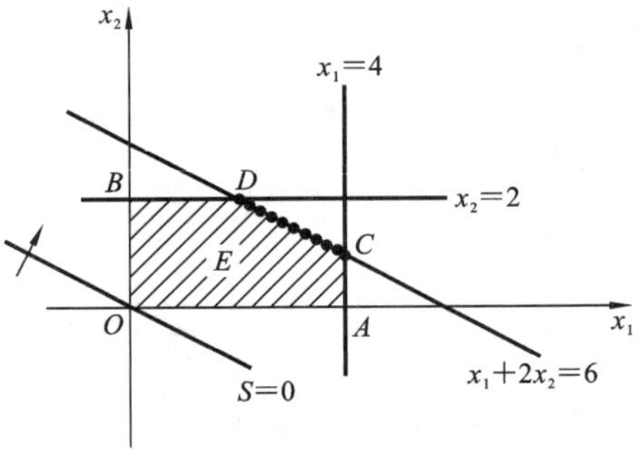

图 5-5

画出直线 $x_1=4$,容易看出,原点的坐标(0,0)满足不等式 $x_1<4$,因而直线 $x_1=4$ 上的点与原点所在一侧的半平面上的点满足约束条件

$$x_1\leqslant4.$$

再画出直线 $x_2=2$,容易看出,原点的坐标(0,0)满足不等式 $x_2<2$,因而直线 $x_2=2$ 上的点与原点所在一侧的半平面上的点满足约束条件

$$x_2\leqslant2.$$

上述三个平面点集在第一象限内的交集(含部分坐标轴)即为可行解集 E,它是五边形闭区域 $OACDB$,如图 5-5 所示.

然后作目标直线 $S=0$,即

$$x_1+2x_2=0.$$

在目标直线 $S=0$ 外任取一点,不妨取点(1,0)在该点处得 $S=1>0$,这说明点(1,0)所在一侧的半平面使得 $S>0$,而另一侧的半平面当然使得 $S<0$,这样就确定了目标函数值增加的方向,用箭头表示.由于可行解集 E 全部位于 $S\geqslant0$ 的一侧,于是可行解集 E 中距离目标直线

最远的点使得目标函数最大. 注意到可行解集 E 的边界直线段 CD 与目标直线 $S=0$ 平行,且距目标直线 $S=0$ 最远,因此边界直线段 CD 上的所有点都使得目标函数值最大,即边界直线段 CD 上所有点的坐标为此线性规划问题的最优解,这意味着最优解不唯一,有无穷多组,但最优值却是唯一的.

容易知道,点 C 的纵坐标 $x_2=1$,点 D 的纵坐标 $x_2=2$,因此边界直线段 CD 的表达式为

$$x_1+2x_2=6\ (1\leqslant x_2\leqslant 2),$$

即有

$$x_1=-2x_2+6\ (1\leqslant x_2\leqslant 2).$$

得到无穷多最优解的一般表达式

$$\begin{cases}x_1=-2c+6,\\ x_2=c\end{cases}(1\leqslant c\leqslant 2).$$

将无穷多最优解代入目标函数表达式中,得到同一最优值

$$\max S=(-2c+6)+2c=6.$$

例 6　解线性规划问题

$$\max S=x_1-x_2,$$

$$\text{s. t. }\begin{cases}2x_1+3x_2\geqslant 6,\\ x_i\geqslant 0\ (i=1,2).\end{cases}$$

解　应用图解法求解,如图 5-6 所示,首先在平面直角坐标系 Ox_1x_2 中画出直线

$$2x_1+3x_2=6.$$

容易看出,原点的坐标(0,0)不满足不等式 $2x_1+3x_2>6$,说明不含原点的一侧满足不等式 $2x_1+3x_2>6$,因而直线 $2x_1+3x_2=6$ 上的点与不含原点一侧的半平面上的点满足约束条件

$$2x_1+3x_2\geqslant 6.$$

上述平面点集在第一象限内的子集(含部分坐标轴)即为可行解集 E,它是无界区域,如图5-6所示.

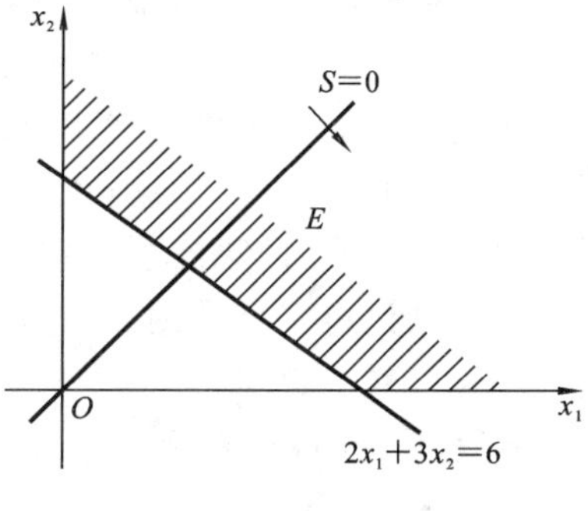

图 5-6

然后作直线 $S=0$,即

$$x_1-x_2=0.$$

在目标直线 $S=0$ 外任取一点,不妨取点(1,0),在该点处使得 $S=1>0$,这说明点(1,0)所在一侧的半平面使得 $S>0$,而另一侧的半平面当然使得 $S<0$,这样就确定了目标函数值增加的方向,用箭头表示. 由于目标直线 $S=0$ 穿过可行解集 E,于是可行解集 E 位于 $S>0$ 一侧的子集中,距离目标直线 $S=0$ 最远的点使得目标函数值最大,但由于可行解集 E 在这个方向无界,因而这样的点是不存在的,所以此线性规划问题有可行解但无最优解.

例 7　解线性规划问题

$$\min S=3x_1+x_2,$$

$$\text{s. t. }\begin{cases}-x_1+x_2\geqslant 1,\\ x_1+x_2\leqslant -1,\\ x_i\geqslant 0\ (i=1,2).\end{cases}$$

解　应用图解法求解,如图 5-7 所示,首先在平面直角坐标系 Ox_1x_2 中画出直线

$$-x_1+x_2=1.$$

容易看出，原点的坐标(0,0)不满足不等式$-x_1+x_2>1$，说明不含原点的一侧满足不等式$-x_1+x_2>1$，因而直线$-x_1+x_2=1$上的点与不含原点一侧的半平面上的点满足约束条件

$$-x_1+x_2\geqslant 1.$$

再画出直线

$$x_1+x_2=-1.$$

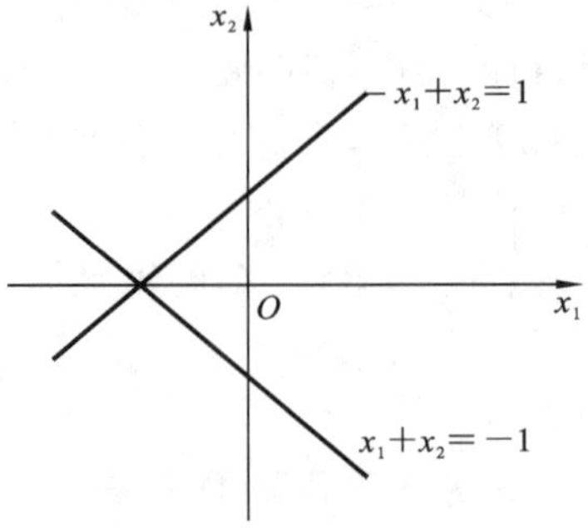

图 5-7

容易看出，原点坐标(0,0)不满足不等式$x_1+x_2<-1$，说明不含原点的一侧满足不等式$x_1+x_2<-1$，因而直线$x_1+x_2=-1$的点与不含原点一侧的半平面上的点满足约束条件

$$x_1+x_2\leqslant -1.$$

上述两个平面点集的交集全部位于第一象限之外，说明可行解集为空集，如图 5-7 所示.

由于可行解集为空集，所以线性规划问题无可行解，当然也就无最优解.

从上面的讨论可以知道，线性规划问题的解有下面四种情况：

(1) 有可行解且有唯一最优解，如例 1、2、3、4；

(2) 有可行解且有无穷多最优解，如例 5；

(3) 有可行解但无最优解，如例 6；

(4) 无可行解，当然也就无最优解，如例 7.

从例 1 至例 6 中可以看出：可行解集没有凹入部分，没有空洞，即其中任意两点连线仍在其中，这样的点集称为**凸集**；还可以看出，可行解集的顶点为有限个，最优解集中至少有一个是可行解集的顶点. 凸集的顶点称为**极点**，它不能成为此凸集中任何线段的内点.

上述结论可以推广到变量多于两个的一般情况，得到反映线性规划问题解的重要性质的定理.

定理 1　线性规划问题的可行解集是凸集，其极点为有限个，最优解中至少有一个是可行解集的极点.

习　题　5.3

用图解法求解下列线性规划问题.

1. $\max S=3x_1+3x_2$,

$$\text{s.t.}\begin{cases}x_1+2x_2\leqslant 10,\\2x_1+x_2\leqslant 14,\\x_i\geqslant 0\ (i=1,2);\end{cases}$$

2. $\max S=2x_1+x_2$,

$$\text{s.t.}\begin{cases}x_1+x_2\leqslant 5,\\x_1-x_2\leqslant 3,\\x_i\geqslant 0\ (i=1,2);\end{cases}$$

3. $\min S=x_1+2x_2$,

$$\text{s.t.}\begin{cases}x_1+x_2\leqslant 5,\\x_1-x_2\leqslant -2,\\x_i\geqslant 0\ (i=1,2);\end{cases}$$

4. $\max S=-3x_1-2x_2$,

$$\text{s.t.}\begin{cases}x_1+4x_2\geqslant 2,\\x_1+x_2\geqslant 1,\\x_i\geqslant 0\ (i=1,2);\end{cases}$$

5. $\min S = x_1 - x_2$,

$$\text{s.t.}\begin{cases}x_1 - x_2 \geqslant 1,\\ x_1 + 2x_2 \geqslant 4,\\ x_i \geqslant 0\ (i=1,2).\end{cases}$$

5.4　图解法在经济上的应用

图解法对于求解两个变量线性规划问题是很方便的，它在经济领域中有着广泛的应用，求解步骤如下：

步骤 1　根据实际背景建立数学模型.

步骤 2　应用图解法求得最优解.

例 1　某元件厂生产甲，乙两种产品，生产一件甲需在设备 A 上加工 2 小时，在设备 B 上加工 1 小时，销售后获得利润 40 元；生产一件乙需在设备 A 上加工 1 小时，在设备 B 上加工 2 小时，销售后获得利润 50 元. 工厂每天可供利用的设备 A 加工工时为 120 小时，可供利用的设备 B 加工工时为 90 小时. 问工厂在每天内应如何安排生产，才能使得两种产品销售后获得的总利润最大？

解　设工厂每天安排生产 x_1 件甲与 x_2 件乙，总利润为 S. 此问题的数学模型为

$$\max S = 40x_1 + 50x_2,$$

$$\text{s.t.}\begin{cases}2x_1 + x_2 \leqslant 120,\\ x_1 + 2x_2 \leqslant 90,\\ x_i \geqslant 0,\quad \text{且 } x_i \in \mathbf{Z}\ (i=1,2).\end{cases}$$

应用图解法求解，如图 5-8 所示，首先在平面直角坐标系 Ox_1x_2 中画出直线

$$2x_1 + x_2 = 120.$$

容易看出，原点(0,0)满足不等式 $2x_1 + x_2 < 120$，因而直线 $2x_1 + x_2 = 120$ 上的点与原点所在一侧的半平面上的点满足约束条件

$$2x_1 + x_2 \leqslant 120.$$

再画出满足约束

$x_1 + 2x_2 \leqslant 90$ 的平面点集.

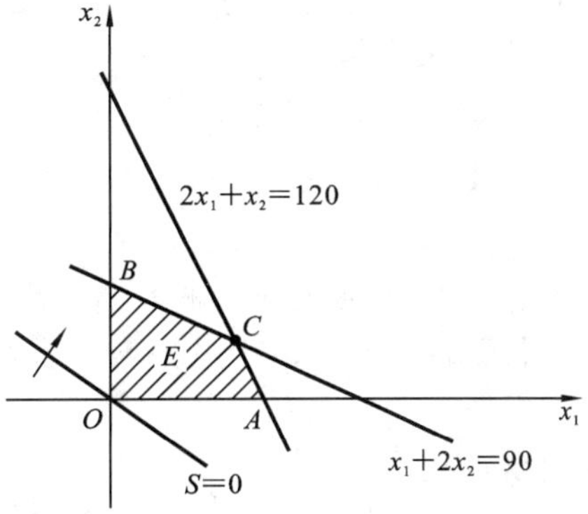

图 5-8

上述两个平面点集在第一象限内的交集(含部分坐标轴)即为可行解集 E，它是四边形闭区域 $OACB$，如图 5-8 所示.

然后作目标直线

$$S = 40x_1 + 50x_2 = 0.$$

在目标直线 $S=0$ 外任取一点，不妨取点(1,0)，在该点处使得 $S=40>0$，这说明点(1,0)所在一侧的半平面使得 $S>0$，而另一侧的半平面当然使得 $S<0$，这样就确定了目标函数值增

加的方向，用箭头表示．由于可行解集 E 全部位于 $S\geqslant 0$ 的一侧，于是可行解集 E 中距离目标直线 $S=0$ 最远的点 C 使得目标函数值最大，即点 C 的坐标为此线性规划问题的唯一最优解．

点 C 是直线 $2x_1+x_2=120$ 与 $x_1+2x_2=90$ 的交点，解二元线性方程组

$$\begin{cases}2x_1+x_2=120,\\x_1+2x_2=90,\end{cases}$$

得到唯一最优解

$$\begin{cases}x_1=50,\\x_2=20.\end{cases}$$

将唯一最优解代入目标函数表达式中，得到最优值

$$\max S=40\times 50+50\times 20=3000.$$

所以工厂每天应安排生产 50 件甲与 20 件乙，才能使得两种产品销售后获得的总利润最大，最大利润值是 3000 元．

例 2　某工厂用甲、乙两种原料制作重量为 55 g 的产品，其中甲原料不少于 20 g，乙原料不多于 40 g．甲种原料的平均单位成本为 2.5 元/g，乙种原料的平均单位成本为 1 元/g．问工厂应如何在产品中搭配甲、乙两种原料，才能使得产品的成本最低？

解　设工厂在产品中搭配 x_1 g 甲种原料与 x_2 g 乙种原料．产品的成本为 S，此问题的数学模型为

$$\min S=2.5x_1+x_2,$$

$$\text{s.t.}\begin{cases}x_1+x_2=55,\\x_1\geqslant 20,\\x_2\leqslant 40,\\x_i\geqslant 0\quad(i=1,2).\end{cases}$$

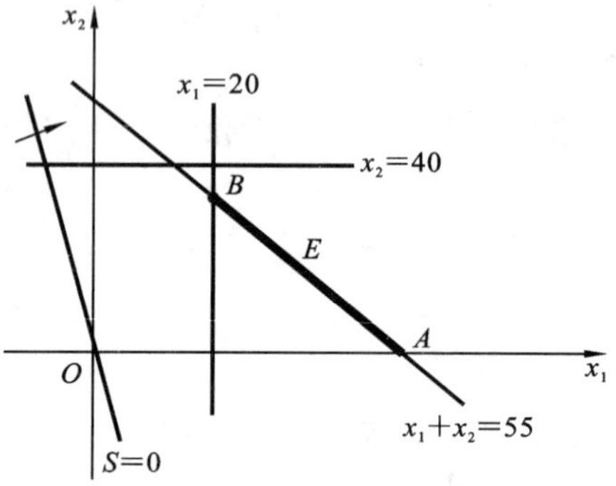

图 5-9

应用图解法求解，如图 5-9 所示，在平面直角坐标系 Ox_1x_2 中画出直线

$$x_1+x_2=55.$$

画出直线

$$x_1=20.$$

容易看出，原点的坐标(0,0)不满足不等式 $x_1>20$，说明不含原点的一侧满足不等式 $x_1>20$，因而直线 $x_1=20$ 上的点与不含原点一侧的半平面上的点满足约束条件

$$x_1\geqslant 20.$$

再画出直线

$$x_2=40.$$

容易看出，原点的坐标(0,0)满足不等式 $x_2<40$，因而直线 $x_2=40$ 上的点与原点所在一侧的半平面上的点满足约束条件

$$x_2\leqslant 40.$$

上述三个平面点集在第一象限内的交集(含 x_1 轴上点 A)即为可行解 E，它是直线段 AB．如图 5-9 所示．

然后作目标直线 $S=0$，即

$$2.5x_1+x_2=0.$$

在目标直线 $S=0$ 外任取一点，不妨取点(1,0)，在该点处使得 $S=2.5>0$，这说明点(1,0)所在一侧的半平面使得 $S>0$，而另一侧的半平面当然使得 $S<0$，这样就确定了目标函数值增加的方向，用箭头表示. 由于可行解集 E 全部位于 $S>0$ 的一侧，于是可行解集 E 中距离目标直线 $S=0$ 最近的点 B 使得目标函数值最小，即点 B 的坐标为此线性规划问题的唯一最优解.

点 B 是直线 $x_1+x_2=55$ 与 $x_1=20$ 的交点，解二元线性方程组得到唯一解

$$\begin{cases} x_1=20, \\ x_2=35. \end{cases}$$

将唯一最优解代入目标函数表达式中，得到最优值

$$\min S=2.5\times 20+35=85.$$

所以，工厂应在产品中搭配 20 g 甲种原料与 35 g 乙种原料，才能使得产品的成本最低，最低成本值是 85 元.

例 3　某机械厂生产甲、乙两种产品，生产一台甲种产品消耗 3000 度电，使用 3 吨原材料，销售后获得利润 2 万元；生产一台乙种产品消耗 1000 度电，使用 2 吨原材料，销售后获得利润 1 万元. 工厂每月电的供应量不超过 150000 度，原材料的供应量不超过 270 吨. 问工厂每月内应如何安排生产，才能使得两种产品销售后获得的总利润最大？

解　设工厂每月生产 x_1 台甲种产品与 x_2 台乙种产品，总利润为 S 万元，此问题的数学模型为

$$\max S=2x_1+x_2,$$

$$\text{s.t.}\begin{cases} 3x_1+x_2\leqslant 150, \\ 3x_1+2x_2\leqslant 270, \\ x_i\geqslant 0, \quad 且\ x_i\in \mathbf{Z}\ (i=1,2). \end{cases}$$

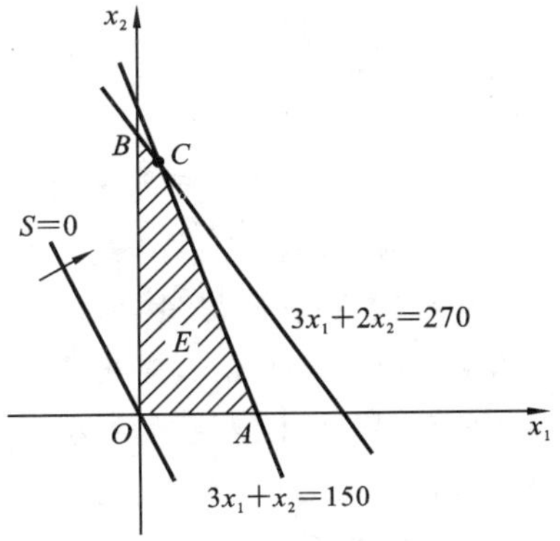

图 5-10

应用图解法求解，如图 5-10 所示，在平面直角坐标系 Ox_1x_2 中画出直线

$$3x_1+x_2=150.$$

容易看出，原点的坐标(0,0)满足不等式 $3x_1+x_2<150$，因而直线 $3x_1+x_2=150$ 上的点与原点所在的一侧的半平面上的点满足约束条件

$$3x_1+x_2\leqslant 150.$$

再画出直线

$$3x_1+2x_2=270.$$

容易看出，原点的坐标(0,0)满足不等式 $3x_1+2x_2<270$，因而直线 $3x_1+2x_2=270$ 上的点与原点所在一侧的半平面上的点满足约束条件

$$3x_1+2x_2\leqslant 270.$$

上述两个平面点集在第一象限内的交集(含坐标轴部分)即为可行解集 E. 如图 5-10 所示.

目标函数的增值方向已在图 5-10 标出. 可行解集 E 中距离目标直线 $S=0$ 最远的点 C 使得目标函数值最大，即点 C 坐标为此线性规划问题的唯一最优解.

点 C 是直线 $3x_1+x_2=150$ 与 $3x_1+2x_2=270$ 的交点，求解得到唯一最优解

$$\begin{cases} x_1=10, \\ x_2=120. \end{cases}$$

将唯一最优解代入目标函数表达式中，得到最优值

$$\max S=2\times10+120=140.$$

所以工厂在每月内应生产 10 台甲种产品与 120 台乙种产品，才能使得两种产品销售后获得的总利润最大，最大利润值为 140 万元.

习 题 5.4

1. 某中药厂用当归作原料制成当归丸与当归膏，生产一盒当归丸需要 5 个劳动工时，使用 2 kg 当归原料，销售后获得利润 160 元；生产一瓶当归膏需要 2 个劳动工时，使用 5 kg 当归原料，销售后获得利润 80 元. 工厂现有可供利用的劳动工时为 4000 工时，可供使用的当归原料为 5800 kg，为了避免当归原料存放时间过长而变质，要求把这 5800 kg 当归原料都用掉. 问工厂应如何安排生产，才能使得两种产品销售后获得的总利润最大？

2. 某合金厂用锡铅合金制作重量为 50 g 的产品，其中锡不少于 25 g，铅不多于 30 g. 锡的平均单位成本为 0.8 元/g，铅的平均单位成本为 0.12 元/g. 问工厂应如何在产品中搭配锡、铅两种原料，才能使得产品的成本最低？

复习参考题

1. 写出下列线性规划问题的数学模型.

(1) 有两个煤场 A、B，每月分别进煤 60 吨、100 吨，它们担负供应三个居民区用煤任务，这三个居民区每月需用煤分别为 45 吨、75 吨、40 吨，煤场 A 离这三个居民区距离分别为 10 km、5 km、6 km，煤场 B 离这三个居民区距离分别为 4 km、8 km、15 km，问这两煤场如何分配供煤，才能使运输力最小？写出这个问题的数学模型.

(2) 某工厂生产甲、乙、丙三种铝合金产品，生产每单位产品甲需用铝和铁分别是 3 kg 和 2 kg，生产每单位产品乙需用铝和铁分别是 1 kg 和 3 kg，而生产每单位产品丙需用铝和铁分别是1 kg 和 2 kg. 已知生产每单位产品分别能获利 5 元、4 元、3 元. 而工厂每天能得到的原料供应为铝 840 kg、铁 700 kg. 试问如何安排三种产品的生产，才能使工厂获得最大利润？写出这个问题的数学模型.

(3) 某机械厂需要 800 根长 80 cm 的钢管与 300 根长 60 cm 的钢管，这两种长度不同的钢管由长 200 cm 的钢管截得. 问工厂应如何下料，才能使得用料最省？写出这个问题的数学模型.

(4) 仓库甲、乙储存水泥分别为 21 吨、29 吨，工地 A、B、C 需要水泥分别为 20 吨、18 吨、12 吨，要将仓库甲、乙储存的水泥运往工地 A、B、C，仓库甲到工地 A、B、C 的运价分别为 5 元/吨，6 元/吨，9 元/吨；仓库乙到工地 A、B、C 的运价分别为 6 元/吨，11 元/吨，16 元/吨. 问建筑部门应如何组织运输，才能使得总运费最省？写出这个问题的数学模型.

2. 求解下列线性规划问题.

(1) $\max S=2x_1+5x_2$,

$$\text{s. t.}\begin{cases}x_1\leqslant 4,\\x_2\leqslant 3,\\x_1+2x_2\leqslant 8,\\x_i\geqslant 0\ (i=1,2);\end{cases}$$

(2) $\min S=2x_1+x_2$,

$$\text{s. t.}\begin{cases}x_1+x_2\geqslant 3,\\x_1-x_2\leqslant 3,\\x_i\geqslant 0\ (i=1,2);\end{cases}$$

(3) $\min S=2x_1+x_2$,

$$\text{s. t.}\begin{cases}x_1+x_2\leqslant 4,\\x_1-x_2\geqslant 5,\\x_i\geqslant 0\ (i=1,2);\end{cases}$$

(4) $\max S=-3x_1+x_2$,

$$\text{s. t.}\begin{cases}x_1+x_2\leqslant 4,\\x_1\geqslant 2,\\x_i\geqslant 0\ (i=1,2);\end{cases}$$

(5) $\min S=x_1-2x_2$,

$$\text{s. t.}\begin{cases}x_1-x_2\geqslant -2,\\x_1+2x_2\leqslant 6,\\x_i\geqslant 0\ (i=1,2);\end{cases}$$

(6) $\max S=2x_1-x_2$,

$$\text{s. t.}\begin{cases}x_1-x_2\leqslant 4,\\x_2\leqslant 4,\\x_i\geqslant 0\ (i=1,2);\end{cases}$$

(7) $\max S=x_1+3x_2$,

$$\text{s. t.}\begin{cases}-x_1+x_2\leqslant 2,\\x_1\leqslant 3,\\x_1+x_2=4,\\x_i\geqslant 0\ (i=1,2);\end{cases}$$

(8) $\max S=3x_1+x_2$,

$$\text{s. t.}\begin{cases}-x_1+x_2\leqslant 1,\\x_i\geqslant 0\ (i=1,2).\end{cases}$$

习题解答

习题 5.1

1. 设工厂在每天内生产 x_1 件甲种产品与 x_2 件乙种产品.

这个问题的数学模型为

$$\max S=40x_1+50x_2,$$

$$\text{s. t.}\begin{cases}2x_1+x_2\leqslant 120,\\x_1+2x_2\leqslant 90,\\x_i\geqslant 0,\text{且 } x_i\in\mathbf{Z}\ (i=1,2).\end{cases}$$

2. 设工厂在生产中搭配 x_1 g 甲种原料与 x_2 g 乙种原料.

这个问题的数学模型为

$$\min S=2.5x_1+x_2,$$

$$\text{s. t.}\begin{cases}x_1+x_2=55,\\x_1\geqslant 20,\\x_2\leqslant 40,\\x_i\geqslant 0\ (i=1,2).\end{cases}$$

习题 5.2

1. 设工厂在每月生产 x_1 件甲种产品、x_2 件乙种产品及 x_3 件丙种产品.

这个问题的数学模型为

$$\max S=100x_1+90x_2+60x_3,$$

$$\text{s.t.}\begin{cases}x_1+2x_2+2x_3\leqslant 4200,\\2x_1+x_2+x_3\leqslant 6000,\\2x_1+2x_2+x_3\leqslant 3600,\\x_i\geqslant 0,\text{且 } x_i\in\mathbf{Z}\ (i=1,2,3).\end{cases}$$

2. 设公司在第一年初对项目 A、B、C 的投资额分别为 x_{11} 万元、x_{12} 万元、x_{13} 万元，在第二年初对项目 A、C 的投资额分别为 x_{21} 万元、x_{23} 万元，在第三年初对项目 C 的投资额为 x_{33} 万元.

这个问题的数学模型为

$$\max S=1.4x_{11}+1.3x_{21}+1.1x_{33},$$

$$\text{s.t.}\begin{cases}x_{11}+x_{12}+x_{13}=10,\\x_{21}+x_{23}=1.1x_{13},\\x_{33}=1.3x_{11}+1.1x_{23},\\x_{ij}\geqslant 0\ (i=1,2,3;j=1,2,3).\end{cases}$$

3. 设农场在这批饲料中搭配 x_1 kg 甲种谷类与 x_2 kg 乙种谷类.

这个问题的数学模型为

$$\min S=0.6x_1+0.5x_2,$$

$$\text{s.t.}\begin{cases}2x_1+x_2\geqslant 240,\\x_1+2x_2\geqslant 300,\\x_1+x_2\geqslant 200,\\x_i\geqslant 0\ (i=1,2).\end{cases}$$

习题 5.3

1. 唯一最优解为 $\begin{cases}x_1=6,\\x_2=2,\end{cases}$ 最优值为 $\max S=24$.

2. 唯一最优解为 $\begin{cases}x_1=4,\\x_2=1,\end{cases}$ 最优值为 $\max S=9$.

3. 唯一最优解为 $\begin{cases}x_1=0,\\x_2=2,\end{cases}$ 最优值为 $\min S=4$.

4. 唯一最优解为 $\begin{cases}x_1=0,\\x_2=1,\end{cases}$ 最优值为 $\max S=-2$.

5. 无穷多最优解的一般表达式为 $\begin{cases}x_1=c+1,\\x_2=c,\end{cases}$ $(c\geqslant 1)$，同一最优值为 $\min S=1$.

习题 5.4

1. 设工厂生产 x_1 盒当归丸与 x_2 瓶当归膏.

这个问题的数学模型为

$\max S=160x_1+80x_2$,

$$\text{s. t.}\begin{cases}5x_1+2x_2\leqslant 4000,\\2x_1+5x_2=5800,\\x_i\geqslant 0,\text{且 } x_i\in\mathbf{Z}\ (i=1,2),\end{cases}$$

唯一最优解为 $\begin{cases}x_1=400,\\x_2=1000,\end{cases}$ 最优值为 $\max S=144000$.

2. 设工厂在产品中搭配 x_1 g 锡和 x_2 g 铅.

这个问题的数学模型为

$\min S=0.8x_1+0.12x_2$,

$$\text{s. t.}\begin{cases}x_1+x_2=50,\\x_1\geqslant 25,\\x_2\leqslant 30,\\x_i\geqslant 0\ (i=1,2),\end{cases}$$

唯一最优解为 $\begin{cases}x_1=25,\\x_2=25,\end{cases}$ 最优值为 $\min S=23$.

复习参考题答案

1. 写出下列线性规划问题的数学模型

(1) 设 $x_{ij}\,(i=1,2;j=1,2,3)$ 表示供煤数量(单位:t).

$\min S=10x_{11}+5x_{12}+6x_{13}+4x_{21}+8x_{22}+15x_{23}$,

$$\text{s. t.}\begin{cases}x_{11}+x_{12}+x_{13}\leqslant 60,\\x_{21}+x_{22}+x_{23}\leqslant 100,\\x_{11}+x_{21}=45,\\x_{12}+x_{22}=75,\\x_{13}+x_{23}=40,\\x_{ij}\geqslant 0\ (i=1,2;j=1,2,3).\end{cases}$$

(2) 设 $x_i\,(i=1,2,3)$ 表示甲、乙、丙产品的数量.

$\max S=5x_1+4x_2+3x_3$,

$$\text{s. t.}\begin{cases}3x_1+x_2+x_3\leqslant 840,\\2x_1+3x_2+2x_3\leqslant 700,\\x_i\geqslant 0\ (i=1,2,3).\end{cases}$$

(3) 共有三种下料方式，其中第一种下料方式是将一根 200 cm 的钢管截得两根所需长 80 cm 的钢管；第二种下料方式是将一根长 200 cm 的钢管截得一根所需长 80 cm 的钢管与两根所需长 60 cm 的钢管；第三种下料方式是将一根长 200 cm 的钢管截得三根所需长 60 cm 的钢管. 这三种下料方式应该混合使用，设第一种下料方式用掉 x_1 根长 200 cm 的钢管，第二种下料方式用掉 x_2 根长 200 cm 的钢管，第三种下料方式用掉 x_3 根长 200 cm 的钢管.

这个问题的数学模型为

$$\min S=x_1+x_2+x_3,$$

$$\text{s.t.}\begin{cases}2x_1+x_2\geqslant 800,\\2x_2+3x_3\geqslant 300,\\x_i\geqslant 0,\text{且 } x_i\in\mathbf{Z}\ (i=1,2,3).\end{cases}$$

(4) 设仓库甲运往工地 A、B、C 的水泥分别为 x_{11} 吨、x_{12} 吨、x_{13} 吨，仓库乙运往工地 A、B、C 的水泥分别为 x_{21} 吨、x_{22} 吨、x_{23} 吨.

这个问题的数学模型为

$$\min S=5x_{11}+6x_{12}+9x_{13}+6x_{21}+11x_{22}+16x_{23},$$

$$\text{s.t.}\begin{cases}x_{21}+x_{22}+x_{23}=29,\\x_{11}+x_{21}=20,\\x_{12}+x_{22}=18,\\x_{13}+x_{23}=12,\\x_{ij}\geqslant 0\ (i=1,2;j=1,2,3).\end{cases}$$

2. 求解下列线性规划问题.

(1) 唯一最优解为 $\begin{cases}x_1=2,\\x_2=3,\end{cases}$ 最优值为 $\max S=19$.

(2) 唯一最优解为 $\begin{cases}x_1=0,\\x_2=3,\end{cases}$ 最优值为 $\min S=3$.

(3) 无最优解.

(4) 唯一最优解为 $\begin{cases}x_1=2,\\x_2=2,\end{cases}$ 最优值为 $\max S=-4$.

(5) 唯一最优解为 $\begin{cases}x_1=\dfrac{2}{3},\\x_2=\dfrac{8}{3},\end{cases}$ 最优值为 $\min S=-\dfrac{14}{3}$.

(6) 唯一最优解为 $\begin{cases}x_1=8,\\x_2=4,\end{cases}$ 最优值为 $\max S=12$.

(7) 唯一最优解为 $\begin{cases}x_1=1,\\x_2=3,\end{cases}$ 最优值为 $\max S=10$.

(8) 无最优解.

【知识拓展】

“田忌赛马”与运筹学

运筹学是一门在 20 世纪 30 年代初发展的新兴学科，它的主要目的是综合利用现有的条件，使用统计学、数学模型、数据分析等方法，在复杂问题中寻找一个最优决策. 本章学习的线性规划是运筹学的分支. 运筹学包罗万象，规划论、库存论、图论、博弈论等都是运筹学的范畴.

正所谓“运筹帷幄之中，决胜千里之外”，运筹学历史悠久，在古代就已经产生，各类比赛、战争的背后都包含着运筹学的思想. 战国时代的“田忌赛马”就是一个典型的包含运筹学思想的故事.

据《史记》记载，战国时期赛马风靡齐国，上至国君、下至平民都喜欢赛马. 一次，齐王和大将田忌约定进行一场比赛. 在比赛中，田忌用上等马、中等马、下等马依次对阵齐王的上等马、中等马和下等马，但是田忌的马都比不上齐王同级别的马，三场全部输掉了. 田忌输掉了比赛，垂头丧气，被他的好朋友孙膑知道了. 孙膑是战国时代著名的军事家，足智多谋，深谙用兵之法. 他给田忌出了个主意，第一场比赛，让田忌把最好的马鞍配备在下等马上，当作下等马和齐王的上等马进行比赛，这场比赛当然田忌输了. 第二场比赛，派出上等马对阵齐王的中等马，田忌胜了第二场. 第三场比赛，派出中等马对阵齐王的下等马，田忌又胜了一场. 在三局两胜的情况下，田忌赢得了和齐王的这场赛马比赛.

田忌赛马的故事表明，通过周密的分析、筹划和安排，充分利用现有的条件，可以得出一个最优决策. 除此之外，长勺之战、赤壁之战、淝水之战等战争，都充分体现了运筹学在军事战争中的运用.

第 6 章　单纯形解法

6.1　线性规划问题的标准样式

从第 5 章内容可知，线性规划问题可能有各种不同的形式：可以要求目标函数取值最大，也可以要求目标函数取值最小；约束条件可以是等式约束，也可以是“$\leqslant$”约束或“$\geqslant$”约束；约束条件中的常数项可以是非负实数，也可以是负实数. 这种形式的多样性给求解带来不便，为了进一步讨论对于各种情况都适用的一般解法，需要确定线性规划问题的标准形式.

定义 1　线性规划问题的标准形式为

$$\max S=c_1x_1+c_2x_2+\cdots+c_nx_n,$$

$$\text{s.t.}\begin{cases}a_{11}x_1+a_{12}x_2+\cdots+a_{1n}x_n=b_1,\\ a_{21}x_1+a_{22}x_2+\cdots+a_{2n}x_n=b_2,\\ \qquad\qquad\vdots\\ a_{m1}x_1+a_{m2}x_2+\cdots+a_{mn}x_n=b_m,\\ x_i\geqslant 0\ (i=1,2,\cdots,n).\end{cases}$$

其中，常数项 $b_1,b_2,\cdots,b_m$ 皆为非负实数.

线性规划问题标准形式有三个特征：

(1) 求目标函数的最大值；

(2) 约束条件由变量满足线性方程组与要求变量皆非负两部分组成；

(3) 变量所满足的线性方程组中，常数项皆非负.

如何将线性规划问题的一般形式转化为标准形式？下面分四种情况讨论.

① 若求目标函数 S 的最小值

$$\min S=c_1x_1+c_2x_2+\cdots+c_nx_n,$$

则引进新的目标函数 $S'=-S$，注意到 S' 的最大值就是 S 的最小值，因而求 S 的最小值就化为求 S' 的最大值

$$\max S'=-c_1x_1-c_2x_2-\cdots-c_nx_n.$$

所求最小值

$$\min S=-\max S'.$$

② 若约束条件中除要求变量非负外，含线性不等式约束，则引进新的非负变量，使得线性不等式化为线性方程式.

当线性不等式是“$\leqslant$”形式时，在线性不等式左端加上新的变量，将线性不等式化为线性方

程式，新的变量称为**松弛变量**；

当线性不等式是“$\geqslant$”形式时，在线性不等式左端减去新的变量，将线性不等式化为线性方程式，新的变量称为**剩余变量**.

③ 若约束条件中线性方程式的常数项为负值，则将该线性方程式乘以 -1，使得常数项为正值.

④ 若对变量 x_l 没有非负限制，则引进两个新的非负变量 $x'_l\geqslant 0, x''_l\geqslant 0$，将 x_l 表示为

$$x_l=x'_l-x''_l,$$

使得对全部变量皆有非负限制.

例 1　将线性规划问题

$$\min S=2x_1+x_2+x_3,$$
$$\text{s.t.}\begin{cases}2x_1-x_2+x_3=2,\\x_1+x_3=2,\\x_i\geqslant 0\ (i=1,2,3)\end{cases}$$

化为标准形式.

解　引进新的目标函数

$$S'=-S,$$

于是所给线性规划问题化为标准形式

$$\max S'=-2x_1-x_2-x_3,$$
$$\text{s.t.}\begin{cases}2x_1-x_2+x_3=2,\\x_1+x_3=2,\\x_i\geqslant 0\ (i=1,2,3),\end{cases}$$

所求最小值

$$\min S=-\max S'.$$

例 2　将线性规划问题

$$\max S=3x_1+3x_2,$$
$$\text{s.t.}\begin{cases}x_1+2x_2\leqslant 10,\\2x_1+x_2\leqslant 14,\\x_i\geqslant 0\ (i=1,2)\end{cases}$$

化为标准形式.

解　引进松弛变量

$$x_3\geqslant 0,\quad x_4\geqslant 0,$$

于是所给线性规划问题化为标准形式

$$\max S=3x_1+3x_2,$$
$$\text{s.t.}\begin{cases}x_1+2x_2+x_3=10,\\2x_1+x_2+x_4=14,\\x_i\geqslant 0\ (i=1,2,3,4).\end{cases}$$

例 3　将线性规划问题

$$\max S=-x_1+2x_2+x_3,$$

$$\text{s.t.}\begin{cases}2x_1-x_2+x_3\geqslant 14,\\ x_1+2x_2\geqslant 6,\\ x_i\geqslant 0\ (i=1,2,3)\end{cases}$$

化为标准形式.

解　引进剩余变量

$$x_4\geqslant 0,\quad x_5\geqslant 0,$$

于是所给线性规划问题化为标准形式

$$\max S=-x_1+2x_2+x_3,$$

$$\text{s.t.}\begin{cases}2x_1-x_2+x_3-x_4=14,\\ x_1+2x_2-x_5=6,\\ x_i\geqslant 0\ (i=1,2,3,4,5).\end{cases}$$

例 4　将线性规划问题

$$\max S=-2x_1+x_2,$$

$$\text{s.t.}\begin{cases}-x_1+x_2+x_3=2,\\ x_1+2x_2+x_4=6,\\ x_i\geqslant 0\ (i=2,3,4)\end{cases}$$

化为标准形式.

解　由于对变量 x_1 没有非负限制，则引进两个新的非负变量 $x'_1\geqslant 0$，$x''_1\geqslant 0$，将 x_1 表示为

$$x_1=x'_1-x''_1,$$

代入目标函数表达式与约束条件中，于是所给线性规划问题化为标准形式

$$\max S=-2x'_1+2x''_1+x_2,$$

$$\text{s.t.}\begin{cases}-x'_1+x''_1+x_2+x_3=2,\\ x'_1-x''_1+2x_2+x_4=6,\\ x'_1\geqslant 0,x''_1\geqslant 0,x_i\geqslant 0\ (i=2,3,4).\end{cases}$$

例 5　将线性规划问题

$$\min S=0.8x_1+0.12x_2,$$

$$\text{s.t.}\begin{cases}x_1+x_2=50,\\ x_1\geqslant 25,\\ x_2\leqslant 30,\\ x_i\geqslant 0\ (i=1,2)\end{cases}$$

化为标准形式.

解　引进新的目标函数

$$S'=-S,$$

且引进剩余变量和松弛变量

$$x_3\geqslant 0,\quad x_4\geqslant 0,$$

于是所给线性规划问题化为标准形式

$$\max S' = -0.8x_1 - 0.12x_2,$$

$$\text{s.t.}\begin{cases} x_1 + x_2 = 50, \\ x_1 - x_3 = 25, \\ x_2 + x_4 = 30, \\ x_i \geqslant 0\ (i=1,2,3,4), \end{cases}$$

所求最小值

$$\min S = -\max S'.$$

上面的讨论说明,任何形式的线性规划问题都可以化为标准形式.标准形式的线性规划问题可以用矩阵记号表示为

$$\max S = \boldsymbol{CX},$$

$$\text{s.t.}\begin{cases} \boldsymbol{AX} = \boldsymbol{B}, \\ \boldsymbol{X} \geqslant \boldsymbol{0}. \end{cases}$$

其中,矩阵 $\boldsymbol{A}$ 为构成约束条件的线性方程组系数矩阵,即矩阵

$$\boldsymbol{A} = \begin{pmatrix} a_{11} & a_{12} & \cdots & a_{1n} \\ a_{21} & a_{22} & \cdots & a_{2n} \\ \vdots & \vdots & & \vdots \\ a_{m1} & a_{m2} & \cdots & a_{mn} \end{pmatrix}.$$

矩阵 $\boldsymbol{X}$ 与 $\boldsymbol{B}$ 为构成约束条件的线性方程组变量矩阵与常数项矩阵,即矩阵

$$\boldsymbol{X} = \begin{pmatrix} x_1 \\ x_2 \\ \vdots \\ x_n \end{pmatrix} \quad 与 \quad \boldsymbol{B} = \begin{pmatrix} b_1 \\ b_2 \\ \vdots \\ b_m \end{pmatrix}.$$

矩阵 $\boldsymbol{C}$ 为目标函数中变量系数构成的一行 n 列矩阵,即矩阵

$$\boldsymbol{C} = (c_1 c_2 \cdots c_n).$$

习　题　6.1

将下列线性规划问题化为标准形式.

1. $\min S = -x_1 + 2x_2 + x_3$,

$$\text{s.t.}\begin{cases} x_1 - x_2 + x_3 = 2, \\ x_1 + x_2 = 6, \\ x_i \geqslant 0\ (i=1,2,3). \end{cases}$$

2. $\max S = 8x_1 + 3x_2$,

$$\text{s.t.}\begin{cases} 3x_1 + 5x_2 \leqslant 210, \\ 3x_1 + x_2 \leqslant 150, \\ x_i \geqslant 0\ (i=1,2). \end{cases}$$

3. $\max S = -2x_1 - x_2$,

$$\text{s.t.}\begin{cases} x_1 + x_2 \geqslant 1, \\ 4x_1 + x_2 \geqslant 2, \\ x_i \geqslant 0\ (i=1,2). \end{cases}$$

4. $\max S = 6x_1 - 4x_2 + x_3$,

$$\text{s.t.}\begin{cases} x_1 - 2x_2 + 3x_3 = -4, \\ 3x_1 + x_2 - 4x_3 = 6, \\ x_i \geqslant 0\ (i=1,2,3). \end{cases}$$

5. $\min S = -x_1 + 2x_2 + x_3$,

$$\text{s.t.}\begin{cases} x_1 - 2x_2 + x_3 \leqslant -1, \\ -x_1 - 2x_2 + 2x_3 \geqslant 6, \\ x_i \geqslant 0\ (i=1,2,3). \end{cases}$$

6.2 单纯形解法的原理与步骤

关于线性函数的最大值,容易得到下面的结论.

定理 1 已知线性函数

$$S=M+c_1x_1+c_2x_2+\cdots+c_lx_l,$$

即有

$$S+(-c_1)x_1+(-c_2)x_2+\cdots+(-c_l)x_l=M.$$

当对所有变量皆有非负限制, 即 $x_i\geqslant 0\ (i=1,2,\cdots,l)$时,那么

(1) 如果系数 $c_i<0$,即$-c_i>0\ (i=1,2,\cdots,l)$,则有唯一最大值点

$$\begin{cases}x_1=0,\\x_2=0,\\ \quad\vdots\\x_l=0,\end{cases}$$

最大值 $\max S=M$.

(2) 如果系数 $c_i<0$,即$-c_i>0\ (i=1,2,\cdots,s-1,s+1,\cdots,l)$,且 $c_s=0$,则有无穷多最大值点,它的一般表达式为

$$\begin{cases}x_1=0,\\x_2=0,\\ \quad\vdots\\x_s=c,\\ \quad\vdots\\x_l=0,\end{cases}\quad (c\geqslant 0,\text{且为任意常数}),$$

最大值同为 $\max S=M$.

定义 1 已知目标函数

$$S=M+c_1x_1+c_2x_2+\cdots+c_nx_n,$$

改写为

$$S+(-c_1)x_1+(-c_2)x_2+\cdots+(-c_n)x_n=M,$$

则称改写后的目标函数表达式为**检验关系式**,并称变量的系数$-c_1,-c_2,\cdots,-c_n$ 为**检验数**.

考虑特殊类型的线性规划问题

$$\max S=c_1x_1+c_2x_2+\cdots+c_nx_n,$$

$$\text{s. t.}\begin{cases}a_{11}x_1+a_{12}x_2+\cdots+a_{1n}x_n\leqslant b_1,\\a_{21}x_1+a_{22}x_2+\cdots+a_{2n}x_n\leqslant b_2,\\ \qquad\qquad\qquad\vdots\\a_{m1}x_1+a_{m2}x_2+\cdots+a_{mn}x_n\leqslant b_m,\\x_i\geqslant 0\ (i=1,2,\cdots,n).\end{cases}\qquad (6\text{-}1)$$

其中,常数项 $b_1,\cdots,b_m$ 皆非负.引进松弛变量

$$x_{n+1}\geqslant 0, x_{n+2}\geqslant 0, \cdots, x_{n+m}\geqslant 0.$$

于是所给线性规划问题化为标准形式

$$\max S=c_1x_1+c_2x_2+\cdots+c_nx_n,$$
$$\text{s.t.}\begin{cases}a_{11}x_1+a_{12}x_2+\cdots+a_{1n}x_n+x_{n+1}=b_1,\\a_{21}x_1+a_{22}x_2+\cdots+a_{2n}x_n+x_{n+2}=b_2,\\ \qquad\qquad\vdots\\a_{m1}x_1+a_{m2}x_2+\cdots+a_{mn}x_n+x_{n+m}=b_m,\\x_i\geqslant 0\ (i=1,2,\cdots,n+m).\end{cases}\tag{6-2}$$

定义 2　已知标准型的线性规划问题，线性方程组与检验关系式中变量系数、常数项构成矩阵，其最下端一行是由检验关系式中变量系数构成的，这个矩阵称为**单纯形矩阵**，记作 $\boldsymbol{T}$，其最下端一行称为**检验行**.

如上，式(6-2)标准型对应的单纯形矩阵为

$$\boldsymbol{T}=\left(\begin{array}{cccccccc:c}a_{11}&a_{12}&\cdots&a_{1n}&1&0&\cdots&0&b_1\\a_{21}&a_{22}&\cdots&a_{2n}&0&1&\cdots&0&b_2\\\vdots&\vdots&&\vdots&\vdots&\vdots&&\vdots&\vdots\\a_{m1}&a_{m2}&\cdots&a_{mn}&0&0&\cdots&1&b_m\\\hdashline -c_1&-c_2&\cdots&-c_n&0&0&\cdots&0&0\end{array}\right).$$

那么，以上标准形的线性规划问题怎么求最优解和最优值呢？下面我们看一个例子.

例 1　解线性规划问题

$$\max S=3x_1+x_2,$$
$$\text{s.t.}\begin{cases}x_1+2x_2\leqslant 8,\\x_1\leqslant 6,\\x_i\geqslant 0\ (i=1,2).\end{cases}$$

解　引进松弛变量

$$x_3\geqslant 0,\quad x_4\geqslant 0,$$

于是所给线性规划问题化为标准形式

$$\max S=3x_1+x_2,$$
$$\text{s.t.}\begin{cases}x_1+2x_2+x_3=8,\\x_1+x_4=6,\\x_i\geqslant 0\ (i=1,2,3,4).\end{cases}$$

得到单纯形矩阵

$$\boldsymbol{T}=\left(\begin{array}{cccc:c}1&2&①&0&8\\1&0&0&①&6\\\hdashline -3&-1&0&0&0\end{array}\right).$$

下面的问题是怎么解决这个线性规划问题了.

由 $\boldsymbol{T}$ 的最后一行即检验行可知，目标函数也可以看成方程式的形式，此时，线性规划问题变为求解线性方程组的问题，因此，可以对 $\boldsymbol{T}$ 作初等行变换.

由 $\boldsymbol{T}$ 的第 1 行和第 2 行，得

$$\begin{cases} x_3=8-x_1-2x_2, \\ x_4=6-x_1. \end{cases}$$

式中，x_3，x_4 可以用 x_1，x_2 的线性关系式表示，称 x_3，x_4 为非自由未知量，x_1，x_2 为自由未知量.

非自由未知量称为**基变量**，自由未知量称为**非基变量**. x_3，x_4 是现成的基变量，称为**初始可行基**.

从检验行看，还原成等式为 $s+(-3)x_1+(-1)x_2=0$.

x_1，x_2 前面的系数均为负数，$x_1 \geqslant 0$，$x_2 \geqslant 0$ 且增加时，S 也增加，因此，S 的最大值不是 0，需要调整.

假设 x_1，x_2 增加的幅度是一样时，x_1 前面的系数是 -3，$3x_1$ 的增加比 x_2 的增加快，使得 S 能较快增加，因此，选择第 1 列调整，我们称第 1 列为**主列**，第 1 列中的 $a_{11}=1$，$a_{21}=1$ 都可以作为下一个基变量，为保证约束条件中的 $b_i \geqslant 0$，我们用最小比值原则，$\min\left\{\frac{8}{1},\frac{6}{1}\right\}=\frac{6}{1}$，选择 $a_{21}=1$ 入基，称为**主元**，那么，第 1 列中，除了 $a_{21}=1$ 外，其他元素都应为 0，作初等行变换

$$\boldsymbol{T}=\left(\begin{array}{cccc:c} 1 & 2 & ① & 0 & 8 \\ \boxed{1} & 0 & 0 & ① & 6 \\ \hdashline -3 & -1 & 0 & 0 & 0 \end{array}\right) \xrightarrow[3r_2+r_3]{-r_2+r_1} \left(\begin{array}{cccc:c} 0 & 2 & ① & -1 & 2 \\ ① & 0 & 0 & 1 & 6 \\ \hdashline 0 & -1 & 0 & 3 & 18 \end{array}\right).$$

此时，基变量调整为 x_1，x_3，非基变量调整为 x_2，x_4. 称 x_1 为入基，x_4 为出基. 在检验行中我们发现，非基变量 x_2 对应的检验系数为 -1，x_2 增加时，S 还是会增加，因此，18 也不是 S 的最大值，继续调整.

选择第 2 列为主列，主元只能选择 $a_{12}=2$，第 2 列中除 a_{12} 变为 1 以外，其他元素应全部是 0，做初等行变换

$$\left(\begin{array}{cccc:c} 0 & \boxed{2} & ① & -1 & 2 \\ ① & 0 & 0 & 1 & 6 \\ \hdashline 0 & -1 & 0 & 3 & 18 \end{array}\right) \xrightarrow{\frac{1}{2}r_1} \left(\begin{array}{cccc:c} 0 & \boxed{1} & \frac{1}{2} & -\frac{1}{2} & 1 \\ ① & 0 & 0 & 1 & 6 \\ \hdashline 0 & -1 & 0 & 3 & 18 \end{array}\right)$$

$$\xrightarrow{r_1+r_3} \left(\begin{array}{cccc:c} 0 & ① & \frac{1}{2} & -\frac{1}{2} & 1 \\ ① & 0 & 0 & 1 & 6 \\ \hdashline 0 & 0 & \frac{1}{2} & \frac{5}{2} & 19 \end{array}\right).$$

此时，x_3 出基，x_2 入基，基变量调整为 x_1，x_2，非基变量调整为 x_3，x_4，非基变量对应的检验系数 $\frac{1}{2} \geqslant 0$，$\frac{5}{2} \geqslant 0$，即

$$S+\frac{1}{2}x_3+\frac{5}{2}x_4=19, \quad x_3 \geqslant 0, \quad x_4 \geqslant 0,$$

由定义 1 可知，$x_3=0$，$x_4=0$ 时，S 的最大值为 19.

此时，去掉松弛变量，得到最优解 $\begin{cases} x_1 = 6, \\ x_2 = 1. \end{cases}$

最优值等于检验行的常数项，即

$$\max S = 19.$$

从例 1 中可以看出，形如式(6-1)的线性规划问题应用单纯形解法的求解，步骤为

步骤 1　引进 m 个松弛变量，化线性规划问题为形如式(6-2)的标准形，写出单纯形矩阵，确定初始可行基. 初始可行基对应列中，除该基变量为 1 外，其他元素全部为 0，将 m 个现成的基变量用圆圈圈上.

步骤 2　初始可行基对应的检验数为 0，检查非基变量对应的检验数是否为非负，若为非负，则取得最优解和最优值. 若非基变量对应的检验数有负数，则需调整. 首先选择绝对值最大的负检验数所在列为主列，按最小比值原则确定准备入基的元素，称为主元，用方框框上，作初等行变换，调整基变量，基变量用圆圈圈上.

步骤 3　变换后检查非基变量对应的检验数是否非负，若为非负，则得到最优解，若还有负数，重复以上步骤继续调整，直到求出最优解或是判断出无最优解.

应该注意的是：当选取主列时，在所有负检验数中，若有两个或两个以上负检验数的绝对值相等且为最大，则选取它们所在列中的哪一列作为主列都可以；当选取主元时，在用主列所有正元素去除同行常数项所得到的比值中，若有两个或两个以上比值相等且为最小，则选取它们除数中的哪一个除数作为主元都可以.

例 2　解线性规划问题

$$\max S = 2x_1 + 3x_2,$$

$$\text{s. t.} \begin{cases} x_1 + x_2 \leqslant 6, \\ x_1 + 2x_2 \leqslant 8, \\ x_1 \leqslant 4, \\ x_i \geqslant 0 \ (i = 1, 2). \end{cases}$$

解　应用单纯形解法求解，引进松弛变量

$$x_3 \geqslant 0, \quad x_4 \geqslant 0, \quad x_5 \geqslant 0,$$

于是所给线性规划问题化为标准形式

$$\max S = 2x_1 + 3x_2,$$

$$\text{s. t.} \begin{cases} x_1 + x_2 + x_3 = 6, \\ x_1 + 2x_2 + x_4 = 8, \\ x_1 + x_5 = 4, \\ x_i \geqslant 0 \ (i = 1, 2, 3, 4, 5), \end{cases}$$

得到单纯形矩阵

$$\boldsymbol{T} = \left(\begin{array}{ccccc:c} 1 & 1 & \textcircled{1} & 0 & 0 & 6 \\ 1 & 2 & 0 & \textcircled{1} & 0 & 8 \\ 1 & 0 & 0 & 0 & \textcircled{1} & 4 \\ \hdashline -2 & -3 & 0 & 0 & 0 & 0 \end{array}\right).$$

注意到存在由三个现成的基变量 x_3, x_4, x_5 构成的初始可行基，但是非基变量 x_1, x_2 对应

的检验数为$-2,-3$，是负数.

$\max\{|-2|,|-3|\}=3$，选择第 2 列作为主列，$\min\left\{\frac{6}{1},\frac{8}{2}\right\}=\frac{8}{2}$，选择 $a_{22}=2$ 为主元，对单纯形矩阵 $\boldsymbol{T}$ 作初等行变换，将主元 $a_{22}=2$ 化为 1，主元 $a_{22}=2$ 所在第 2 列其他元素全化为零，有

$$\boldsymbol{T}=\left(\begin{array}{ccccc:c} 1 & 1 & ① & 0 & 0 & 6 \\ 1 & \boxed{2} & 0 & ① & 0 & 8 \\ 1 & 0 & 0 & 0 & ① & 4 \\ \hdashline -2 & -3 & 0 & 0 & 0 & 0 \end{array}\right) \xrightarrow{\frac{1}{2}r_2} \left(\begin{array}{ccccc:c} 1 & 1 & ① & 0 & 0 & 6 \\ \frac{1}{2} & \boxed{1} & 0 & \frac{1}{2} & 0 & 4 \\ 1 & 0 & 0 & 0 & ① & 4 \\ \hdashline -2 & -3 & 0 & 0 & 0 & 0 \end{array}\right)$$

$$\xrightarrow[3r_2+r_4]{-r_2+r_1} \left(\begin{array}{ccccc:c} \frac{1}{2} & 0 & ① & -\frac{1}{2} & 0 & 2 \\ \frac{1}{2} & ① & 0 & \frac{1}{2} & 0 & 4 \\ 1 & 0 & 0 & 0 & ① & 4 \\ \hdashline -\frac{1}{2} & 0 & 0 & \frac{3}{2} & 0 & 12 \end{array}\right).$$

基变量调整为 x_2,x_3,x_5，但是非基变量 x_1 对应的检验数还有负数，选择第 1 列作为主列，$\min\left\{\frac{2}{1/2},\frac{4}{1},\frac{4}{1/2}\right\}=4$，选择 $a'_{31}=1$ 作为主元，对矩阵继续作初等行变换，将主元 $a'_{31}=1$ 所在第 1 列其他元素全化为零，有

$$\boldsymbol{T}=\left(\begin{array}{ccccc:c} \frac{1}{2} & 0 & ① & -\frac{1}{2} & 0 & 2 \\ \frac{1}{2} & ① & 0 & \frac{1}{2} & 0 & 4 \\ \boxed{1} & 0 & 0 & 0 & ① & 4 \\ \hdashline -\frac{1}{2} & 0 & 0 & \frac{3}{2} & 0 & 12 \end{array}\right) \xrightarrow[\frac{1}{2}r_3+r_4]{-\frac{1}{2}r_3+r_1 \atop -\frac{1}{2}r_3+r_2} \left(\begin{array}{ccccc:c} 0 & 0 & ① & -\frac{1}{2} & -\frac{1}{2} & 0 \\ 0 & ① & 0 & \frac{1}{2} & -\frac{1}{2} & 2 \\ ① & 0 & 0 & 0 & 1 & 4 \\ \hdashline 0 & 0 & 0 & \frac{3}{2} & \frac{1}{2} & 14 \end{array}\right).$$

基变量调整为 x_1,x_2,x_3，所有检验数皆非负，且非基变量 x_4,x_5 对应的检验数皆为正，令非基变量 $x_4=0,x_5=0$，得到基变量 $x_3=0,x_2=2,x_1=4$，它们构成唯一最优解，再去掉松弛变量，于是得到所给线性规划问题的唯一最优解

$$\begin{cases} x_1=4, \\ x_2=2. \end{cases}$$

最优值等于检验行的常数项，即

$$\max S=14.$$

例 3 解线性规划问题

$$\min S=-x_1+2x_2+x_3,$$

$$\text{s.t.}\begin{cases} 2x_1-x_2+x_3\leqslant 14, \\ x_1+2x_2\leqslant 6, \\ x_i\geqslant 0\ (i=1,2,3). \end{cases}$$

解　应用单纯形解法求解，引进新的目标函数

$$S'=-S,$$

且引进松弛变量

$$x_4\geqslant 0,\quad x_5\geqslant 0,$$

于是所给线性规划问题化为标准形式

$$\max S'=x_1-2x_2-x_3,$$

$$\text{s. t.}\begin{cases}2x_1-x_2+x_3+x_4=14,\\ x_1+2x_2+x_5=6,\\ x_i\geqslant 0\ (i=1,2,3,4,5).\end{cases}$$

所求最小值

$$\min S=-\max S'.$$

得到单纯形矩阵

$$\boldsymbol{T}=\left(\begin{array}{ccccc:c}2&-1&1&①&0&14\\1&2&0&0&①&6\\ \hdashline -1&2&1&0&0&0\end{array}\right).$$

注意到存在由两个现成的基变量 x_4,x_5 构成的初始可行基，但是非基变量 x_1 对应的检验数为 -1，是负数.

选择第 1 列为主列，$\min\left\{\dfrac{14}{2},\dfrac{6}{1}\right\}=\dfrac{6}{1}$，选择 $a_{21}=1$ 为主元，单纯形矩阵 $\boldsymbol{T}$ 作初等行变换，有

$$\boldsymbol{T}=\left(\begin{array}{ccccc:c}2&-1&1&①&0&14\\ \boxed{1}&2&0&0&①&6\\ \hdashline -1&2&1&0&0&0\end{array}\right)\xrightarrow[r_2+r_3]{-2r_2+r_1}\left(\begin{array}{ccccc:c}0&-5&1&①&-2&2\\①&2&0&0&1&6\\ \hdashline 0&4&1&0&1&6\end{array}\right).$$

基变量调整为 x_1,x_4，由于所有检验数皆为非负，且非基变量 x_2,x_3,x_5 对应的检验数皆为正，令非基变量 $x_2=0,x_3=0,x_5=0$，得到基变量 $x_4=2,x_1=6$，它们构成唯一最优解，再去掉松弛变量，于是得到所给线性规划问题的唯一最优解

$$\begin{cases}x_1=6,\\x_2=0,\\x_3=0.\end{cases}$$

最优值等于检验行常数项的相反数，即

$$\min S=-\max S'=-6.$$

例 4　解线性规划问题

$$\max S=x_1-2x_2+x_3,$$

$$\text{s. t.}\begin{cases}x_1-2x_2+2x_3\leqslant 1,\\ x_1+x_2-x_3\leqslant 6,\\ x_i\geqslant 0\ (i=1,2,3).\end{cases}$$

解　应用单纯形解法求解，引进松弛变量

$$x_4\geqslant 0,\quad x_5\geqslant 0,$$

于是所给线性问题化为标准形式

$$\max S=x_1-2x_2+x_3,$$

$$\text{s. t.}\begin{cases}x_1-2x_2+2x_3+x_4=1,\\x_1+x_2-x_3+x_5=6,\\x_i\geqslant 0\ (i=1,2,3,4,5),\end{cases}$$

得到单纯形矩阵

$$\boldsymbol{T}=\left(\begin{array}{ccccc:c}1&-2&2&①&0&1\\1&1&-1&0&①&6\\\hdashline -1&2&-1&0&0&0\end{array}\right).$$

注意到存在由两个现成的基变量 x_4，x_5 构成的初始可行基，但非基变量 x_1，x_3 对应的检验数为-1，是负数. 第 1 列和第 3 列都可以作为主列，选择第 1 列作为主列，$\min\left\{\frac{1}{1},\frac{6}{1}\right\}=\frac{1}{1}$，选择 $a_{11}=1$ 作为主元，对单纯形矩阵 $\boldsymbol{T}$ 作初等行变换，有

$$\boldsymbol{T}=\left(\begin{array}{ccccc:c}\boxed{1}&-2&2&①&0&1\\1&1&-1&0&①&6\\\hdashline -1&2&-1&0&0&0\end{array}\right)\xrightarrow[r_1+r_3]{-r_1+r_2}\left(\begin{array}{ccccc:c}①&-2&2&1&0&1\\0&3&-3&-1&①&5\\\hdashline 0&0&1&1&0&1\end{array}\right).$$

基变量调整为 x_1，x_5，由于所有检验数皆非负，说明有最优解，又由于非基变量 x_2 对应的检验数为零，由定义 1 可知有无穷多最优解.

令非基变量 $x_2=c$（c 为某范围内的非负常数），$x_3=0$，$x_4=0$，得到基变量 $x_1=2c+1$，$x_5=-3c+5$，它们构成无穷多最优解的一般表达式. 考虑到对所有变量皆有非负约束，反过来会限制非负常数 c 的取值范围，有

$$\begin{cases}2c+1\geqslant 0,\\c\geqslant 0,\\-3c+5\geqslant 0,\end{cases}$$

得到

$$0\leqslant c\leqslant\frac{5}{3}.$$

在上面得到的无穷多最优解中，再去掉松弛变量，于是得到所给线性规划问题无穷多最优解的一般表达式

$$\begin{cases}x_1=2c+1,\\x_2=c,\\x_3=0\end{cases}\quad\left(0\leqslant c\leqslant\frac{5}{3}\right).$$

最优值同为检验行的常数项，即

$$\max S=1.$$

例 5　解线性规划问题

$$\max S=2x_1+x_2,$$

$$\text{s. t.}\begin{cases}-x_1+x_2+x_3=5,\\2x_1-5x_2+x_4=10,\\x_i\geqslant 0\ (i=1,2,3,4).\end{cases}$$

解　应用单纯形解法求解，所给线性规划问题已经是标准形式，得到单纯形矩阵

$$T=\left(\begin{array}{cccc:c} -1 & 1 & ① & 0 & 5 \\ 2 & -5 & 0 & ① & 10 \\ \hdashline -2 & -1 & 0 & 0 & 0 \end{array}\right).$$

注意到存在由两个现成的基变量 x_3, x_4 构成的初始可行基，但是非基变量 x_1, x_2 对应的检验数为负数.

$\max\{|-2|,|-1|\}=2$，选择第 1 列作为主列，主元只能选择 $a_{21}=2$，对单纯形矩阵 $\boldsymbol{T}$ 作初等行变换，有

$$\boldsymbol{T}=\left(\begin{array}{cccc:c} -1 & 1 & ① & 0 & 5 \\ \boxed{2} & -5 & 0 & ① & 10 \\ \hdashline -2 & -1 & 0 & 0 & 0 \end{array}\right) \xrightarrow{\frac{1}{2}r_2} \left(\begin{array}{cccc:c} -1 & 1 & ① & 0 & 5 \\ \boxed{1} & -\frac{5}{2} & 0 & \frac{1}{2} & 5 \\ \hdashline -2 & -1 & 0 & 0 & 0 \end{array}\right)$$

$$\xrightarrow[2r_2+r_3]{r_2+r_1} \left(\begin{array}{cccc:c} 0 & -\frac{3}{2} & ① & \frac{1}{2} & 10 \\ ① & -\frac{5}{2} & 0 & \frac{1}{2} & 5 \\ \hdashline 0 & -6 & 0 & 1 & 10 \end{array}\right).$$

注意到负检验数 $-c'_2=-6$ 所在第 2 列无正元素，将其变量 x_3, x_1 及目标函数 S 用非基变量 x_2, x_4 表示为

$$\begin{cases} x_3=\dfrac{3}{2}x_2-\dfrac{1}{2}x_4+10, \\ x_1=\dfrac{5}{2}x_2-\dfrac{1}{2}x_4+5, \\ S=6x_2-x_4+10. \end{cases}$$

若令非基变量 x_2 取值无限增大，且非基变量 $x_4=0$，则根据上述关系式，基变量 x_3, x_1 仍然满足非负约束，而满足约束条件的目标函数 S 取值却无限增大，即无最大值，于是所给线性规划问题有可行解但无最优解.

由以上例 1 至例 5 可知，在有初始可行基的情况下，线性规划问题的解可以有以下几种情况：

（1）有唯一最优解和唯一最优值. 如例 1 至例 3.

（2）有无穷多最优解和唯一最优值. 如例 4.

（3）有可行解，但是没有最优解和最优值. 如例 5.

习　题　6.2

用单纯形解法求解下列线性规划问题

1. $\max S=2x_1+5x_2$,

$$\text{s. t.}\begin{cases} x_1+2x_2\leqslant 8, \\ x_2\leqslant 3, \\ x_i\geqslant 0\ (i=1,2). \end{cases}$$

2. $\max S=4x_1+5x_2$,

$$\text{s. t.}\begin{cases} 2x_1+x_2\leqslant 8, \\ x_1+2x_2\leqslant 7, \\ x_2\leqslant 3, \\ x_i\geqslant 0\ (i=1,2). \end{cases}$$

3. $\max S=4x_1+3x_3$,

$$\text{s. t.}\begin{cases}x_1-x_2\leqslant 2,\\2x_1+x_3\leqslant 5,\\x_1+x_2+x_3\leqslant 3,\\x_i\geqslant 0\ (i=1,2,3).\end{cases}$$

4. $\min S=-x_1+2x_2-x_3$,

$$\text{s. t.}\begin{cases}-2x_1+x_2+x_3\leqslant 4,\\x_1+2x_2\leqslant 6,\\x_i\geqslant 0\ (i=1,2,3).\end{cases}$$

6.3　求初始可行基的方法

考虑标准形式的一般线性规划问题

$$\max S=c_1x_1+c_2x_2+\cdots+c_nx_n,$$

$$\text{s. t.}\begin{cases}a_{11}x_1+a_{12}x_2+\cdots+a_{1n}x_n=b_1,\\a_{21}x_1+a_{22}x_2+\cdots+a_{2n}x_n=b_2,\\\qquad\qquad\vdots\\a_{m1}x_1+a_{m2}x_2+\cdots+a_{mn}x_n=b_m,\\x_i\geqslant 0\ (i=1,2,\cdots,n),\end{cases}$$

其中,常数项 $b_1,b_2,\cdots,b_m$ 皆非负,其单纯形矩阵为

$$\boldsymbol{T}=\left(\begin{array}{cccc:c}a_{11}&a_{12}&\cdots&a_{1n}&b_1\\a_{21}&a_{22}&\cdots&a_{2n}&b_2\\\vdots&\vdots&&\vdots&\vdots\\a_{m1}&a_{m2}&\cdots&a_{mn}&b_m\\\hdashline -c_1&-c_2&\cdots&-c_n&0\end{array}\right).$$

从单纯形矩阵容易看出,所给线性规划问题并不存在现成的初始可行基,因而这时应用单纯形解法解线性规划问题须分两个阶段:第一阶段是求初始可行基;第二阶段是求最优解.现在需要解决的问题是:如何求初始可行基.

不妨设约束条件中线性方程组增广矩阵 $\bar{\mathbf{A}}$ 与系数矩阵 $\mathbf{A}$ 的秩都等于 m,且小于未知量的个数 n,即

$$r(\bar{\mathbf{A}})=r(\mathbf{A})=m<n.$$

于是线性方程组有无穷多解,其中有 $n-m$ 个自由未知量与 m 个非自由未知量,即有 $n-m$ 个非基变量与 m 个基变量,下面的问题是怎么确定这 m 个基变量,确定了 m 个基变量就是确定了 $n-m$ 个非基变量了.那么,怎么确定 m 个基变量从而得到初始可行基呢?我们以实例来说明.

例 1　解线性规划问题

$$\max S=x_1+2x_2+3x_3,$$

$$\text{s. t.}\begin{cases}2x_1-x_2=1,\\x_1+x_3=1,\\x_i\geqslant 0\ (i=1,2,3).\end{cases}$$

解　应用单纯形解法求解，所给线性规划问题已经是标准形式，得到单纯形矩阵

$$\boldsymbol{T}=\left(\begin{array}{ccc:c} 2 & -1 & 0 & 1 \\ 1 & 0 & 1 & 1 \\ \hdashline -1 & -2 & -3 & 0 \end{array}\right).$$

注意到不存在现成的初始可行基，于是分两个阶段解此线性规划问题.

第一阶段是求得两个基变量，从而求得初始可行基. 分析单纯形矩阵中，两条虚线将矩阵分为四个部分，左上部分中的正数可以作为备选的基变量，因此，$a_{11}=2, a_{21}=1, a_{23}=1$ 都可以作为备选的第一个基元，为了保证 $b_i \geqslant 0$，根据最小比值原则，用它们去除同行的常数项，比值最小者为

$$\min\left\{\frac{b_1}{a_{11}}, \frac{b_2}{a_{21}}, \frac{b_2}{a_{23}}\right\}=\min\left\{\frac{1}{2}, \frac{1}{1}, \frac{1}{1}\right\}=\frac{1}{2},$$

因此选取 $a_{11}=2$ 为第一个备选基元，用方框框上. 第 1 列中，除了 $a_{11}=2$ 变成 1 外，其余元素应该全部为 0. 对单纯形矩阵 $\boldsymbol{T}$ 作初等行变换，有

$$\boldsymbol{T}=\left(\begin{array}{ccc:c} \boxed{2} & -1 & 0 & 1 \\ 1 & 0 & 1 & 1 \\ \hdashline -1 & -2 & -3 & 0 \end{array}\right)\xrightarrow{\frac{1}{2}r_1}\left(\begin{array}{ccc:c} \boxed{1} & -\frac{1}{2} & 0 & \frac{1}{2} \\ 1 & 0 & 1 & 1 \\ \hdashline -1 & -2 & -3 & 0 \end{array}\right)$$

$$\xrightarrow[r_1+r_3]{-r_1+r_2}\left(\begin{array}{ccc:c} ① & -\frac{1}{2} & 0 & \frac{1}{2} \\ 0 & \frac{1}{2} & 1 & \frac{1}{2} \\ \hdashline 0 & -\frac{5}{2} & -3 & \frac{1}{2} \end{array}\right).$$

需要两个基变量，已经选择了第一个基元，第二个基元应该跟第一个基元处于不同的行和不同的列，上述矩阵中，去掉第一个基元所处的第 1 行和第 1 列，$a'_{22}=\frac{1}{2}$，$a'_{23}=1$ 可以备选第二个基元.

根据最小比值原则，比值最小者为

$$\min\left\{\frac{b'_2}{a'_{22}}, \frac{b'_2}{a'_{23}}\right\}=\min\left\{\frac{\frac{1}{2}}{\frac{1}{2}}, \frac{\frac{1}{2}}{1}\right\}=\frac{\frac{1}{2}}{1},$$

因此选择 $a'_{23}=1$ 作为第二个基元. 将第二个基元 $a'_{23}=1$ 所在的第 3 列其他元素全化为零，有

$$\left(\begin{array}{ccc:c} ① & -\frac{1}{2} & 0 & \frac{1}{2} \\ 0 & \frac{1}{2} & \boxed{1} & \frac{1}{2} \\ \hdashline 0 & -\frac{5}{2} & -3 & \frac{1}{2} \end{array}\right)\xrightarrow{3r_2+r_3}\left(\begin{array}{ccc:c} ① & -\frac{1}{2} & 0 & \frac{1}{2} \\ 0 & \frac{1}{2} & ① & \frac{1}{2} \\ \hdashline 0 & -1 & 0 & 2 \end{array}\right),$$

于是得到由两个基变量 x_1, x_3 构成的初始可行基.

第二阶段是使所有的检验数皆非负，从而得到最优解. 按照 6.2 节所述方法，非基变量 x_2 对

应的检验系数为-1,为负数.选取唯一负检验数$-c''_2=-1$所在的第2列为主列,主列中只有一个正元素$a''_{22}=\frac{1}{2}$,因此选取$a''_{22}=\frac{1}{2}$为主元,对单纯形矩阵继续作初等行变换:将主元$a''_{22}=\frac{1}{2}$化为1,主元$a''_{22}=\frac{1}{2}$所在的第2列其他元素全化为零,有

$$\left(\begin{array}{ccc:c} ① & -\frac{1}{2} & 0 & \frac{1}{2} \\ 0 & \boxed{\frac{1}{2}} & ① & \frac{1}{2} \\ \hdashline 0 & -1 & 0 & 2 \end{array}\right) \xrightarrow{2r_2} \left(\begin{array}{ccc:c} ① & -\frac{1}{2} & 0 & \frac{1}{2} \\ 0 & \boxed{1} & 2 & 1 \\ \hdashline 0 & -1 & 0 & 2 \end{array}\right) \xrightarrow[r_2+r_3]{\frac{1}{2}r_2+r_1} \left(\begin{array}{ccc:c} ① & 0 & 1 & 1 \\ 0 & ① & 2 & 1 \\ \hdashline 0 & 0 & 2 & 3 \end{array}\right).$$

基变量调整为x_1,x_2,所有检验数皆非负,且非基变量x_3对应的检验数为正,所以得到唯一最优解.

令非基变量$x_3=0$,得到基变量$x_1=1,x_2=1$,于是得到所给线性规划问题的唯一最优解

$$\begin{cases} x_1=1, \\ x_2=1, \\ x_3=0. \end{cases}$$

最优值等于检验行的常数项,即

$$\max S=3.$$

由例1可知,单纯形解法求解一般线性规划问题步骤如下.

步骤1 求第一个基变量.在单纯形矩阵$\boldsymbol{T}$中,用约束条件线性方程组所有变量的正系数去除同行的常数项,挑出比值最小者,其除数称为第一个基元,将第一个基元用方框框上.对单纯形矩阵$\boldsymbol{T}$作初等行变换,第一个基元化为1且其所在列其他元素全化为零,确定出第一个基变量.

步骤2 求第二个基变量.在新的单纯形矩阵中,将第一个基元用圆圈圈上.去掉第一个基元所在行和列,用约束条件线性方程组所有变量的正系数去除同行的常数项,选择比值最小者的除数称为第二个基元,将第二个基元用方框框上,并对新的单纯形矩阵作初等行变换,使得第二个基元化为1,且其所在列的其他元素全化为零,确定出第二个基变量,用圆圈圈上……

重复以上步骤,若找出位于不同行不同列的m个基元,则得到由m个相应基变量构成的初始可行基,说明所给线性规划问题有可行解;如果找不出位于不同行不同列的m个基元,即得不到构成初始可行基的m个基变量,则不存在初始可行基,说明线性规划问题无可行解.

步骤3 对初始可行基作最优解和最优值的检验.要求非基变量对应的检验数非负,如果不是,按照6.2节的方法调整.

应该注意的是:当选取基元时,在用线性方程组变量正系数去除同行常数项所得的比值中,若有两个或两个以上比值相等且为最小,则在满足与已选出基元在不同行的条件下,选取它们除数中的哪一个除数作为基元都可以.

应用单纯形解法解线性规划问题时,若线性规划问题存在现成的初始可行基,则根据6.2节的方法直接求最优解和最优值.

例 2　解线性规划问题

$$\min S=x_1-2x_2,$$

$$\text{s.t.}\begin{cases}x_1+x_2\geqslant 9,\\x_1-3x_2\geqslant 5,\\x_i\geqslant 0\ (i=1,2).\end{cases}$$

解　应用单纯形解法求解，引进新的目标函数

$$S'=-S,$$

且引进剩余变量

$$x_3\geqslant 0,\quad x_4\geqslant 0.$$

于是所给线性规划问题化为标准形式

$$\max S'=-x_1+2x_2,$$

$$\text{s.t.}\begin{cases}x_1+x_2-x_3=9,\\x_1-3x_2-x_4=5,\\x_i\geqslant 0\ (i=1,2,3,4),\end{cases}$$

得到单纯形矩阵

$$\boldsymbol{T}=\left(\begin{array}{cccc:c}1&1&-1&0&9\\1&-3&0&-1&5\\\hdashline 1&-2&0&0&0\end{array}\right).$$

注意到不存在现成的初始可行基，对单纯形矩阵 $\boldsymbol{T}$ 作初等行变换，求得两个基变量，从而求得初始可行基，有

$$\boldsymbol{T}=\left(\begin{array}{cccc:c}1&1&-1&0&9\\\boxed{1}&-3&0&-1&5\\\hdashline 1&-2&0&0&0\end{array}\right)\xrightarrow[-r_2+r_3]{-r_2+r_1}\left(\begin{array}{cccc:c}0&\boxed{4}&-1&1&4\\①&-3&0&-1&5\\\hdashline 0&1&0&1&-5\end{array}\right)$$

$$\xrightarrow{\frac{1}{4}r_1}\left(\begin{array}{cccc:c}0&\boxed{1}&-\frac{1}{4}&\frac{1}{4}&1\\①&-3&0&-1&5\\\hdashline 0&1&0&1&-5\end{array}\right)\xrightarrow[-r_1+r_3]{3r_1+r_2}\left(\begin{array}{cccc:c}0&①&-\frac{1}{4}&\frac{1}{4}&1\\①&0&-\frac{3}{4}&-\frac{1}{4}&8\\\hdashline 0&0&\frac{1}{4}&\frac{3}{4}&-6\end{array}\right),$$

于是得到由两个基变量 x_1,x_2 构成的初始可行基.

由于所有检验数皆非负，且非基变量 x_3,x_4 对应的检验数皆为正，所以基本可行解为唯一最优解. 令非基变量 $x_3=0,x_4=0$，得到基变量 $x_2=1,x_1=8$，它们构成唯一最优解，再去掉剩余变量，于是得到所给线性规划问题的唯一最优解

$$\begin{cases}x_1=8,\\x_2=1.\end{cases}$$

最优值等于检验行常数项的相反数，即

$$\min S=-\max S'=-(-6)=6.$$

例 3　解线性规划问题

$$\max S=-2x_1-x_2+x_3+x_4,$$

$$\text{s.t.}\begin{cases}x_1-x_2+2x_3-x_4=2,\\2x_1+x_2-3x_3+x_4=6,\\x_1+x_2+x_3+x_4=7,\\x_i\geqslant 0\ (i=1,2,3,4).\end{cases}$$

解　应用单纯形解法求解，所给线性规划问题已经是标准形式，得到单纯形矩阵

$$\boldsymbol{T}=\left(\begin{array}{cccc:c}1&-1&2&-1&2\\2&1&-3&1&6\\1&1&1&1&7\\ \hdashline 2&1&-1&-1&0\end{array}\right).$$

注意到不存在现成的初始可行基，对单纯形矩阵 $\boldsymbol{T}$ 作初等行变换，求得三个基变量，从而求得初始可行基，有

$$\boldsymbol{T}=\left(\begin{array}{cccc:c}1&-1&\boxed{2}&-1&2\\2&1&-3&1&6\\1&1&1&1&7\\ \hdashline 2&1&-1&-1&0\end{array}\right)\xrightarrow{\frac{1}{2}r_1}\left(\begin{array}{cccc:c}\frac{1}{2}&-\frac{1}{2}&\boxed{1}&-\frac{1}{2}&1\\2&1&-3&1&6\\1&1&1&1&7\\ \hdashline 2&1&-1&-1&0\end{array}\right)$$

$$\xrightarrow[\substack{-r_1+r_3\\r_1+r_4}]{3r_1+r_2}\left(\begin{array}{cccc:c}\frac{1}{2}&-\frac{1}{2}&①&-\frac{1}{2}&1\\\frac{7}{2}&-\frac{1}{2}&0&-\frac{1}{2}&9\\\frac{1}{2}&\frac{3}{2}&0&\boxed{\frac{3}{2}}&6\\ \hdashline \frac{5}{2}&\frac{1}{2}&0&-\frac{3}{2}&1\end{array}\right)\xrightarrow{\frac{2}{3}r_3}\left(\begin{array}{cccc:c}\frac{1}{2}&-\frac{1}{2}&①&-\frac{1}{2}&1\\\frac{7}{2}&-\frac{1}{2}&0&-\frac{1}{2}&9\\\frac{1}{3}&1&0&\boxed{1}&4\\ \hdashline \frac{5}{2}&\frac{1}{2}&0&-\frac{3}{2}&1\end{array}\right)$$

$$\xrightarrow[\substack{\frac{1}{2}r_3+r_2\\\frac{3}{2}r_3+r_4}]{\frac{1}{2}r_3+r_1}\left(\begin{array}{cccc:c}\frac{2}{3}&0&①&0&3\\\boxed{\frac{11}{3}}&0&0&0&11\\\frac{1}{3}&1&0&①&4\\ \hdashline 3&2&0&0&7\end{array}\right)\xrightarrow{\frac{3}{11}r_2}\left(\begin{array}{cccc:c}\frac{2}{3}&0&①&0&3\\\boxed{1}&0&0&0&3\\\frac{1}{3}&1&0&①&4\\ \hdashline 3&2&0&0&7\end{array}\right)$$

$$\xrightarrow[\substack{-\frac{1}{3}r_2+r_3\\-3r_2+r_4}]{-\frac{2}{3}r_2+r_1}\left(\begin{array}{cccc:c}0&0&①&0&1\\①&0&0&0&3\\0&1&0&①&3\\ \hdashline 0&2&0&0&-2\end{array}\right).$$

于是得到由三个基变量 x_1,x_3,x_4 构成的初始可行基.

由于所有检验数皆非负，且非基变量 x_2 对应的检验数为正，所以基本可行解为唯一最优解. 令非基变量 $x_2=0$，得到基变量 $x_3=1,x_1=3,x_4=3$，于是得到所给线性规划问题的唯一最优解

$$\begin{cases} x_1=3, \\ x_2=0, \\ x_3=1, \\ x_4=3. \end{cases}$$

最优值等于检验行的常数项，即

$$\max S=-2.$$

例 4　解线性规划问题

$$\max S=x_2-2x_3,$$

$$\text{s.t.}\begin{cases} x_1+2x_2-x_3\geqslant 2, \\ -x_1+x_2+x_3=4, \\ -x_1+2x_2-x_3\leqslant 6, \\ x_i\geqslant 0\ (i=1,2,3). \end{cases}$$

解　应用单纯形解法求解，引进剩余变量 x_4，松弛变量 x_5，即

$$x_4\geqslant 0,\quad x_5\geqslant 0.$$

于是所给线性规划问题化为标准形式

$$\max S=x_2-2x_3,$$

$$\text{s.t.}\begin{cases} x_1+2x_2-x_3-x_4=2, \\ -x_1+\ x_2+x_3=4, \\ -x_1+2x_2-x_3+x_5=6, \\ x_i\geqslant 0\ (i=1,2,3,4,5), \end{cases}$$

得到单纯形矩阵

$$\boldsymbol{T}=\left(\begin{array}{rrrrr:r} 1 & 2 & -1 & -1 & 0 & 2 \\ -1 & 1 & 1 & 0 & 0 & 4 \\ -1 & 2 & -1 & 0 & \textcircled{1} & 6 \\ \hdashline 0 & -1 & 2 & 0 & 0 & 0 \end{array}\right).$$

注意到不存在现成的初始可行基，但存在现成的第一个基元 $a_{35}=1$，即存在现成的第一个基变量 x_5，对单纯形矩阵 $\boldsymbol{T}$ 作初等行变换，求得第二个基变量与第三个基变量，从而求得初始可行基，有

$$\left(\begin{array}{rrrrr:r} 1 & \boxed{2} & -1 & -1 & 0 & 2 \\ -1 & 1 & 1 & 0 & 0 & 4 \\ -1 & 2 & -1 & 0 & \textcircled{1} & 6 \\ \hdashline 0 & -1 & 2 & 0 & 0 & 0 \end{array}\right)\xrightarrow{\frac{1}{2}r_1}\left(\begin{array}{ccccc:c} \frac{1}{2} & \boxed{1} & -\frac{1}{2} & -\frac{1}{2} & 0 & 1 \\ -1 & 1 & 1 & 0 & 0 & 4 \\ -1 & 2 & -1 & 0 & \textcircled{1} & 6 \\ \hdashline 0 & -1 & 2 & 0 & 0 & 0 \end{array}\right)$$

$$\xrightarrow[r_1+r_4]{\substack{-r_1+r_2 \\ -2r_1+r_3}}\left(\begin{array}{ccccc:c} \frac{1}{2} & \textcircled{1} & -\frac{1}{2} & -\frac{1}{2} & 0 & 1 \\ -\frac{3}{2} & 0 & \boxed{\frac{3}{2}} & \frac{1}{2} & 0 & 3 \\ -2 & 0 & 0 & 1 & \textcircled{1} & 4 \\ \hdashline \frac{1}{2} & 0 & \frac{3}{2} & -\frac{1}{2} & 0 & 1 \end{array}\right)$$

$$\xrightarrow{\frac{2}{3}r_2}\left(\begin{array}{ccccc:c} \frac{1}{2} & ① & -\frac{1}{2} & -\frac{1}{2} & 0 & 1 \\ -1 & 0 & \boxed{1} & \frac{1}{3} & 0 & 2 \\ -2 & 0 & 0 & 1 & ① & 4 \\ \hdashline \frac{1}{2} & 0 & \frac{3}{2} & -\frac{1}{2} & 0 & 1 \end{array}\right)\xrightarrow[-\frac{3}{2}r_2+r_4]{\frac{1}{2}r_2+r_1}\left(\begin{array}{ccccc:c} 0 & ① & 0 & -\frac{1}{3} & 0 & 2 \\ -1 & 0 & ① & \frac{1}{3} & 0 & 2 \\ -2 & 0 & 0 & 1 & ① & 4 \\ \hdashline 2 & 0 & 0 & -1 & 0 & -2 \end{array}\right),$$

于是得到由三个基变量 x_2, x_3, x_5 构成的初始可行基.

由于非基变量 x_4 对应的检验数为-1,为负数,对单纯形矩阵继续作初等行变换,使得所有检验数皆非负,从而求得最优解,有

$$\left(\begin{array}{ccccc:c} 0 & ① & 0 & -\frac{1}{3} & 0 & 2 \\ -1 & 0 & ① & \frac{1}{3} & 0 & 2 \\ -2 & 0 & 0 & \boxed{1} & ① & 4 \\ \hdashline 2 & 0 & 0 & -1 & 0 & -2 \end{array}\right)\xrightarrow[r_3+r_4]{\frac{1}{3}r_3+r_1-\frac{1}{3}r_3+r_2}\left(\begin{array}{ccccc:c} -\frac{2}{3} & ① & 0 & 0 & \frac{1}{3} & \frac{10}{3} \\ -\frac{1}{3} & 0 & ① & 0 & -\frac{1}{3} & \frac{2}{3} \\ -2 & 0 & 0 & ① & 1 & 4 \\ \hdashline 0 & 0 & 0 & 0 & 1 & 2 \end{array}\right),$$

基变量调整为 x_2, x_3, x_4,所有检验数皆非负,但非基变量 x_1 对应的检验数为 0,x_5 对应的检验数为正,所以有无穷多最优解.令非基变量 $x_1=c, x_5=0$,得到基变量 $x_2=\frac{10}{3}+\frac{2}{3}c$,$x_3=\frac{2}{3}+\frac{1}{3}c$,$x_4=4+2c$,它们构成无穷多最优解的一般表达式,考虑到对所有的变量皆有非负约束,反过来会限制常数 c 的取值范围,有

$$\begin{cases} c\geqslant 0, \\ \frac{10}{3}+\frac{2}{3}c\geqslant 0, \\ \frac{2}{3}+\frac{1}{3}c\geqslant 0, \\ 4+2c\geqslant 0, \end{cases}$$

得到 $c\geqslant 0$.

去掉剩余变量和松弛变量,得到所给线性规划问题无穷多最优解的一般表达式

$$\begin{cases} x_1=c, \\ x_2=\frac{10}{3}+\frac{2}{3}c, \quad (c\geqslant 0) \\ x_3=\frac{2}{3}+\frac{1}{3}c. \end{cases}$$

最优值等于检验行的常数项,即

$$\max S=2.$$

例 5　解线性规划问题

$$\max S=x_1+2x_2,$$

$$\text{s. t.}\begin{cases} x_1+x_2+x_3=10, \\ 2x_1+x_2-x_4=30, \\ x_i\geqslant 0\ (i=1,2,3,4). \end{cases}$$

解　应用单纯形解法求解，所给线性规划问题已经是标准形式，得到单纯形矩阵

$$\boldsymbol{T}=\left(\begin{array}{cccc:c}1 & 1 & \textcircled{1} & 0 & 10\\ 2 & 1 & 0 & -1 & 30\\ \hdashline -1 & -2 & 0 & 0 & 0\end{array}\right).$$

注意到不存在现成的初始可行基，但存在现成的第一个基元 $a_{13}=1$，即存在现成的第一个基变量 x_3. 在寻找第二个基元时，根据最小比值原则，应该考虑正系数 $a_{21}=2$，但做初等行变换后发现 $b_1<0$，因而不能选择它为第二个基元. 这意味着找不出位于不同行的两个基元，即得不到构成初始可行基的两个基变量，于是不存在初始可行基，说明线性规划问题无可行解，当然也就无最优解.

习　题　6.3

用单纯形解法求解下列线性规划问题.

1. $\max S=2x_1-x_2+2x_3$，

$$\text{s. t.}\begin{cases}x_1+x_2+x_3=8,\\ -2x_1+x_3=2,\\ x_i\geqslant 0\ (i=1,2,3).\end{cases}$$

2. $\min S=x_1-2x_2-x_3$，

$$\text{s. t.}\begin{cases}2x_1+x_2+x_3\leqslant 15,\\ x_1+2x_2-x_3=6,\\ x_i\geqslant 0\ (i=1,2,3).\end{cases}$$

3. $\max S=3x_1-x_2-x_3$，

$$\text{s. t.}\begin{cases}x_1-2x_2+x_3\leqslant 11,\\ -4x_1+x_2+2x_3\geqslant 3,\\ -2x_1+x_3=1,\\ x_i\geqslant 0\ (i=1,2,3).\end{cases}$$

6.4　单纯行解法在经济上的应用

单纯形解法对于解线性规划问题是非常有效的，它在经济领域中有着广泛的应用，求解步骤如下.

步骤 1　根据实际背景建立数学模型.

步骤 2　利用单纯形解法求得最优解.

例 1　某化工厂生产甲、乙两种产品，生产 1 吨甲种产品需要 3 kg A 种原料与 3 kg B 种原料，销售后获得利润 8 万元；生产 1 吨乙种产品需要 5 kg A 种原料与 1 kg B 种原料，销售后获得利润 3 万元. 工厂现有可供利用的 A 种原料为 210 kg，可供利用的 B 种原料为 150 kg. 问工厂应如何安排生产，才能使得两种产品销售后获得的总利润最大？

解　设工厂生产 x_1 吨甲种产品与 x_2 吨乙种产品. 考虑到 A 种原料可供数量的限制，有

$$3x_1+5x_2\leqslant 210.$$

考虑到 B 种原料可供数量的限制，有

$$3x_1+x_2\leqslant 150.$$

当然对决策变量皆有非负约束，有

$$x_i \geqslant 0\ (i=1,2).$$

两种产品销售后获得的总利润为

$$S=8x_1+3x_2(\text{万元}).$$

于是得到这个线性规划问题的数学模型为

$$\max S=8x_1+3x_2,$$

$$\text{s. t.}\begin{cases}3x_1+5x_2\leqslant 210,\\3x_1+\ \ x_2\leqslant 150,\\x_i\geqslant 0\ (i=1,2).\end{cases}$$

此题属于两个变量的线性规划问题，可以应用图解法求解，也可以应用单纯形解法求解．现在应用单纯形解法求解，引进松弛变量

$$x_3\geqslant 0,\quad x_4\geqslant 0.$$

于是所得到线性规划问题化为标准形式

$$\max S=8x_1+3x_2,$$

$$\text{s. t.}\begin{cases}3x_1+5x_2+x_3=210,\\3x_1+\ \ x_2+x_4=150,\\x_i\geqslant 0\ (i=1,2,3,4),\end{cases}$$

得到单纯形矩阵

$$\boldsymbol{T}=\left(\begin{array}{cccc:c}3 & 5 & ① & 0 & 210\\3 & 1 & 0 & ① & 150\\\hdashline -8 & -3 & 0 & 0 & 0\end{array}\right).$$

注意到存在由两个现成的基变量 x_3，x_4 构成的初始可行基，对单纯形矩阵 $\boldsymbol{T}$ 作初等行变换，使得所有检验数皆非负，从而求得最优解，有

$$\boldsymbol{T}=\left(\begin{array}{cccc:c}3 & 5 & ① & 0 & 210\\\boxed{3} & 1 & 0 & ① & 150\\\hdashline -8 & -3 & 0 & 0 & 0\end{array}\right)\xrightarrow{\frac{1}{3}r_2}\left(\begin{array}{cccc:c}3 & 5 & ① & 0 & 210\\\boxed{1} & \frac{1}{3} & 0 & \frac{1}{3} & 50\\\hdashline -8 & -3 & 0 & 0 & 0\end{array}\right)$$

$$\xrightarrow[8r_2+r_3]{-3r_2+r_1}\left(\begin{array}{cccc:c}0 & \boxed{4} & ① & -1 & 60\\① & \frac{1}{3} & 0 & \frac{1}{3} & 50\\\hdashline 0 & -\frac{1}{3} & 0 & \frac{8}{3} & 400\end{array}\right)\xrightarrow{\frac{1}{4}r_1}\left(\begin{array}{cccc:c}0 & \boxed{1} & \frac{1}{4} & -\frac{1}{4} & 15\\① & \frac{1}{3} & 0 & \frac{1}{3} & 50\\\hdashline 0 & -\frac{1}{3} & 0 & \frac{8}{3} & 400\end{array}\right)$$

$$\xrightarrow[\frac{1}{3}r_1+r_3]{-\frac{1}{3}r_1+r_2}\left(\begin{array}{cccc:c}0 & ① & \frac{1}{4} & -\frac{1}{4} & 15\\① & 0 & -\frac{1}{12} & \frac{5}{12} & 45\\\hdashline 0 & 0 & \frac{1}{12} & \frac{31}{12} & 405\end{array}\right).$$

由于所有检验数皆非负，且非基变量 x_3，x_4 对应的检验数皆为正，令非基变量 $x_3=0$，$x_4=0$，得到基变量 $x_2=15$，$x_1=45$，它们构成唯一最优解，再去掉松弛变量，于是得到所给线性规划问题的唯一最优解

$$\begin{cases} x_1=45, \\ x_2=15. \end{cases}$$

最优值等于检验行的常数项，即

$$\max S=405.$$

所以工厂应生产 45 吨甲种产品与 15 吨乙种产品，才能使得两种产品销售后获得的总利润最大，最大利润值是 405 万元.

例 2　某农场配制饲料，饲料由甲、乙两种谷类混合而成. 1 kg 甲种谷类含 2 g 微量元素 A、1 g 微量元素 B 及 1 g 微量元素 C，购买价格为 0.6 元；1 kg 乙种谷类含 1 g 微量元素 A、2 g 微量元素 B 及 1 g 微量元素 C，购买价格为 0.5 元. 现在要求这批饲料含微量元素 A 的最低量为 240 g，含微量元素 B 的最低量为 300 g，含微量元素 C 的最低量为 200 g. 问农场应如何在这批饲料中搭配甲、乙两种谷类，才能使得这批饲料的成本最低.

解　设农场在这批饲料中搭配 x_1 kg 甲种谷类与 x_2 kg 乙种谷类. 考虑到这批饲料含微量元素 A 最低数量的限制，有

$$2x_1+x_2\geqslant 240.$$

考虑到这批饲料含微量元素 B 最低数量的限制，有

$$x_1+2x_2\geqslant 300.$$

考虑到这批饲料含微量元素 C 最低数量的限制，有

$$x_1+x_2\geqslant 200.$$

当然对决策变量皆有非负约束，有

$$x_i\geqslant 0\ (i=1,2).$$

这批饲料的成本为

$$S=0.6x_1+0.5x_2(\text{元}).$$

于是得到这个线性规划问题的数学模型为

$$\min S=0.6x_1+0.5x_2,$$

$$\text{s.t.}\begin{cases} 2x_1+\ \ x_2\geqslant 240, \\ \ \ x_1+2x_2\geqslant 300, \\ \ \ x_1+\ \ x_2\geqslant 200, \\ x_i\geqslant 0\ (i=1,2). \end{cases}$$

此题属于两个变量的线性规划问题，可以应用图解法求解，也可以应用单纯形解法求解. 现在应用单纯形解法求解，引进新的目标函数

$$S'=-S,$$

且引进剩余变量

$$x_3\geqslant 0,\quad x_4\geqslant 0,\quad x_5\geqslant 0,$$

于是所得到线性规划问题化为标准形式

$$\max S'=-0.6x_1-0.5x_2,$$

$$\text{s. t. }\begin{cases}2x_1+\ x_2-x_3=240,\\ x_1+2x_2-x_4=300,\\ x_1+\ x_2-x_5=200,\\ x_i\geqslant 0\ (i=1,2,3,4,5),\end{cases}$$

所求最小值

$$\min S=-\max S',$$

得到单纯形矩阵

$$\boldsymbol{T}=\left(\begin{array}{ccccc:c}2&1&-1&0&0&240\\1&2&0&-1&0&300\\1&1&0&0&-1&200\\\hdashline 0.6&0.5&0&0&0&0\end{array}\right).$$

注意到不存在现成的初始可行基,对单纯形矩阵 $\boldsymbol{T}$ 作初等行变换,求得三个基变量,从而求得初始可行基,有

$$\boldsymbol{T}=\left(\begin{array}{ccccc:c}\boxed{2}&1&-1&0&0&240\\1&2&0&-1&0&300\\1&1&0&0&-1&200\\\hdashline 0.6&0.5&0&0&0&0\end{array}\right)\xrightarrow{\frac{1}{2}r_1}\left(\begin{array}{ccccc:c}\boxed{1}&\frac{1}{2}&-\frac{1}{2}&0&0&120\\1&2&0&-1&0&300\\1&1&0&0&-1&200\\\hdashline 0.6&0.5&0&0&0&0\end{array}\right)$$

$$\xrightarrow[-\frac{3}{5}r_1+r_4]{-r_1+r_2\atop -r_1+r_3}\left(\begin{array}{ccccc:c}\textcircled{1}&\frac{1}{2}&-\frac{1}{2}&0&0&120\\0&\boxed{\frac{3}{2}}&\frac{1}{2}&-1&0&180\\0&\frac{1}{2}&\frac{1}{2}&0&-1&80\\\hdashline 0&\frac{1}{5}&\frac{3}{10}&0&0&-72\end{array}\right)\xrightarrow{\frac{2}{3}r_2}\left(\begin{array}{ccccc:c}\textcircled{1}&\frac{1}{2}&-\frac{1}{2}&0&0&120\\0&\boxed{1}&\frac{1}{3}&-\frac{2}{3}&0&120\\0&\frac{1}{2}&\frac{1}{2}&0&-1&80\\\hdashline 0&\frac{1}{5}&\frac{3}{10}&0&0&-72\end{array}\right)$$

$$\xrightarrow[-\frac{1}{5}r_2+r_4]{-\frac{1}{2}r_2+r_1\atop -\frac{1}{2}r_2+r_3}\left(\begin{array}{ccccc:c}\textcircled{1}&0&-\frac{2}{3}&\frac{1}{3}&0&60\\0&\textcircled{1}&\frac{1}{3}&-\frac{2}{3}&0&120\\0&0&\frac{1}{3}&\boxed{\frac{1}{3}}&-1&20\\\hdashline 0&0&\frac{7}{30}&\frac{2}{15}&0&-96\end{array}\right)\xrightarrow{3r_3}\left(\begin{array}{ccccc:c}\textcircled{1}&0&-\frac{2}{3}&\frac{1}{3}&0&60\\0&\textcircled{1}&\frac{1}{3}&-\frac{2}{3}&0&120\\0&0&1&\boxed{1}&-3&60\\\hdashline 0&0&\frac{7}{30}&\frac{2}{15}&0&-96\end{array}\right)$$

$$\xrightarrow[\frac{2}{3}r_3+r_2\atop -\frac{2}{15}r_3+r_4]{-\frac{1}{3}r_3+r_1}\left(\begin{array}{ccccc:c}\textcircled{1}&0&-1&0&1&40\\0&\textcircled{1}&1&0&-2&160\\0&0&1&\textcircled{1}&-3&60\\\hdashline 0&0&\frac{1}{10}&0&\frac{2}{5}&-104\end{array}\right),$$

于是得到由三个基变量 x_1, x_2, x_4 构成的初始可行基.

由于所有检验数皆非负，且非基变量 x_3, x_5 对应的检验数皆为正，令非基变量 $x_3=0, x_5=0$，得到基变量 $x_1=40, x_2=160, x_4=60$，再去掉剩余变量，于是得到所给线性规划问题的唯一最优解

$$\begin{cases} x_1=40, \\ x_2=160. \end{cases}$$

最优值等于检验行常数项的相反数，即

$$\min S=-\max S'=-(-104)=104.$$

所以农场应在这批饲料中搭配 40 kg 甲种谷类与 160 kg 乙种谷类，才能使得这批饲料的成本最低，最低成本值是 104 元.

例 3　甲、乙仓库储存水泥分别为 21 吨、29 吨，工地 A、B、C 需要水泥分别为 20 吨、18 吨、12 吨. 要将甲、乙仓库储存的水泥运往工地 A、B、C，甲仓库到工地 A、B、C 的运价分别为 5 元/吨、6 元/吨、9 元/吨，乙仓库到工地 A、B、C 的运价分别为 6 元/吨、11 元/吨、16 元/吨. 问建筑部门应如何组织运输，才能使得总运费最省？

解　设甲仓库运往 A、B、C 的水泥分别为 x_{11} 吨、x_{12} 吨、x_{13} 吨，乙仓库运往工地 A、B、C 的水泥分别为 x_{21} 吨、x_{22} 吨、x_{23} 吨. 考虑到甲、乙仓库运出水泥的数量与各自的储量平衡，有

$$x_{11}+x_{12}+x_{13}=21,$$
$$x_{21}+x_{22}+x_{23}=29.$$

考虑到工地 A、B、C 运进水泥的数量与各自的需量平衡，有

$$x_{11}+x_{21}=20,$$
$$x_{12}+x_{22}=18,$$
$$x_{13}+x_{23}=12.$$

上面得到的五个线性方程式中有一个线性方程是多余的，不妨去掉第一个线性方程式. 当然对决策变量皆有非负约束，有

$$x_{ij}\geqslant 0\ (i=1,2;j=1,2,3).$$

总运费为

$$S=5x_{11}+6x_{12}+9x_{13}+6x_{21}+11x_{22}+16x_{23}(\text{元}).$$

于是得到这个线性规划问题的数学模型为

$$\min S=5x_{11}+6x_{12}+9x_{13}+6x_{21}+11x_{22}+16x_{23},$$

$$\text{s. t. }\begin{cases} x_{21}+x_{22}+x_{23}=29, \\ x_{11}+x_{21}=20, \\ x_{12}+x_{22}=18, \\ x_{13}+x_{23}=12, \\ x_{ij}\geqslant 0\ (i=1,2;j=1,2,3). \end{cases}$$

应用单纯形解法求解，引进新的目标函数

$$S'=-S,$$

于是所得线性规划问题化为标准形式

$$\max S'=-5x_{11}-6x_{12}-9x_{13}-6x_{21}-11x_{22}-16x_{23},$$

$$\text{s. t.}\begin{cases}x_{21}+x_{22}+x_{23}=29,\\x_{11}+x_{21}=20,\\x_{12}+x_{22}=18,\\x_{13}+x_{23}=12,\\x_{ij}\geqslant 0\ (i=1,2;j=1,2,3),\end{cases}$$

所求最小值

$$\min S=-\max S'.$$

得到单纯形矩阵

$$\boldsymbol{T}=\left(\begin{array}{cccccc|c}0&0&0&1&1&1&29\\1&0&0&1&0&0&20\\0&1&0&0&1&0&18\\0&0&1&0&0&1&12\\\hline 5&6&9&6&11&16&0\end{array}\right).$$

注意到不存在现成的初始可行基，对单纯形矩阵 $\boldsymbol{T}$ 作初等行变换，求得四个基变量，从而求得初始可行基，有

$$\boldsymbol{T}=\left(\begin{array}{cccccc|c}0&0&0&1&1&1&29\\1&0&0&1&0&0&20\\0&1&0&0&1&0&18\\0&0&\boxed{1}&0&0&1&12\\\hline 5&6&9&6&11&16&0\end{array}\right)\xrightarrow{-9r_4+r_5}\left(\begin{array}{cccccc|c}0&0&0&1&1&1&29\\1&0&0&1&0&0&20\\0&\boxed{1}&0&0&1&0&18\\0&0&\textcircled{1}&0&0&1&12\\\hline 5&6&0&6&11&7&-108\end{array}\right)$$

$$\xrightarrow{-6r_3+r_5}\left(\begin{array}{cccccc|c}0&0&0&1&1&1&29\\1&0&0&\boxed{1}&0&0&20\\0&\textcircled{1}&0&0&1&0&18\\0&0&\textcircled{1}&0&0&1&12\\\hline 5&0&0&6&5&7&-216\end{array}\right)\xrightarrow[-6r_2+r_5]{-r_2+r_1}\left(\begin{array}{cccccc|c}-1&0&0&0&\boxed{1}&1&9\\1&0&0&\textcircled{1}&0&0&20\\0&\textcircled{1}&0&0&1&0&18\\0&0&\textcircled{1}&0&0&1&12\\\hline -1&0&0&0&5&7&-336\end{array}\right)$$

$$\xrightarrow[-5r_1+r_5]{-r_1+r_3}\left(\begin{array}{cccccc|c}-1&0&0&0&\textcircled{1}&1&9\\1&0&0&\textcircled{1}&0&0&20\\1&\textcircled{1}&0&0&0&-1&9\\0&0&\textcircled{1}&0&0&1&12\\\hline 4&0&0&0&0&2&-381\end{array}\right),$$

于是得到有四个基变量 x_{12}，x_{13}，x_{21}，x_{22} 构成的初始可行基.

由于所有检验数皆非负，且非基变量 x_{11}，x_{23} 对应的检验数皆为正，令非基变量 $x_{11}=0$，$x_{23}=0$，得到基变量 $x_{22}=9$，$x_{21}=20$，$x_{12}=9$，$x_{13}=12$，于是得到这个线性规划问题的唯一最优解

$$\begin{cases} x_{11}=0, \\ x_{12}=9, \\ x_{13}=12, \\ x_{21}=20, \\ x_{22}=9, \\ x_{23}=0. \end{cases}$$

最优值等于检验行常数项的相反数,即

$$\min S=-\max S'=-(-381)=381.$$

所以建筑部门应从甲仓库调出 9 吨水泥运往工地 B、12 吨水泥运往工地 C,从乙仓库调出 20 吨水泥运往工地 A、9 吨水泥运往工地 B,才能使得总运费最省,最省运费值是 381 元.

例 4 现有某一物资由 A_1、A_2、A_3 三产地,运往 B_1、B_2 两销地,其产销量如表6-1所示,产销地的距离如表 6-2 所示.试求其 t · km 数量最小的调运方案.

表 6-1　　单位:t

产地	A_1	A_2	A_3
产量	40	30	30
销地	B_1	B_2	
销量	40	60	

表 6-2　　单位:km

销地 \ 距离 \ 产地	A_1	A_2	A_3
B_1	60	20	30
B_2	50	40	20

解 设产地 A_1 运往销地 B_1,B_2 的物资为 x_{11},x_{12}吨,
设产地 A_2 运往销地 B_1,B_2 的物资为 x_{21},x_{22}吨,
设产地 A_3 运往销地 B_1,B_2 的物资为 x_{31},x_{32}吨.
数学模型为

$$\min S=60x_{11}+50x_{12}+20x_{21}+40x_{22}+30x_{31}+20x_{32},$$

$$\begin{cases} x_{11}+x_{12}=40, \\ x_{21}+x_{22}=30, \\ x_{31}+x_{32}=30, \\ x_{11}+x_{21}+x_{31}=40, \\ x_{ij}\geqslant 0\ (i=1,2,3;\ j=1,2). \end{cases}$$

注意:这是一个产销平衡问题,即总产量等于总销量,应用单纯形解法求解,引进新的目标函数

$$S'=-S.$$

可求最小值 $\min S=-\max S'$. 得到单纯形矩阵

$$T=\left(\begin{array}{cccccc:c}1&1&0&0&0&0&40\\0&0&1&1&0&0&30\\0&0&0&0&1&1&30\\1&0&1&0&1&0&40\\ \hdashline 60&50&20&40&30&20&0\end{array}\right).$$

注意到不存在现成的初始可行基，对单纯形矩阵 $\boldsymbol{T}$ 作初等行变换，求得四个基变量，从而得到初始可行基，有

$$\boldsymbol{T}=\left(\begin{array}{cccccc:c}1&1&0&0&0&0&40\\0&0&\boxed{1}&1&0&0&30\\0&0&0&0&1&1&30\\1&0&1&0&1&0&40\\ \hdashline 60&50&20&40&30&20&0\end{array}\right)\xrightarrow[-20r_2+r_5]{-r_2+r_4}\left(\begin{array}{cccccc:c}1&1&0&0&0&0&40\\0&0&①&1&0&0&30\\0&0&0&0&1&1&30\\\boxed{1}&0&0&-1&1&0&10\\ \hdashline 60&50&0&20&30&20&-600\end{array}\right)$$

$$\xrightarrow[-60r_4+r_5]{-r_4+r_1}\left(\begin{array}{cccccc:c}1&\boxed{1}&0&1&-1&0&30\\0&0&①&1&0&0&30\\0&0&0&0&1&1&30\\①&0&0&-1&1&0&10\\ \hdashline 0&50&0&80&-30&20&-1200\end{array}\right)$$

$$\xrightarrow{-50r_1+r_5}\left(\begin{array}{cccccc:c}1&①&0&1&-1&0&30\\0&0&①&1&0&0&30\\0&0&0&0&1&\boxed{1}&30\\①&0&0&-1&1&0&10\\ \hdashline 0&0&0&30&20&20&-2700\end{array}\right)$$

$$\xrightarrow{-20r_3+r_5}\left(\begin{array}{cccccc:c}1&①&0&1&-1&0&30\\0&0&①&1&0&0&30\\0&0&0&0&1&①&30\\①&0&0&-1&1&0&10\\ \hdashline 0&0&0&30&0&0&-3300\end{array}\right).$$

由于所有检验数皆非负，且非基变量 x_{22} 对应的检验数为正，x_{31} 对应的检验数为零，有无穷多最优解. 令非基变量 $x_{22}=0$，$x_{31}=c$ 得到基变量

$$x_{11}=10-c,\quad x_{12}=30+c,\quad x_{21}=30,\quad x_{32}=30-c.$$

对所有的变量有非负约束，有

$$\begin{cases}c\geqslant 0,\\10-c\geqslant 0,\\30+c\geqslant 0,\\30-c\geqslant 0,\end{cases}\quad 即\quad 0\leqslant c\leqslant 10.$$

无穷多最优解的一般形式为

$$\begin{cases} x_{11}=10-c, \\ x_{12}=30+c, \\ x_{21}=30, \\ x_{22}=0, \\ x_{31}=c, \\ x_{32}=30-c \end{cases} \quad (0\leqslant c\leqslant 10).$$

最优值为

$$\min S=-\max S'=-(-3300)=3300.$$

习　题　6.4

用单纯形解法求解下列线性规划问题.

1. 某精密仪器厂生产甲、乙、丙三种仪器，生产一台甲种仪器需要 7 小时加工与 6 小时装配，销售后获得利润 300 元；生产一台乙种仪器需要 8 小时加工与 4 小时装配，销售后获得利润 250 元；生产一台丙种仪器需要 5 小时加工与 3 小时装配，销售后获得利润 180 元. 工厂每月可供利用的加工工时为 2000 小时，可供利用的装配工时为 1200 小时，又预测每月对丙种仪器的需求不超过 300 台. 问工厂在每月内应如何安排生产，才能使得三种仪器销售后获得的总利润最大？
2. 某食堂自制饮料，饮料由甲、乙两种原料混合而成. 1 kg 甲种原料含 10 g 糖与 30 g 蛋白质，购买价格为 5 元；1 kg 乙种原料含 30 g 糖与 10 g 蛋白质，购买价格为 3 元. 现在要求这批饮料含糖的最低量为 90 g，含蛋白质的最低量为 110 g. 问食堂应如何在这批饮料中搭配甲、乙两种原料，才能使得这批饮料的成本最低？

复习参考题

1. 将下列线性规划问题化为标准形式.

(1) $\max S=4x_1+3x_2$,

$$\text{s. t.}\begin{cases} 2x_1+3x_2\leqslant 6, \\ -3x_1+2x_2\leqslant 3, \\ 2x_2\leqslant 5, \\ 2x_1+x_2\leqslant 4, \\ x_i\geqslant 0\ (i=1,2); \end{cases}$$

(2) $\min S=2x_1+x_2$,

$$\text{s. t.}\begin{cases} 3x_1+x_2\geqslant 3, \\ 4x_1+3x_2\geqslant 6, \\ x_1+2x_2\leqslant 3, \\ x_i\geqslant 0\ (i=1,2); \end{cases}$$

(3) $\max S=x_1-2x_2+3x_3$,

$$\text{s. t.}\begin{cases} x_1-x_2+x_3\leqslant 18, \\ x_1-x_2-2x_3\geqslant 2, \\ 2x_1+x_2-2x_3=-5, \\ x_1,x_2\geqslant 0,\ x_3\ \text{符号不受限制}; \end{cases}$$

(4) $\min S=3x_1-x_2+2x_3$,

$$\text{s. t.}\begin{cases} x_1+2x_2-x_3\geqslant 2, \\ -x_1+x_2+x_3=4, \\ -x_1+2x_2-x_3\leqslant 6, \\ x_i\geqslant 0\ (i=1,2,3). \end{cases}$$

2. 用单纯形解法求解下列线性规划问题.

(1) $\max S=x_1+2x_2$,

$$\text{s.t.}\begin{cases}2x_1+x_2+x_3\leqslant 2,\\-x_1+x_2-x_3\leqslant 1,\\x_i\geqslant 0\ (i=1,2,3);\end{cases}$$

(2) $\max S=-x_1+x_2$,

$$\text{s.t.}\begin{cases}x_1-2x_2\geqslant 4,\\x_1+\ x_2\geqslant 7,\\x_i\geqslant 0\ (i=1,2);\end{cases}$$

(3) $\max S=3x_1+x_2+3x_3$,

$$\text{s.t.}\begin{cases}2x_1+\ x_2+\ x_3\leqslant 2,\\x_1+2x_2+3x_3\leqslant 5,\\2x_1+2x_2+\ x_3\leqslant 6,\\x_i\geqslant 0\ (i=1,2,3);\end{cases}$$

(4) $\min S=-x_1+2x_2+x_3$,

$$\text{s.t.}\begin{cases}2x_1-x_2+x_3\geqslant -4,\\x_1+2x_2=6,\\x_i\geqslant 0\ (i=1,2,3);\end{cases}$$

(5) $\min S=3x_1+2x_2$,

$$\text{s.t.}\begin{cases}2x_1+4x_2-x_3\leqslant 5,\\-x_1+x_2-x_3\geqslant -1,\\x_2-x_3=-1,\\x_i\geqslant 0\ (i=1,2,3).\end{cases}$$

3. 写出下列线性规划问题的数学模型并求解.

(1) 某投资公司将 1000 万元的资金对 A、B 两个企业投资. 对 A 企业每投资 1 万元,一年后公司可获得利润 0.1 万元;对 B 企业每投资 1 万元,两年后公司可获得利润 0.3 万元. 对 A 企业每次投资期限必须是一年,对 B 企业每次投资期限必须是两年,到期结算后,以本利和作为资金继续对 A、B 两个企业投资. 问公司应如何投资,才能使得在第三年底收入最高?

(2) A、B 农场储存苹果分别为 23 吨、27 吨,宾馆甲、乙、丙需要苹果分别为 17 吨、18 吨、15 吨. 要将 A、B 农场储存的苹果运往宾馆甲、乙、丙,A 农场到宾馆甲、乙、丙的运价分别为 50 元/吨、60 元/吨、70 元/吨,B 农场到宾馆甲、乙、丙的运价分别为 60 元/吨、110 元/吨、160 元/吨. 问农场部门应如何组织运输,才能使得总运费最省?

(3) 某公司要将 A、B 两种成分的原料合成一种产品,该产品必须重 50 克,其中成分 A 不得少于 20 克,成分 B 不得多于 40 克,A 的成本是 2.5 元/克,B 的成本是 1 元/克,求 A、B 的使用量各是多少时,可使成本最小.

习题解答

习题 6.1

1. 引进新的目标函数 $S'=-S$

于是所给线性规划问题化为标准形式

$$\max S'=x_1-2x_2-x_3,$$

$$\text{s.t.}\begin{cases}x_1-x_2+x_3=2,\\x_1+x_2=6,\\x_i\geqslant 0\ (i=1,2,3),\end{cases}$$

所求最小值 $\min S=-\max S'$.

2. 引进松弛变量 $x_3\geqslant 0, x_4\geqslant 0$.

于是所给线性规划问题化为标准形式

$$\max S=8x_1+3x_2,$$
$$\text{s.t.}\begin{cases}3x_1+5x_2+x_3=210,\\3x_1+\ \ x_2+x_4=150,\\x_i\geqslant 0\ (i=1,2,3,4).\end{cases}$$

3. 引进剩余变量 $x_3\geqslant 0, x_4\geqslant 0$.

于是所给线性规划问题化为标准形式

$$\max S=-2x_1-x_2,$$
$$\text{s.t.}\begin{cases}x_1+x_2-x_3=1,\\4x_1+x_2-x_4=2,\\x_i\geqslant 0\ (i=1,2,3,4).\end{cases}$$

4. 将约束条件中的第一个线性方程式乘以-1,于是所给线性规划问题化为标准形式

$$\max S=6x_1-4x_2+x_3,$$
$$\text{s.t.}\begin{cases}-\ x_1+2x_2-3x_3=4,\\\ \ 3x_1+\ x_2-4x_4=6,\\x_i\geqslant 0\ (i=1,2,3).\end{cases}$$

5. 引进松弛变量和剩余变量 $x_4\geqslant 0$, $x_5\geqslant 0$,引进新的目标函数 $S'=-S$.

化最小为最大得到标准形为

$$\max S'=x_1-2x_2-x_3,$$
$$\text{s.t.}\begin{cases}-x_1+2x_2-\ x_3-x_4=1,\\-x_1-2x_2+2x_3-x_5=6,\\x_i\geqslant 0\ (i=1,2,3,4,5).\end{cases}$$

所求最小值 $\min S=-\max S'$.

习题 6.2

1. 唯一最优解为 $\begin{cases}x_1=2\\x_2=3\end{cases}$,最优值为 $\max S=19$.

2. 唯一最优解为 $\begin{cases}x_1=3\\x_2=2\end{cases}$,最优值为 $\max S=22$.

3. 唯一最优解为 $\begin{cases}x_1=2\\x_2=0\\x_3=1\end{cases}$,最优值为 $\max S=11$.

4. 唯一最优解为 $\begin{cases}x_1=6\\x_2=0\\x_3=16\end{cases}$,最优值为 $\min S=-22$.

习题 6.3

1. 唯一最优解为 $\begin{cases}x_1=2\\x_2=0\\x_3=6\end{cases}$,最优值为 $\max S=16$.

2. 唯一最优解为 $\begin{cases} x_1=0 \\ x_2=7 \\ x_3=8 \end{cases}$,最优值为 min $S=-22$.

3. 唯一最优解为 $\begin{cases} x_1=4 \\ x_2=1 \\ x_3=9 \end{cases}$,最优值为 max $S=2$.

习题 6.4

1. 设工厂在每月内生产 x_1 台甲种仪器、x_2 台乙种仪器及 x_3 台丙种仪器.

这个问题的数学模型为

$$\max S=300x_1+250x_2+180x_3,$$

$$\text{s. t.} \begin{cases} 7x_1+8x_2+5x_3\leqslant 2000, \\ 6x_1+4x_2+3x_3\leqslant 1200, \\ x_3\leqslant 300, \\ x_i\geqslant 0,\ \text{且}\ x_i\in \mathbf{Z}\ (i=1,2,3). \end{cases}$$

唯一最优解为 $\begin{cases} x_1=20 \\ x_2=45 \\ x_3=300 \end{cases}$,最优值为 max $S=71250$.

2. 设食堂在这批饮料中搭配 x_1 kg 甲种原料与 x_2 kg 乙种原料.

这个问题的数学模型为

$$\min S=5x_1+3x_2,$$

$$\text{s. t.} \begin{cases} 10x_1+30x_2\geqslant 90, \\ 30x_1+10x_2\geqslant 110, \\ x_i\geqslant 0\ (i=1,2). \end{cases}$$

唯一最优解为 $\begin{cases} x_1=3 \\ x_2=2 \end{cases}$,最优值为 min $S=21$.

复习参考题答案

1. 将下列线性规划问题化为标准型.

(1) 标准形式为

$$\max S=4x_1+3x_2,$$

$$\text{s. t.} \begin{cases} 2x_1+3x_2+x_3=6, \\ -3x_1+x_2+x_4=3, \\ 2x_2+x_5=5, \\ 2x_1+x_2+x_6=4, \\ x_i\geqslant 0\ (i=1,2,3,4,5,6); \end{cases}$$

(2) 标准形式为

$$\max S' = -2x_1 - x_2,$$

$$\text{s.t.}\begin{cases} 3x_1 + x_2 - x_3 = 3, \\ 4x_1 + 3x_2 - x_4 = 6, \\ x_1 + 2x_2 + x_5 = 6, \\ x_i \geqslant 0 \ (i = 1,2,3,4,5); \end{cases}$$

(3) 标准形式为

$$\max S = x_1 - 2x_2 + 3(x'_3 - x''_3),$$

$$\text{s.t.}\begin{cases} x_1 - x_2 + (x'_3 - x''_3) + x_4 = 18, \\ x_1 - x_2 - 2(x'_3 - x''_3) - x_5 = 2, \\ -2x_1 - x_2 + 2(x'_3 - x''_3) = 5, \\ x_i \geqslant 0 \ (i = 1,2,4,5);\ x'_3 \geqslant 0, x''_3 \geqslant 0; \end{cases}$$

(4) 标准形式为

$$\max S' = -3x_1 + x_2 - 2x_3,$$

$$\text{s.t.}\begin{cases} x_1 + 2x_2 - x_3 - x_4 = 2, \\ -x_1 + x_2 + x_3 = 4, \\ -x_1 + 2x_2 + x_3 + x_5 = 6, \\ x_i \geqslant 0 \ (i = 1,2,3,4,5). \end{cases}$$

所求最小值 $\min S = -\max S'$.

2. 用单纯形解法求解下列线性规划问题.

(1) 最优解的一般表达式为：$\begin{cases} x_1 = -\dfrac{2}{3}c + \dfrac{1}{3}, \\ x_2 = \dfrac{1}{3}c + \dfrac{4}{3}, \\ x_3 = c \end{cases} \quad \left(0 \leqslant c \leqslant \dfrac{1}{2}\right)$，

最优值同为检验行的常数项，即 $\max S = 3$；

(2) 唯一最优解为 $\begin{cases} x_1 = 6 \\ x_2 = 1 \end{cases}$，最优值为 $\max S = -5$；

(3) 唯一最优解为 $\begin{cases} x_1 = \dfrac{1}{5} \\ x_2 = 0 \\ x_3 = \dfrac{8}{5} \end{cases}$，最优值为 $\max S = \dfrac{27}{5}$；

(4) 唯一最优解为 $\begin{cases} x_1 = 6 \\ x_2 = 0 \\ x_3 = 0 \end{cases}$，最优值为 $\min S = -6$；

(5) 唯一最优解为 $\begin{cases} x_1 = 0 \\ x_2 = 2 \end{cases}$，最优值为 $\min S = 4$.

3. 写出下列线性规划问题的数学模型并求解.

(1) 设公司在第一年初对 A、B 企业的投资额分别为 x_{11} 万元、x_{12} 万元，在第二年初对 A、B 企业的投资额分别为 x_{21} 万元、x_{22} 万元，在第三年初对 A、B 企业的投资额分别为 x_{31} 万元、x_{32} 万元.

这个问题的数学模型为

$$\max S=1.3x_{22}+1.1x_{31},$$

$$\text{s.t.}\begin{cases}x_{11}+x_{12}=1000,\\x_{21}+x_{22}=1.1x_{11},\\x_{31}=1.3x_{12}+1.1x_{21},\\x_{32}=0,\\x_{ij}\geqslant 0\ (i=1,2,3;j=1,2).\end{cases}$$

最优解的一般表达式为

$$\text{s.t.}\begin{cases}x_{11}=1000-c,\\x_{12}=c,\\x_{21}=0,\\x_{22}=1100-1.1c,\\x_{31}=1.3c,\\x_{32}=0\end{cases}\quad(0\leqslant c\leqslant 1000).$$

最优值同为检验行的常数项，即 $\max S=1430$.

(2) 设 A 农场运往宾馆甲、乙、丙的苹果分别为 x_{11} 吨、x_{12} 吨、x_{13} 吨，B 农场运往宾馆甲、乙、丙的苹果分别为 x_{21} 吨、x_{22} 吨、x_{23} 吨.

这个问题的数学模型为

$$\min S=50x_{11}+60x_{12}+70x_{13}+60x_{21}+110x_{22}+160x_{23},$$

$$\text{s.t.}\begin{cases}x_{21}+x_{22}+x_{23}=27,\\x_{11}+x_{21}=17,\\x_{12}+x_{22}=18,\\x_{13}+x_{23}=15,\\x_{ij}\geqslant 0\ (i=1,2;j=1,2,3).\end{cases}$$

唯一最优解为 $\begin{cases}x_{11}=0,\\x_{12}=8,\\x_{13}=15,\\x_{21}=17,\\x_{22}=10,\\x_{23}=0.\end{cases}$

最优值等于检验行常数项的相反数，即 $\min S=-\max S'=3650$.

(3) 设 A、B 两种成分的原料各取 x_1 g，x_2 g.

这个问题的数学模型为

$$\min S=2.5x_1+x_2,$$

$$\text{s. t.}\begin{cases}x_1+x_2=50,\\x_1\geqslant 20,\\x_2\leqslant 40,\\x_i\geqslant 0\ (i=1,2).\end{cases}$$

唯一最优解为 $\begin{cases}x_1=20\\x_2=30\end{cases}$，最优值为 $\min S=80$.

【知识拓展】

"线性规划之父"——丹齐克

乔治·伯纳德·丹齐格(George Bernard Dantzig，1914—2005 年)，著名数学家，1947 年提出创造了简捷法，又称单纯形法(simplex method)，被称为线性规划(linear programming)之父. 丹齐克是美国运筹学会和国际运筹学会联合会(IFORS)的主席和美国数学规划学会的创始人. 他发表过 100 多篇关于数学规划及其应用方面的论文. 他 1963 年出版的专著《线性规划及其范围》，至今仍是线性规划方面的标准参考书.

丹齐克除了在线性规划和单纯形法上获得了卓越的成就外，还推进了很多领域的发展，如分解论、灵敏度分析、互补主元法、大系统最优化、非线性规划和不确定规划等. 数学规划学会(mathematical programming society)为表彰丹齐格，设立了丹齐格奖，1982 年起每三年颁给一至两位在数学规划有突出贡献的人.

丹齐格还有一段极富传奇色彩的一段人生经历：据说，在一次耶日·内曼(J. Neyman)教授的课上，他迟到了，但黑板上留了两个题目，他就抄了一下，回家后埋头苦做. 几天之后，丹齐格递交了两道题的完整解答方法. 大约六周之后，内曼跑去他的寝室找他，兴奋之情溢于言表，他准备把丹齐格其中一题的解答进行发表. 丹齐格不知道发生什么事，后来才知道原来黑板上的题目根本就不是什么家庭作业，而是世界上著名的两个未被证明的统计学定理，是教授留给大家思考的. 这个故事在之后被广为流传，电影《心灵捕手》中清洁工威尔随意解答了数学系蓝勃教授留下的数学难题的故事正是来源于丹齐格的这段经历.

第 7 章　数学软件在线性规划中的应用

MATLAB 软件只能直接解求最小值(min S)类的线性规划问题,对于求最大值(max Z)类的线性规划问题,可令 $S=-Z$,即将求最大值(max Z)类的问题转化为求最小值(min S)类的问题.此外,对于不等式约束中的"$\geqslant$",需在不等式两边同乘以-1,将其化为"$\leqslant$"后再确定矩阵 $\boldsymbol{A}$ 和 $\boldsymbol{B}$.

通常当 x_i 为非负连续且变量个数较多时,可用 MATLAB 软件求解线性规划问题.求解程序如下:

```
>>f=[…]                          %输入目标函数的系数矩阵
>>A=[…],B=[…]                    %输入不等式约束的系数矩阵和常数项列向量
>>Aeq=[…],Beq=[…]                %输入等式约束的系数矩阵和常数项列向量
>>LB=[…],UB=[…]                  %输入决策变量的下、上界列向量
>>[X,fval]=linprog(f,A,B,Aeq,Beq,LB,UB)
```

返回值 X 是目标函数取得最小值时决策变量的一组数值,fval 是优化结束后得到的目标函数值.

(f,A,B,Aeq,Beq,LB,UB)中元素的次序不能颠倒,若某个元素省略,则该元素用"[]"代替.但当它后面所有元素也都省略时,则该元素也可省略.

例 1　解线性规划问题

$$\min S=3x_1-x_2+2x_3,$$

$$\text{s.t.}\begin{cases}-x_1-2x_2+x_3\leqslant -2,\\ -x_1+2x_2-x_3\leqslant 6,\\ -x_1+x_2+x_3=4,\\ x_1,x_2,x_3\geqslant 0.\end{cases}$$

MWorks
的应用 9

解　在 MATLAB 命令窗口输入如下命令:

```
>>f=[3  -1  2];
>>A=[-1  -2  1
     -1  2  -1];
>>B=[-2  6]';
>>Aeq=[-1  1  1];
>>Beq=[4];
>>LB=[0  0  0];
>>[x,fval]=linprog(f,A,B,Aeq,Beq,LB)
```

按 Enter 键可得

```
Optimization terminated.
    x=   0.000 0
         3.333 3
         0.666 7
fval=-2.000 0
```

注意　(1) UB 省略，但后面没有元素，因此，不必用“[]”代替.

(2) 矩阵 $\boldsymbol{B}$ 是矩阵[−2　6]的转置矩阵，矩阵[−2　6]的右上角加有转置符号(转置符号在 MATLAB 中为单引号’).

例 2　解线性规划问题

MWorks 的应用 10

$$\max Z=0.6x_1+0.4x_2+0.32x_3+0.48x_4,$$

$$\text{s. t.}\begin{cases}x_1-x_2-x_3-x_4\leqslant 0,\\ x_2+x_3-x_4\geqslant 0,\\ x_1+x_2+x_3+x_4=1,\\ x_1,x_2,x_3,x_4\geqslant 0.\end{cases}$$

解　令 $S=-Z$，并将约束条件中的“⩾”化为“⩽”，原规划问题转变为如下规划问题：

$$\min S=-0.6x_1-0.4x_2-0.32x_3-0.48x_4,$$

$$\text{s. t.}\begin{cases}x_1-x_2-x_3-x_4\leqslant 0,\\ -x_2-x_3+x_4\leqslant 0,\\ x_1+x_2+x_3+x_4=1,\\ x_1,x_2,x_3,x_4\geqslant 0.\end{cases}$$

然后在 MATLAB 命令窗口输入如下程序：

```
>>f=[-0.6  -0.4  -0.32  -0.48];
>>A=[1  -1  -1  -1
       0  -1  -1  1];
>>B=[0  0]';
>>Aeq=[1  1  1  1];
>>Beq=[1];
>>LB=[0  0  0  0];
>>[x,fval]=linprog(f,A,B,Aeq,Beq,LB)
```

按 Enter 键可得

```
Optimization terminated.
x= 0.500 0
   0.250 0
   0.000 0
   0.250 0
fval=-0.520 0
```

例 3　解线性规划问题

MWorks
的应用 11

$$\max Z=500x_1+900x_2,$$

$$\text{s. t.}\begin{cases}9x_1+\ \ 4x_2\leqslant 360,\\4x_1+\ \ 5x_2\leqslant 200,\\3x_1+10x_2\leqslant 300,\\x_1,x_2\geqslant 0.\end{cases}$$

解　令 $S=-Z$,然后在 MATLAB 命令窗口输入如下程序:

```
>>f=[-500  -900];
>>A=[9  4
      4  5
      3  10];
>>B=[360  200  300]';
>>LB=[0  0];
>>[x,fval]=linprog(f,A,B,[],[],LB)
```

按 Enter 键可得

```
Optimization terminated.
x=
     20.0000
     24.0000
fval=

  -3.160 0e+004
```

注意　Aeq 和 Beq 省略,但 LB 存在,因此,应以“[]”和“[]”代替;UB 省略,但后面没有元素,因此,不必用“[]”代替.

第3部分

概率论与数理统计

第 8 章　随机事件的概率

概率论是数学的一个分支，它研究的对象是随机现象的数量规律. 概率论的应用几乎遍及所有的科学领域，例如天气预报、地震预报、产品的抽样调查等，在通信工程中，概率论可用于提高信号的抗干扰性、分辨率等.

8.1　排列与组合

8.1.1　两个基本原理

1. 加法原理

完成一件事情可以有 n 类办法，在第一类办法中有 m_1 种不同的方法，在第二类办法中有 m_2 种不同的方法，…，在第 n 类办法中有 m_n 种不同的方法. 那么完成这件事共有 $N=m_1+m_2+m_3+\cdots+m_n$ 种不同的方法.

2. 乘法原理

完成一件事情需要分成 n 个步骤，做第一步有 m_1 种不同的方法，做第二步有 m_2 种不同的方法，…，做第 n 步有 m_n 种不同的方法，那么完成这件事有 $N=m_1\times m_2\times m_3\times\cdots\times m_n$ 种不同的方法.

这两个原理贯穿排列、组合学习过程的始终.

8.1.2　排列与组合

1. 排列

从 n 个不同元素中，任意取出 $m(0<m<n)$ 个不同的元素，按照一定的顺序排成一列，称为从 n 个不同元素中取出 m 个不同的元素的一个排列. 对于所有不同排列的种数，通常用符号 A_n^m 表示.

排列数的计算公式为：

$$\mathrm{A}_n^m=n(n-1)(n-2)\cdots(n-m+1)$$

或

$$\mathrm{A}_n^m=\frac{n!}{(n-m)!}.$$

当 $m=n$ 时，所有排列的种数为 $n!$，表示正整数 1 到 n 的连乘积，称为 n 的阶乘. 规定 $0!=1$.

例 1 (1) 从 2,3,5,7,11 这 5 个数字中,任取 2 个数字组成分数,不同值的分数共有多少个?

(2) 5 人站成一排照相,共有多少种不同的站法?

(3) 某年全国足球甲级(A 组)联赛共有 14 队参加,每队都要与其余各队在主、客场分别比赛 1 次,共进行多少场比赛?

解 (1) $A_5^2=5\times4=20$;

(2) $A_5^5=5\times4\times3\times2\times1=120$;

(3) $A_{14}^2=14\times13=182$.

上面讨论的从 n 个不同元素中所取出的 m 个元素是不相同的,即没有元素重复出现,但有时需要考虑允许重复的情况. 例如电话号码就允许数字重复.

一般地,从 n 个不同元素中任取可以重复的 m 个元素的排列的种数 N 的计算公式为

$$N=n^m.$$

例 2 以 8756 开头的八位数电话号码,最多有几个?

解 符合题意的电话号码的形式为"8756××××". 它们的后四个数字由 0,1,2,…,9 十个数字组成,即 $n=10$;而每个数字最多可重复四次,即 $m=4$;所以符合题意的电话号码的个数是 $N=10^4=10000$.

2. 组合

一般地,从 n 个不同元素中取出 $m(0<m<n)$ 个元素并成一组,称为从 n 个不同元素中取出 m 个元素的一个组合. 用符号 C_n^m 表示.

组合数公式为

$$C_n^m=\frac{A_n^m}{A_m^m}=\frac{n(n-1)(n-2)\cdots(n-m+1)}{m!}$$

或

$$C_n^m=\frac{n!}{m!\,(n-m)!}.$$

性质 1 $C_n^m=C_n^{n-m}$. 规定:$C_n^0=1$;

性质 2 $C_{n+1}^m=C_n^m+C_n^{m-1}$.

例 3 (1) 6 本不同的书分给甲、乙、丙 3 名同学,每人各 2 本,有多少种不同的分法?

(2) 从 5 名男生和 4 名女生中选出 4 名学生参加一次会议,要求至少有 2 名男生和 1 名女生参加,有多少种选法?

解 (1) $C_6^2\cdot C_4^2\cdot C_2^2=90$.

(2) 问题可以分成 2 类:

第一类 2 名男生和 2 名女生参加,有 $C_5^2C_4^2=60$ 种选法;

第二类 3 名男生和 1 名女生参加,有 $C_5^3C_4^1=40$ 种选法.

依据加法原理,共有 100 种选法.

习 题 8.1

1. 一部纪录影片在 4 个单位轮映,每个单位放映 1 场,有多少种轮映次序?

2. 由 0,1,3,5,7,9 等 6 个数字可以组成多少个没有重复数字的三位数？可以组成多少个可以重复数字的三位数？
3. 有 3 张参观券，要在 5 人中选 3 人去参观，有多少种不同的选法？
4. 一个口袋内装有大小不同的 7 个白球和 1 个黑球，求
(1) 从口袋内取出 3 个球，共有多少种取法？
(2) 从口袋内取出 3 个球，使其中含有 1 个黑球，有多少种取法？
(3) 从口袋内取出 3 个球，使其中不含黑球，有多少种取法？

8.2　随机事件

8.2.1　随机现象

在自然界中所观察到的现象有两类：确定性现象和随机现象.

1. 确定性现象

在一定条件下必然会发生或必然不会发生的现象称为**确定性现象**. 例如，“水从高处流向低处”“同性电荷必然互斥”“太阳不会从西边升起”等. 确定性现象的特征是**条件完全决定结果**.

2. 随机现象

在一定条件下可能出现也可能不出现的现象称为**随机现象**. 例如，“在相同条件下掷一枚均匀的硬币，其结果有可能正面向上，也可能反面向上”“出生的婴儿可能是男，也可能是女”“明天的天气可能是晴，也可能是多云或雨”等. 随机现象的特征是**条件不能完全决定结果**.

8.2.2　随机试验

在概率论中，把具有以下三个特征的试验称为**随机试验**：

(1) 可以在相同的条件下重复进行；

(2) 每次试验的可能结果不止一个，并且能事先明确试验的所有可能结果；

(3) 在一次试验之前不能肯定这次试验出现哪一个结果.

随机试验也简称为**试验**，本书后面讨论的试验都是指随机试验.

8.2.3　随机事件

在随机试验中，把一次试验中可能发生也可能不发生的事情称为**随机事件**(简称事件). 事件常用大写英文字母表示. 事实上，随机试验中的每个可能出现的结果(基本事件)都是随机事件. 例如，在掷硬币的试验中，基本事件是“正面向上”和“反面向上”两个. 但随机事件也可以是由多个基本事件组合而成的，这种随机事件称为**复合事件**. 例如，在掷骰子的试验中，“出现偶数点”这一事件由“出现 2 点”“出现 4 点”“出现 6 点”这三个基本事件组成，是个复合事件.

在每次试验中必然发生的事件称为**必然事件**，记作 Ω. 必然不发生的事件称为**不可能事件**，记作 $\varnothing$. 例如，在掷骰子的试验中，“点数不大于 6”是必然事件，“点数大于 6”是不可能事件. 必然事件和不可能事件都不是随机事件，为了讨论方便，可以把它们看作特殊的随机事件.

8.2.4 事件的关系及运算

在实际问题中，我们讨论的往往不只是一个事件，而是同时研究几个事件及它们之间的联系. 下面介绍事件之间的几种主要关系以及作用在事件上的运算.

1. 包含关系

若事件 A 发生，一定导致事件 B 发生，那么，称事件 B 包含事件 A，记作 $A\subset B$(或 $B\supset A$).

包含关系具有以下性质：

(1) $A\subset A$;

(2) 若 $A\subset B, B\subset C$，则 $A\subset C$;

(3) $\varnothing\subset A\subset\Omega$.

2. 相等关系

若两事件 A 与 B 相互包含，即 $A\subset B$ 且 $B\subset A$，那么，称事件 A 与 B 相等，记作 $A=B$.

3. 和

事件 A 与 B 至少有一个发生，称为 A 与 B 的和，记作 $A+B$.

推广：事件 $A_1+A_2+\cdots+A_n$ 称为事件 $A_1,A_2,\cdots,A_n$ 之和，表示 n 个事件 $A_1,A_2,\cdots,A_n$ 至少有一个事件发生.

4. 积

事件 A 与事件 B 同时发生，称为 A 与 B 的积，记作 AB.

推广：事件 $A_1A_2\cdots A_n$ 称为事件 $A_1,A_2,\cdots,A_n$ 之积，表示 n 个事件 $A_1,A_2,\cdots,A_n$ 同时发生.

5. 互不相容关系

若事件 A 和 B 不能同时发生，即 $AB=\varnothing$，那么称事件 A 与 B 互不相容(或互斥)；若 n 个事件 $A_1,A_2,\cdots,A_n$ 中任意两个事件不能同时发生，则称这 n 个事件 $A_1,A_2,\cdots,A_n$ 互不相容.

6. 对立事件

若两事件 A 和 B 满足：$A+B=\Omega, AB=\varnothing$，则称 A 与 B 互为对立事件，记作 $B=\overline{A}$.

显然，A 的对立事件，表示 A 不发生，记为 $\overline{A}$.

对立事件具有以下性质：$\overline{\Omega}=\varnothing$；$\overline{\varnothing}=\Omega$；$\overline{\overline{A}}=A$.

7. 差事件

若事件 A 发生且事件 B 不发生，则称这个事件为事件 A 与 B 的差事件，记作 $A-B$(或 $A\overline{B}$).

事件之间的关系和运算具有下列性质.

对任意事件 A,B,C 有

(1) **交换律**：$A+B=B+A, AB=BA$;

(2) **结合律**：$A+(B+C)=(A+B)+C, A(BC)=(AB)C$;

(3) **分配律**：$A+(BC)=(A+B)(A+C)$，$A(B+C)=AB+AC$；

(4) **德·摩根(De Morgan)法则**：$\overline{A+B}=\overline{A}\,\overline{B}$，$\overline{AB}=\overline{A}+\overline{B}$.

例 1　从一批产品中每次取出一个产品进行检验(每次取出的产品不放回)，事件 A_i 表示第 i 次取到合格品. 试用事件的运算表示下列事件.

(1) 三次都取到了合格品；　(2) 三次中至少有一次取到合格品；

(3) 三次中恰有两次取到合格品；　(4) 三次中最多有一次取到合格品.

解　(1) $A_1A_2A_3$；　(2) $A_1+A_2+A_3$；

(3) $\overline{A}_1A_2A_3+A_1\overline{A}_2A_3+A_1A_2\overline{A}_3$；

(4) $\overline{A}_1\overline{A}_2A_3+A_1\overline{A}_2\overline{A}_3+\overline{A}_1A_2\overline{A}_3+\overline{A}_1\overline{A}_2\overline{A}_3$.

8.2.5　样本空间

基本事件的全体称为**样本空间**，也就是试验所有可能结果的全体是样本空间. 样本空间通常用大写的希腊字母 Ω 表示，Ω 中的点即是基本事件，也称为**样本点**，常用 ω 表示，有时也用 A,B,C 等表示. 事件的关系及运算与集合的关系及运算完全是一样的.

习　题　8.2

1. 指出下列事件中哪些是必然事件，哪些是不可能事件，哪些是随机事件.

(1) 如果 a,b 都是实数，那么 $a+b=b+a$；

(2) 从分别标有号数 1,2,3,4,5,6,7,8,9,10 的 10 张号签中任取一张，得到 4 号签；

(3) 没有水分，种子发芽；

(4) 某电话总机在一分钟内接到至少 12 次呼叫.

2. 从一堆产品(其中正品与次品都多于 2 个)中任取 2 件，其中：

(1) 恰有 1 件次品和恰有 2 件次品；

(2) 至少有 1 件次品和全是次品；

(3) 至少有 1 件正品和至少有 1 件次品；

(4) 至少有 1 件次品和全是正品.

判断以上每对事件是不是互不相容事件. 如果是，再判断它们是不是对立事件.

3. 设 $\Omega=\{x\mid 0\leqslant x\leqslant 2\}$，$A=\left\{x\mid \frac{1}{2}<x\leqslant 1\right\}$，$B=\left\{x\mid \frac{1}{4}\leqslant x\leqslant \frac{2}{3}\right\}$，具体写出下列各事件：

(1) $\overline{A}B$；　(2) $\overline{A}\cup B$；　(3) $\overline{\overline{A}\,\overline{B}}$；　(4) $\overline{AB}$.

4. 随机抽取 3 件产品，设：

A 表示“3 件中至少有 1 件是废品”；

B 表示“3 件中至少有 2 件是废品”；

C 表示“3 件都是正品”.

问 $\overline{A},\overline{B},\overline{C},A+B,AC$ 各表示什么事件？

5. 设 A,B,C 是三个随机事件，试用 A,B,C 表示下列各事件：

(1) A 发生，B,C 不发生；

(2) B,C 发生，A 不发生；

(3) A,B,C 都发生；

(4) A,B,C 都不发生；

(5) A,B,C 至少有一个发生；

(6) A,B,C 恰有一个发生；

(7) A,B,C 恰有两个发生；

(8) A,B,C 至多有一个发生.

8.3 事件的概率

对于随机试验中的随机事件，在一次试验中是否发生，虽然不能预先知道，但是它们在一次试验中发生的可能性是有大小之分的. 例如掷一枚均匀的硬币，那么随机事件 A（正面朝上）和随机事件 B（正面朝下）发生的可能性是一样的（都为 1/2）. 又如袋中有 8 个白球，2 个黑球，从中任取一球，当然取到白球的可能性要大于取到黑球的可能性. 一般地，对于任何一个随机事件发生的可能性都可以找到一个数值与之对应，该数值可作为事件发生可能性大小的度量.

8.3.1 频率与概率

1. 概率的统计定义

定义 1 设随机事件 A 在 n 次重复试验中发生了 n_A 次，则比值 n_A/n 称为随机事件 A 发生的**频率**，记作 $f_n(A)$，即 $f_n(A)=\dfrac{n_A}{n}$.

定义 2 在进行大量重复试验中，随机事件 A 发生的频率 $f_n(A)$ 在一个确定的常数 $p(0<p<1)$ 附近摆动，且具有稳定性. 这个常数 p 就是事件 A 发生的可能性大小的度量，称为 A 发生的**概率**，记为 $P(A)$.

8.3.2 古典概率的定义

具有下列两个特征的随机试验的数学模型称为**古典概型**：

(1) 所有可能的试验结果（即基本事件）只有有限个；

(2) 每个基本事件发生是等可能的.

在古典概型中，规定事件 A 的概率为

$$P(A)=\frac{A\text{ 中所包含的基本事件个数}}{\text{总的基本事件个数}}=\frac{n_A}{n},$$

这就是古典概率的定义.

由古典概率的定义，容易得到概率的几条基本性质：

(1) 对于任意一个事件 A，有 $0\leqslant P(A)\leqslant 1$；

(2) 对于必然事件 Ω，有 $P(\Omega)=1$；

(3) 对于不可能事件 $\varnothing$，有 $P(\varnothing)=0$.

例 1　从 5 个男学生和 4 个女学生中选出 3 个代表，试计算：

(1) 3 个全是女生的概率；

(2) 恰有 1 个女生的概率；

(3) 至少有 1 个女生的概率.

解　设 A 表示"3 个全是女生"；B 表示"恰有 1 个女生"；C 表示"至少有 1 个女生". 从 9 个学生中选出 3 个代表，共有 $C_9^3=84$ 个基本事件.

(1) 3 个全是女生共有 $C_4^3=4$ 个基本事件，所以

$$P(A)=\frac{C_4^3}{C_9^3}=\frac{4}{84}=\frac{1}{21}.$$

(2) 恰有 1 个女生有 $C_4^1C_5^2=40$ 个基本事件，所以

$$P(B)=\frac{C_4^1C_5^2}{C_9^3}=\frac{40}{84}=\frac{10}{21}.$$

(3) 至少有 1 个女生包括三种情况：恰有 1 个女生，含有 $C_4^1C_5^2=40$ 个基本事件；恰有 2 个女生，含有 $C_4^2C_5^1=30$ 个基本事件；恰有 3 个女生，含有 $C_4^3=4$ 个基本事件，所以

$$P(C)=\frac{C_4^1C_5^2+C_4^2C_5^1+C_4^3}{C_9^3}=\frac{40+30+4}{84}=\frac{37}{42}.$$

例 2　先后抛掷 2 次骰子，求朝上的点数之和是 5 的倍数的概率.

解　设 A 表示"朝上的点数之和是 5 的倍数"；抛掷一次骰子，朝上的点数共有 6 个基本事件，先后抛掷 2 次骰子，共有 $6\times6=36$ 个基本事件，而朝上的点数之和是 5 的倍数有：(1，4)，(4，1)，(2，3)，(3，2)，(4，6)，(6，4)，(5，5)，共 7 个基本事件，所以

$$P(A)=\frac{7}{36}.$$

例 3　某种福利彩票的中奖号码由 3 位数字组成，每一位数字都可以是 0～9 中的任何一个数字，求中奖号码的 3 位数字全不相同的概率.

解　设事件 A 表示"中奖号码的 3 位数字全不相同"，每一位数有 10 种选法，3 位数共有 10^3 种选法，基本事件总数为 10^3 个；

则 3 位数字各不相同有 A_{10}^3 种选法，所以

$$P(A)=\frac{A_{10}^3}{10^3}=\frac{10\times9\times8}{10^3}=\frac{18}{25}.$$

习　题　8.3

1. 某年级有 6 名同学都是 9 月出生的，求这 6 人中没有任何 2 人在同一天过生日的概率.

2. 在 11 张卡片上分别写上 Probability 这 11 个字母，从中任取 7 张，求其排列结果为 ability 的概率.

3. 把 10 本不同的书任意在书架上放成一排，求其中指定的 3 本书恰好放在一起的概率.

4. 为了减少比赛场次，把 20 个球队任意分成两组(每组 10 队)进行比赛，求最强的两个队被分在不同两组的概率.

5. 掷两颗骰子，已知两颗骰子的点数之和是 7，求其中一颗为 1 点的概率.

6. 在桥牌比赛中，把 52 张牌任意分给东、南、西、北四家(每家 13 张)，求北家的 13 张牌中：

(1) 恰有 5 张黑桃、4 张红桃、3 张方片、1 张梅花的概率；

(2) 恰有大牌 A、K、Q、J 各一张，其余为小牌的概率.

8.4　概率的加法公式与乘法公式

8.4.1　互不相容事件的加法公式

例 1　抛掷一颗骰子：$A=\{$出现 2 点$\}$，$B=\{$出现奇数点$\}$，求 $P(A)$，$P(B)$，$P(A+B)$.

解　显然 A,B 是互不相容的.

因为

$$\Omega=\{1,2,3,4,5,6\},\quad A=\{2\},\quad B=\{1,3,5\},\quad A+B=\{1,2,3,5\},$$

所以

$$P(A)=\frac{1}{6},\quad P(B)=\frac{3}{6}=\frac{1}{2},\quad P(A+B)=\frac{4}{6}=\frac{2}{3}.$$

由例 1 可看到

$$\frac{1}{6}+\frac{3}{6}=\frac{4}{6},$$

即

$$P(A+B)=P(A)+P(B).$$

可以证明，如果 A,B 是任意两个互不相容的事件，即 $AB=\varnothing$，则

$$P(A+B)=P(A)+P(B).$$

推论 1　若 $A_1,A_2,\cdots,A_n$ 两两互不相容，则

$$P(A_1+A_2+\cdots+A_n)=P(A_1)+P(A_2)+\cdots+P(A_n).$$

推论 2　$P(\overline{A})=1-P(A)$.

例 2　袋中有 4 个白球 3 个黑球，从中任取 3 个，求至少取得 1 个白球的概率.

解　设 $A=\{$3 个球中至少有一个白球$\}$，$B_i=\{$3 个球中恰有 i 个白球$\}(i=0,1,2,3)$，则

$$A=B_1+B_2+B_3,$$

且 B_1,B_2,B_3 互不相容，于是

$$P(A)=P(B_1)+P(B_2)+P(B_3)=\frac{C_4^1C_3^2}{C_7^3}+\frac{C_4^2C_3^1}{C_7^3}+\frac{C_4^3}{C_7^3}=\frac{12+18+4}{35}=\frac{34}{35}.$$

或用对立事件

$$P(A)=1-P(\overline{A})=1-P(B_0)=1-\frac{C_3^3}{C_7^3}=\frac{34}{35}.$$

8.4.2　任意事件的加法公式

对于任意两个事件 A 与 B，皆有 $P(A+B)=P(A)+P(B)-P(AB)$.

推论 3　设 A,B,C 为任意三个事件，则

$$P(A+B+C)=P(A)+P(B)+P(C)-P(AB)-P(AC)-P(BC)+P(ABC).$$

例 3　一个电路上装有甲、乙两根保险丝，甲熔断的概率为 0.85，乙熔断的概率为 0.74，两根同时熔断的概率为 0.63，问至少有一根熔断的概率是多少？

解　设 $A=\{$甲保险丝熔断$\}$，$B=\{$乙保险丝熔断$\}$，则甲、乙两根保险丝至少有一根熔断的概率为

$$P(A+B)=P(A)+P(B)-P(AB)=0.85+0.74-0.63=0.96.$$

8.4.3　条件概率与乘法公式

1. 条件概率

在实际问题中，除了要计算事件 A 发生的概率 $P(A)$ 外，有时还需计算在“事件 B 已发生”的条件下，事件 A 发生的概率，此概率用记号 $P(A|B)$ 表示. 由于增加了新的条件“事件 B 已发生”，所以称 $P(A|B)$ 为**条件概率**. 相应地，把 $P(A)$ 称为**无条件概率**或**原概率**.

一般来说，$P(A|B)$ 与 $P(A)$ 是不相等的. 例如，抛掷一颗骰子，设事件 $A=\{$出现 1 点$\}$，$B=\{$出现奇数点$\}$，则 $P(A)=\frac{1}{6}$. 如果事件 $B=\{$出现奇数点$\}$已发生，这时，出现事件 A 的概率为 $P(A|B)=\frac{1}{3}$，显然，$P(A|B)\neq P(A)$.

例 4　一批同类产品共 14 件，其中由甲厂提供的 6 件中有 4 件优质品；由乙厂提供的 8 件中有 5 件优质品. 试考察下列事件的概率：

(1) 从全部产品中任取 1 件是优质品；

(2) 从产品中任取的 1 件是优质品，并恰巧是甲厂提供的；

(3) 从甲厂提供的产品中任取 1 件，而这 1 件恰巧是优质品.

解　设 $A=\{$取到的产品是优质品$\}$，$B=\{$取到甲厂提供的产品$\}$.

(1) 基本事件总数有 14 个，而 A 包括了其中的 9 个，于是

$$P(A)=\frac{9}{14}.$$

(2) $P(B|A)=\frac{C_4^1}{C_9^1}=\frac{4}{9}$.

(3) $P(A|B)=\frac{C_4^1}{C_6^1}=\frac{4}{6}=\frac{2}{3}$.

2. 条件概率与无条件概率的关系

沿用例 4 的题设、记号，以及事件 $AB=\{$从全部产品中任取 1 件是甲厂的优质品$\}$，故

$$P(B)=\frac{6}{14},\quad P(AB)=\frac{4}{14},$$

于是

$$P(A|B)=\frac{4}{6}=\frac{\frac{4}{14}}{\frac{6}{14}}=\frac{P(AB)}{P(B)},\quad P(B|A)=\frac{4}{9}=\frac{\frac{4}{14}}{\frac{9}{14}}=\frac{P(AB)}{P(A)}.$$

一般地，对于事件 A,B 有下式成立：

$$P(A|B)=\frac{P(AB)}{P(B)},\quad P(B)>0,$$

或

$$P(B|A)=\frac{P(AB)}{P(A)},\quad P(A)>0.$$

例 5 某地区气象资料表明，邻近的甲、乙两城市中，甲市全年雨天所占比例为 12%，乙市全年雨天所占比例为 9%，两市中至少有一市为雨天比例为 16.8%，试求下列事件的概率：

(1) 在甲市为雨天的条件下，乙市也为雨天；

(2) 在乙市为无雨天的条件下，甲市也为无雨天.

解 设 A={甲市为雨天}，B={乙市为雨天}.

依题意

$$P(A)=0.12,\quad P(B)=0.09,\quad P(A+B)=0.168,$$

故

$$P(AB)=P(A)+P(B)-P(A+B)=0.12+0.09-0.168=0.042.$$

(1) $P(B|A)=\dfrac{P(AB)}{P(A)}=\dfrac{0.042}{0.12}=0.35$；

(2) $P(\overline{A}|\overline{B})=\dfrac{P(\overline{A}\,\overline{B})}{P(\overline{B})}=\dfrac{P(\overline{A+B})}{P(\overline{B})}=\dfrac{1-0.168}{1-0.09}=0.9143.$

3. 任意事件的乘法公式

对于任意两个事件 A 与 B，当 $P(A)>0$，$P(B)>0$ 时，有

$$P(AB)=P(A)P(B|A)=P(B)P(A|B).$$

推论 A,B,C 为任意三事件，则

$$P(ABC)=P(A)P(B|A)P(C|AB).$$

例 6 一个口袋中有 8 个白球，5 个红球，无放回地抽取 3 次，每次取 1 个，试求第 3 次才取到红球的概率.

解 设 A_i={第 i 次取到红球}$(i=1,2,3)$，则

$$P(\overline{A}_1\overline{A}_2A_3)=P(\overline{A}_1)P(\overline{A}_2|\overline{A}_1)P(A_3|\overline{A}_1\overline{A}_2)=\frac{8}{13}\times\frac{7}{12}\times\frac{5}{11}\approx0.1632.$$

习 题 8.4

1. 某城市只发行 A、B 两种报纸，订阅 A 报的住户数占总住户数的 70%，订阅 B 报的住户数占总住户数的 50%，同时订阅两报的住户数占总住户数的 30%. 求下列事件的概率：

(1) 至少订阅一份报纸；(2) 不订阅任何报纸；(3) 只订阅一份报纸.

2. 设某种动物能活到 20 岁的概率为 0.8，能活到 25 岁的概率为 0.4，某个这种动物现龄 20 岁，问它能活到 25 岁的概率是多少？

3. 袋中有 5 只白球，6 只黑球，从袋中一次取出 3 只球，发现都是同一颜色的，求这颜色是黑色的概率.

4. 一批产品中有 96% 的产品是合格品，而在 100 个合格品中有 75 个是一等品. 今从这批产品中任取一件，求它是一等品的概率.

5. 包装了的玻璃器皿，第一次扔下被打破的概率为 0.4；若未破，则第二次扔下被打破的概率为0.6；若还未破，则第三次扔下被打破的概率为 0.9. 今将包装了的玻璃器皿连续扔三次，求打破的概率.

8.5　事件的独立性

8.5.1　两个事件的独立性

一般来说，条件概率 $P(B|A)$与概率 $P(B)$是不等的，但在某些情况下，它们是相等的. 例如，一口袋中装有 11 个黑球，7 个白球，从中有放回地任取 2 次，每次取 1 个. 记 $A=\{$第一次取出黑球$\}$，$B=\{$第二次取出黑球$\}$，显然有 $P(B|A)=P(B)=\frac{11}{18}$.

等式 $P(B|A)=P(B)$，说明事件 A 发生与否对于事件 B 发生的概率没有影响.

定义 1　如果事件 A 与 B 满足 $P(AB)=P(A)P(B)$，那么，称事件 A 与 B 相互独立.

当 $P(A)$、$P(B)$都不为零时，从事件 A、B 相互独立能推得

$$P(A|B)=P(A),\quad P(B|A)=P(B).$$

定理　若事件 A 与 B 相互独立，则 A 与 $\bar{B}$，$\bar{A}$ 与 B，$\bar{A}$ 与 $\bar{B}$ 皆相互独立.

证　因为 A 与 B 相互独立，所以

$$P(AB)=P(A)P(B).$$

故

$$\begin{aligned}P(\bar{A}\bar{B})&=P(\overline{A+B})=1-P(A+B)=1-[P(A)+P(B)-P(AB)]\\&=1-P(A)-P(B)+P(A)P(B)=[1-P(A)][1-P(B)]\\&=P(\bar{A})P(\bar{B}).\end{aligned}$$

例 1　两人各自独立做一项实验，甲的成功率为 0.9，乙的成功率为 0.8，求下列事件的概率：

(1) 两人实验同时成功；(2) 实验成功.

解　设 $A=\{$甲实验成功$\}$，$B=\{$乙实验成功$\}$，因为 A 与 B 相互独立，则

(1) $P(AB)=P(A)P(B)=0.9\times0.8=0.72$；

(2) $P(A+B)=P(A)+P(B)-P(AB)=0.9+0.8-0.72=0.98$.

8.5.2　多个事件的独立性

定义 2　设有 n 个事件 $A_1,A_2,\cdots,A_n$，如果对这 n 个事件中的任意 $m(2\leqslant m\leqslant n)$个事件 $A_{i_1},A_{i_2},\cdots,A_{i_m}$ 都有

$$P(A_{i_1}A_{i_2}\cdots A_{i_m})=P(A_{i_1})P(A_{i_2})\cdots P(A_{i_m})$$

成立，则称这 n 个事件 $A_1,A_2,\cdots,A_n$ 互相独立.

对于互相独立的 n 个事件 $A_1,A_2,\cdots,A_n$，有下面的乘法公式和加法公式：

(1) $P(A_1A_2\cdots A_n)=P(A_1)P(A_2)\cdots P(A_n)$；

(2) $P(A_1+A_2+\cdots+A_n)=1-P(\overline{A}_1)P(\overline{A}_2)\cdots P(\overline{A}_n)$.

例 2 一个维修工人负责甲、乙、丙三部机器的维修，在某段时间内，各机器出现故障的概率分别为 0.1，0.2 和 0.15，且设各机器独立工作. 在这段时间内，试求：

(1) 三部机器都不需要维修的概率；

(2) 至少有一部机器不需要维修的概率.

解 $A=\{$机器甲不出现故障$\}$，$B=\{$机器乙不出现故障$\}$，$C=\{$机器丙不出现故障$\}$.

(1) $P(ABC)=P(A)P(B)P(C)=(1-0.1)(1-0.2)(1-0.15)$
$=0.9\times0.8\times0.85=0.612$；

(2) $P(A+B+C)=1-P(\overline{A})P(\overline{B})P(\overline{C})=1-0.1\times0.2\times0.15=0.997$.

习 题 8.5

1. 加工一个零件共需经过四道工序，且各工序的次品率分别为 2%，3%，5%，3%，假定各工序独立工作，求加工出来的零件是次品的概率.
2. 3 人独立地破译一个密码，他们能译出的概率分别为 $\frac{1}{5}$，$\frac{1}{3}$，$\frac{1}{4}$，求他们将密码译出的概率.
3. 对同一目标进行 3 次独立射击，各次命中率分别为 0.4，0.5，0.7，求在 3 次射击中至少有 1 次命中的概率.
4. 设事件 A 与 B 相互独立，若已知 $P(A+B)=0.6$，$P(A)=0.4$，求 $P(B)$.
5. 设 A、B 为两事件，且 $P(A+B)=0.7$，$P(A)=0.4$，令 $P(B)=p$. 问

   (1) p 取何值时，才能使 A、B 互不相容？

   (2) p 取何值时，才能使 A、B 互相独立？

8.6 全概率公式与贝叶斯公式

8.6.1 全概率公式

在概率的计算中，有的事件比较复杂，人们希望通过已知的简单事件的概率去求较复杂的事件的概率. 这时，全概率公式和贝叶斯公式起到了很重要的作用. 先看一个例子.

例 1 箱中装有甲、乙、丙三个灯泡厂生产的同型号的灯泡. 已知甲厂生产的占一半，乙、丙两厂的生产数量相等，又知次品率分别为 0.1，0.2，0.3. 今从箱中任取一个灯泡.

(1) 求该灯泡是次品的概率；

(2) 已知该灯泡是次品，求它是各厂生产的概率.

解 设 $A=\{$任取一灯泡为次品$\}$，$B_i=\{$任取一灯泡为 i 厂生产的$\}(i=1,2,3)$.

A 是比较复杂的事件，我们用 B_1,B_2,B_3 将其分为 3 个事件的和，则

$$A=B_1A+B_2A+B_3A$$

因为 B_1,B_2,B_3 互不相容，所以 B_1A,B_2A,B_3A 也互不相容，于是

(1) $P(A)=P(B_1A)+P(B_2A)+P(B_3A)$

$$=P(B_1)P(A|B_1)+P(B_2)P(A|B_2)+P(B_3)P(A|B_3)$$

$$=\frac{1}{2}\times 0.1+\frac{1}{4}\times 0.2+\frac{1}{4}\times 0.3=\frac{7}{40};$$

(2) $P(B_1|A)=\dfrac{P(B_1A)}{P(A)}=\dfrac{\frac{1}{2}\times 0.1}{\frac{7}{40}}=\dfrac{2}{7};$

$$P(B_2|A)=\frac{P(B_2A)}{P(A)}=\frac{\frac{1}{4}\times 0.2}{\frac{7}{40}}=\frac{2}{7};$$

$$P(B_3|A)=\frac{P(B_3A)}{P(A)}=\frac{\frac{1}{4}\times 0.3}{\frac{7}{40}}=\frac{3}{7}.$$

一般地，有下面的定理.

定理 1　设 A 为任一事件，$P(A)>0$. 事件组 B_1,B_2,B_3 满足：

(1) B_1,B_2,B_3 两两互不相容，且 $P(B_i)>0(i=1,2,\cdots,n)$；

(2) $B_1+B_2+\cdots+B_n=\Omega$.

则

$$P(A)=P(B_1)P(A|B_1)+P(B_2)P(A|B_2)+\cdots+P(B_n)P(A|B_n)$$
$$=\sum_{i=1}^{n}P(B_i)P(A|B_i)$$

称为**全概率公式**.

证　$$A=A\Omega=A(B_1+B_2+\cdots+B_n)=\sum_{i=1}^{n}B_iA$$

又 $B_iA(i=1,2,\cdots,n)$ 两两互不相容，故

$$P(A)=P(\sum_{i=1}^{n}B_iA)=\sum_{i=1}^{n}P(B_iA)=\sum_{i=1}^{n}P(B_i)P(A|B_i).$$

例 2　12 个不同号码中有 2 个号码为有奖号码，甲从中抽取 1 个号码后不放回，由乙从剩余的号码中任取 1 个号码，求乙抽到中奖号码的概率.

解　设 $B_1=\{$甲抽到有奖号码$\}$，$B_2=\{$甲抽到无奖号码$\}$，$A=\{$乙抽到有奖号码$\}$，则由全概率公式有

$$A=P(B_1)P(A|B_1)+P(B_2)P(A|B_2)=\frac{2}{12}\times\frac{1}{11}+\frac{10}{12}\times\frac{2}{11}=\frac{1}{6}.$$

8.6.2　贝叶斯公式

定理 2　设 A 为任一事件，$P(A)>0$，事件组 B_1,B_2,B_3 满足：

(1) B_1,B_2,B_3 两两互不相容，且 $P(B_i)>0(i=1,2,\cdots,n)$；

(2) $B_1+B_2+\cdots+B_n=\Omega$.

则由条件概率公式及全概率公式,得**贝叶斯公式**

$$P(B_j|A)=\frac{P(B_j)P(A|B_j)}{\sum_{i=1}^{n}P(B_i)P(A|B_i)}\quad (j=1,2,\cdots,n).$$

例 3 已知一批零件是由甲、乙、丙 3 名工人生产的. 3 人的产量分别占总量的 20%、40%和 40%. 若已知 3 人的次品率分别为各自产量的 5%、4%和 3%,现任意抽取 1 个零件检验. 若已知取到的是次品,问它是甲工人生产的概率是多少?

解 设 A={取到的零件是次品},B_1,B_2,B_3 分别表示取到的零件是甲、乙、丙工人生产的,则按贝叶斯公式

$$P(B_1|A)=\frac{P(B_1)P(A|B_1)}{\sum_{i=1}^{3}P(B_i)P(A|B_i)}=\frac{0.2\times0.05}{0.2\times0.05+0.4\times0.04+0.4\times0.03}$$
$$=26.3\%.$$

习 题 8.6

1. 在 400 米赛跑中有 7 条跑道,其中有 3 条好跑道. 7 名运动员抽签决定自己的跑道(每条跑道对应一根签),运动员小张最先抽,小李第二抽,试问小张、小李抽到好跑道的概率是否相等?
2. 某项比赛将选手分为四个等级,其人数分别为 4 人,8 人,7 人,1 人,而每个等级能通过选拔进入决赛的概率分别为 0.9,0.7,0.5,0.2. 现任选一名选手,问其能通过选拔的概率是多少?
3. 考卷中一道选择题有 4 个答案,仅有一个是正确的. 设一个学生知道正确答案与不知道而乱猜的可能性相等. 如果这个学生答对了,求他确实知道正确答案的概率.
4. 已知男人中有 5%是色盲患者,女人中有 0.25%是色盲患者. 今从男女人数相等的人群中随机地挑选一人,恰好是色盲患者,问此人为男性的概率是多少?
5. 在蔬菜运输中,某汽车可能到甲、乙、丙三地去拉菜,设到此三处拉菜的概率分别为 0.2,0.5,0.3,而在各处拉到一级菜的概率分别为 0.1,0.3,0.7.

   (1) 求汽车拉到一级菜的概率;

   (2) 已知汽车拉到一级菜,求该车菜是从乙地拉来的概率.

复习参考题

一、选择题

1. 设 A,B 为两个随机事件,且 $A\subset B$,则 $\overline{A\cup B}$ 等于(　　).

   A. $\overline{A}$　　B. $\overline{B}$　　C. $\overline{AB}$　　D. $\overline{A}\cup\overline{B}$
2. 现有 6 本中文书和 4 本外文书,任意摆放在书架上. 则 4 本外文书放在一起的概率是(　　).

A. $\frac{4!\ 6!}{10!}$　　B. $\frac{7}{10}$　　C. $\frac{4!\ 7!}{10!}$　　D. $\frac{4}{10}$

3. 从一副 52 张去掉大小王的扑克牌中，任意取 5 张，其中没有 K 字牌的概率为(　　).

A. $\frac{48}{52}$　　B. $\frac{C_{48}^5}{C_{52}^5}$　　C. $\frac{C_{48}^5}{52}$　　D. $\frac{48^5}{52^5}$

4. 事件 A 与 B 互斥，$P(A)=0.4$，$P(B)=0.3$，则 $P(\overline{A}\,\overline{B})=$(　　).

A. 0.3　　B. 0.12　　C. 0.42　　D. 0.7

5. 随意地投掷一均匀骰子两次，则两次出现的点数之和为 8 的概率为(　　).

A. $\frac{3}{36}$　　B. $\frac{4}{36}$　　C. $\frac{5}{36}$　　D. $\frac{2}{36}$

6. 已知事件 A 与 B 相互独立，则下列等式中不正确的是(　　).

A. $P(B|A)=P(B)$　　B. $P(A|B)=P(A)$

C. $P(AB)=P(A)P(B)$　　D. $P(A)=1-P(B)$

7. 已知事件 A 与 B 相互独立，$P(\overline{A})=0.5$，$P(\overline{B})=0.6$，则 $P(A\cup B)=$(　　).

A. 0.9　　B. 0.7　　C. 0.1　　D. 0.2

8. 将 2 封信随机地投入 4 个邮筒中，则未向前 2 个邮筒中投信的概率为(　　).

A. $\frac{2^2}{4^2}$　　B. $\frac{C_2^1}{C_4^2}$　　C. $\frac{2!}{A_4^2}$　　D. $\frac{2!}{4!}$

9. 某人连续向一目标射击，每次命中目标的概率为 $\frac{3}{4}$，他连续射击直到命中为止，则射击的次数为 3 的概率为(　　).

A. $\left(\frac{3}{4}\right)^3$　　B. $\left(\frac{3}{4}\right)^2\times\frac{1}{2}$　　C. $\left(\frac{1}{4}\right)^2\times\frac{3}{4}$　　D. $C_4^2\left(\frac{1}{4}\right)^2\times\frac{3}{4}$

10. 抛一枚不均匀的硬币，正面朝上的概率为 $\frac{2}{3}$，将此硬币连抛 4 次，则恰好 3 次正面朝上的概率为(　　).

A. $\frac{8}{81}$　　B. $\frac{8}{27}$　　C. $\frac{32}{81}$　　D. $\frac{3}{4}$

二、填空题

1. 从 1,2,3,4,5 中任取 3 个数字，则这 3 个数字中不含 1 的概率为________.

2. 从 1,2,…,10 这 10 个数中任取 3 个数，则这 3 个数字中最大的为 3 的概率为________.

3. 一口袋装有 3 只红球，2 只黑球，今从中任取 2 只球，则这 2 只球恰好为一红一黑的概率为________.

4. 从分别标有 1,2,…,9 号码的 9 件产品中随机取 3 件，每次取 1 件，取后放回，则取得的 3 件产品的标号都是偶数的概率为________.

5. 把 3 个不同的球随机地放入 3 个不同的盒子中，则出现 2 个空盒子的概率为________.

6. 设随机事件 A 与 B 互不相容，$P(A)=0.2$，$P(A\cup B)=0.5$，则 $P(B)=$________.

7. 100 件产品中有 10 件次品，不放回地从中连续取 2 次，每次取 2 个，则第 2 次取到次品的概率为________.

8. 设 A,B 为随机事件，且 $P(A)=0.8$，$P(B)=0.4$，$P(B|A)=0.25$，则 $P(A|B)=$________.

9. 设事件 A 与 B 相互独立，$P(A)=0.2$，$P(B)=0.6$，则 $P(A|B)=$________.

10. 甲、乙两门高射炮彼此独立地向一架飞机各发一炮，甲、乙击中飞机的概率分别为 0.3、0.4，则飞机至少被击中一炮的概率为________.

三、解答题

1. 10 台手机中有 4 台手机有电，今任取 2 台，求能开机的概率.

2. 某油漆公司发出 17 桶油漆，其中白油漆 10 桶，黑油漆 4 桶，红油漆 3 桶，在搬运中所有标签脱落，交货人随意将这些油漆分给顾客，问一个订货 4 桶白漆，3 桶黑漆，2 桶红漆的顾客，能按所定颜色如数得到订货的概率是多少？

3. 已知 $P(A)=\dfrac{1}{4}$，$P(B|A)=\dfrac{1}{3}$，$P(A|B)=\dfrac{1}{2}$，求 $P(A+B)$.

4. 设事件 A 与 B 相互独立，$P(A\bar{B})=P(\bar{A}B)$，且 $P(A)=\dfrac{1}{3}$，求 $P(B)$.

5. 已知在 10 只晶体管中有 2 只次品，在其中任取 2 次，每次任取 1 只，取后不放回，求下列事件的概率：

(1) 2 只都是正品；

(2) 2 只都是次品；

(3) 1 只是正品，1 只是次品；

(4) 第 2 次取出的是次品.

习题解答

习题 8.1

1. 24.　**2.** 100；180.　3. 10.　**4.** (1) 56；(2) 21；(3) 35.

习题 8.2

1. (1) 必然事件；(2) 随机事件；(3) 不可能事件；(4) 随机事件.

2. (1) 互不相容，不对立；(2) 不是；(3) 不是；(4) 互不相容，对立.

3. (1) $\left\{x\,\middle|\,\dfrac{1}{4}\leqslant x\leqslant\dfrac{1}{2}\right\}\cup\left\{x\,\middle|\,1<x\leqslant\dfrac{3}{2}\right\}$；(2) Ω；(3) B；

(4) $\left\{x\,\middle|\,0\leqslant x\leqslant\dfrac{1}{2}\right\}\cup\{x\,|\,1<x\leqslant 2\}$.

4. $\bar{A}$：三件都是正品，$\bar{B}$：三件中至多有一件是废品，

$\bar{C}$：三件中至少有一件是废品，$A+B$：三件中至少有一件是废品，

AC：不可能事件.

5. (1) $A\bar{B}\bar{C}$；(2) $\bar{A}BC$；(3) ABC；(4) $\bar{A}\bar{B}\bar{C}$；(5) $A+B+C$；

(6) $A\bar{B}\bar{C}+\bar{A}B\bar{C}+\bar{A}\bar{B}C$；(7) $\bar{A}BC+A\bar{B}C+AB\bar{C}$；

(8) $A\bar{B}\bar{C}+\bar{A}B\bar{C}+\bar{A}\bar{B}C+\bar{A}\bar{B}\bar{C}$.

习题 8.3

1. 0.5864.　**2.** $\dfrac{1}{415800}$.　**3.** 0.0667.　**4.** 0.5263.　**5.** $\dfrac{1}{3}$.

6. (1) 0.0054；(2) 0.038.

习题 8.4

1. (1) 0.9;(2) 0.1;(3) 0.6.　**2.** $\frac{1}{2}$.　**3.** $\frac{2}{3}$.　**4.** 0.72.　**5.** 0.976.

习题 8.5

1. 0.124.　**2.** 0.6.　**3.** 0.91.　**4.** $\frac{1}{3}$.　**5.** (1) 0.3；(2)0.5.

习题 8.6

1. 相等.　**2.** 0.645.　**3.** $\frac{4}{5}$.　**4.** $\frac{20}{21}$.　**5.** (1) 0.38；(2) 0.3947.

复习参考题答案

一、选择题

1. B.　**2.** C.　**3.** B.　**4.** A.　**5.** C.　**6.** D.　**7.** B.　**8.** A.　**9.** C.　**10.** C.

二、填空题

1. 0.4.　**2.** $\frac{1}{120}$.　**3.** 0.6.　**4.** $\frac{64}{729}$.　**5.** $\frac{1}{9}$.　**6.** 0.3.　**7.** 0.1.　**8.** 0.5.　**9.** 0.2.

10. 0.58.

三、解答题

1. $\frac{2}{3}$.　**2.** $\frac{252}{2431}$.　**3.** $\frac{1}{3}$.　**4.** $\frac{1}{3}$.　**5.** (1) $\frac{28}{45}$；(2) $\frac{1}{45}$；(3) $\frac{16}{45}$；(4) $\frac{1}{5}$.

【知识拓展】

“蒲丰投针”的故事

1777 年的某一天，法国科学家蒲丰(Buffon 1707—1788 年)邀请了他的朋友们来家里做客，一起来观看一次奇特的实验.

首先，他在一张较大的白纸上预先画好了一条条等距离的平行线，接着他又抓出一大把原先准备好的小针，这些小针的长度都是平行线间距离的一半. 然后，蒲丰先生宣布：“请诸位把这些小针一根一根往纸上扔吧！但是，请大家务必告诉我，扔下的针是否与纸上的平行线相交.”客人们都觉得很奇怪，但是也只好客随主便，一个个加入了试验的行列，蒲丰先生则在一旁不停地记录. 最后，统计完结果后，蒲丰先生高声宣布：“我这里记录了诸位刚才的投针结果，共投针 2212 次，其中与平行线相交的有 704 次，而 2212/704=3.142，这就是圆周率的值！”

听到这里，大家感到非常震惊，“圆周率？这个实验看起来跟圆没有任何关系呀！”

其实，蒲丰投针问题可以转化成一个概率问题：若一根长度为 l 的短针，抛在横线间间距为 $d \geqslant l$ 的均匀横纹纸上，则针落在一个与某条横线相交的位置的概率恰好为 $p=\frac{2l}{\pi d}$，而 p 可以用实验近似得到，若设 N 为投针的总次数，P 为相交次数，则相交概率为 $p=\frac{P}{N}$，那么，π 就可以由 $\frac{2lN}{dP}$ 近似得到.

从蒲丰投针问题我们可以看出，计算 π 的值是确定行为，而投针确是随机性的方法，蒲丰成功地用随机性的方法解决了确定性的问题，这反映了不同数学分支间存在内在的联系，以及数学的统一美.

第 9 章　随机变量及其分布

9.1　随机变量的概念

9.1.1　随机变量

为了理解什么是随机变量，我们先看下面的例子.

从含有 5 件次品的 100 件产品中随机抽取 4 件，则这 4 件产品中包含的次品数可能是 0，1，2，3，4 这 5 个值. 如果用 ξ 表示从 100 件产品中抽取 4 件产品所抽到的次品数目，则当 ξ 取不同值时，代表着不同的事件发生. 如："$\xi=0$"表示事件"没有抽到次品"；"$\xi=1$"表示事件"抽到一件次品"；"$\xi=2$"表示事件"抽到两件次品"；…

这就是说，随机现象的每种可能结果可以用一个变量表示，我们把这种表示随机现象各种可能结果的变量称为**随机变量**. 直观来说，随机变量是由随机试验的结果而定的量，通常用 ξ，η 或 X，Y 等表示.

随机试验的结果经常是数量. 例如掷一粒骰子，观察它出现的点数，它可能的取值是 1，2，3，4，5，6，记作 $\xi=k(k=1,2,3,4,5,6)$；记录一个路口在一段时间内经过的车辆数，它可能的取值是 0，1，2，…，记作 $\xi=k(k=0,1,2,\cdots)$；检验灯泡的寿命，它的取值是任何一个 $[0,+\infty)$ 中的实数，记作 $\xi=k(k\geqslant 0)$；等.

有的随机试验的结果虽然不是数量，但是可以将它数量化，例如抛一枚硬币，可能出现"正面向上"和"反面向上"两种试验结果，如果我们用"$\xi=1$"表示"正面向上"，"$\xi=0$"表示"反面向上"，则 $\xi=k(k=0,1)$ 就是一个随机变量.

9.1.2　离散型随机变量和连续型随机变量

(1) 若随机变量只能取得有限多个或无穷可列个数值，则称为**离散型随机变量**. 如本节掷一颗骰子，观察它出现的点数；记录一个路口在一段时间内经过的车辆数；抛一枚硬币出现的两种试验结果等.

(2) 若随机变量可能取得某一区间上的所有的值，则称为**连续型随机变量**. 如本节中检验灯泡的寿命等.

习　题　9.1

1. 指出以下各随机变量,哪些是连续型的? 哪些是离散型的?
   (1) 某人一次打靶命中的环数;　　(2) 某品种棉花的纤维长度;
   (3) 某纱厂里纱线被扯断的根数;　　(4) 某单位一天的用电量;
   (5) 某人在起点站等车的时间.
2. 一次试验中,若某事件 A 必然出现,试用随机变量描述该现象,并指出该随机变量能取多少个值.

9.2　离散型随机变量及其分布

9.2.1　分布列的概念

若随机变量 ξ 所有可能的取值为 $x_1,x_2,\cdots,x_n$,ξ 取这些值的概率依次为 $p_1,p_2,\cdots,p_n$,则称 $P(\xi=x_k)=p_k(k=1,2,\cdots,n)$为离散型随机变量 ξ 的概率分布列,简称为**分布列**,也可以表示为

ξ	x_1	x_2	$\cdots$	x_n
P	p_1	p_2	$\cdots$	p_n

随机变量 ξ 也可以在无限可列个点 $x_1,x_2,\cdots,x_k,\cdots$ 上取值.

用直角坐标系表示分布列,称为 ξ 的**概率分布图**.

下面举例来说明如何求离散型随机变量的分布列和画出它的概率分布图.

例 1　将一枚均匀硬币独立抛掷两次,出现正面向上的次数记为 ξ,求 ξ 的分布列并画出它的概率分布图.

解　"$\xi=k$"表示出现正面向上的次数为 k,则 k 可以取 0,1,2,于是有

$$P(\xi=0)=\frac{1}{2}\times\frac{1}{2}=\frac{1}{4},$$

$$P(\xi=1)=2\times\frac{1}{2}\times\frac{1}{2}=\frac{1}{2},$$

$$P(\xi=2)=\frac{1}{2}\times\frac{1}{2}=\frac{1}{4}.$$

因此,ξ 的分布列为

ξ	0	1	2
p	$\frac{1}{4}$	$\frac{1}{2}$	$\frac{1}{4}$

概率分布图如图 9-1 所示.

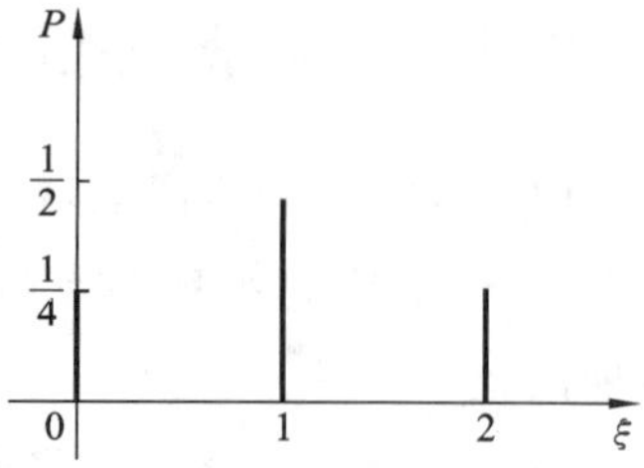

图 9-1

9.2.2　分布列的性质

根据概率的性质，无论离散型随机变量是有限个取值还是无穷可列个取值，所有的“$\xi=k$”构成完备事件组，分布列显然具有下列性质：

(1) $p_k \geqslant 0$, $k=1,2,\cdots$；

(2) $\sum_{k=1}^{n} p_k = 1$(有限个点) 或 $\sum_{k=1}^{\infty} p_k = 1$(无限可列个点).

反之，若一个函数 $P(\xi=x_k)=p_k(k=1,2,\cdots)$ 具有上述两条性质，则它必定是某个离散型随机变量的分布列.

9.2.3　几种常用的离散分布

1. 二点分布

若随机变量 ξ 只可能取 0,1 两个值，它的分布列为

ξ	0	1
1	$1-p$	p

或者写成 $P(\xi=k)=p^k(1-p)^{1-k}(k=0,1)$, $0<p<1$，则称 ξ 服从**二点分布**(或称 0-1 分布).

例 2　10 件相同的产品中，有 2 件次品和 8 件正品，现从中任取一件，求取到的正品数 ξ 的分布列.

解　ξ 的分布列为

ξ	0	1
P	0.2	0.8

2. 二项分布

试验可以在相同的条件下重复进行 n 次，每次的结果互不影响，每次试验只可能有两种结果 A 和 $\overline{A}$，每次试验 A 出现的概率都相同，记 $P(A)=p(0<p<1)$，则 $P(\overline{A})=1-p=q$，具有上述特点的随机试验称为 n **重伯努利试验**，简称**伯努利试验**.

在 n 次试验中，事件 A 出现的次数 ξ 是个随机变量，它可以取 $0,1,2,\cdots,n$，则事件 A 出现 k 次的概率为

$$P(\xi=k)=C_n^k p^k(1-p)^{n-k}=C_n^k p^k q^{n-k}$$

若随机变量 ξ 满足 $P(\xi=k)=C_n^k p^k(1-p)^{n-k}$ $(0<p<1)$, $k=0,1,2,\cdots,n$，则称 ξ 服从参数为 n,p 的**二项分布**，记作 $\xi\sim B(n,p)$.

在二项分布中，我们看到，由于 $0<p<1$, $q=1-p$，所以 $P(\xi=k)=C_n^k p^k q^{n-k}>0$，又由于

$$\sum_{k=0}^{n} P(\xi=k)=\sum_{k=0}^{n} C_n^k p^k q^{n-k}=(p+q)^n=1,$$

因此二项分布满足分布列的性质，并且由二项式定理可知，$C_n^k p^k q^{n-k}$ 恰好是 $(p+q)^n$ 展开式中的第 $k+1$ 项，二项分布由此而来.

例 3　袋中有 7 个球，其中 4 个是白球，3 个是黑球. 求：

(1) 有放回取 3 次，每次取 1 个，求恰有 2 个白球的概率；

(2) 无放回取 3 次，每次取 1 个，求恰有 2 个白球的概率.

解　(1) 因为有放回，每次试验的条件相同，属于伯努利试验概型，其中 $p=\frac{4}{7}$，$n=3$，$k=2$，所求概率为

$$p_1=C_3^2\left(\frac{4}{7}\right)^2\left(\frac{3}{7}\right)^{3-2}=\frac{144}{343}.$$

(2) 对于无放回的情况，每次试验条件不同了，只能用古典概型的公式来计算.

总的基本事件数为 C_7^3，本事件所含基本事件总数为 $C_4^2C_3^1$，即所求概率为

$$p_2=\frac{C_4^2C_3^1}{C_7^3}=\frac{18}{35}.$$

例 4　袋中有 4 个白球和 6 个黑球，现在有放回取 3 次，每次取 1 个，设 3 次中取到白球的总数为随机变量 ξ，求 ξ 的分布列.

解　设 A 为在一次试验中取到的是白球，则 $P(A)=0.4$，$\xi\sim B(3,0.4)$.

于是，ξ 的分布列为 $P(\xi=k)=C_3^k(0.4)^k(0.6)^{3-k}$，$k=0,1,2,3$. 其分布列为

ξ	0	1	2	3
P	0.22	0.43	0.29	0.06

二项分布的实际背景是伯努利试验. 当 $n=1$ 时，二项分布化为

$$P(\xi=k)=p^k(1-p)^{1-k}\quad(0<p<1,k=0,1),$$

即为二点分布. 因此，可以认为，二项分布是二点分布的推广，二点分布是二项分布的特例.

3. 超几何分布

若一批产品共 N 个，其中 M 个次品，现从中任取 n 个，则此 n 个产品中的次品数 ξ 的分布列为

$$P(\xi=k)=\frac{C_M^kC_{N-M}^{n-k}}{C_N^n},\quad k=0,1,2,\cdots,\min(M,n)$$

则称随机变量 ξ 服从**超几何分布**，其中 N,M,n 为参数.

对于产品的抽检问题，超几何分布的背景是不放回抽样，二项分布的背景是有放回抽样，但当 N 很大，而 n 相对于 N 很小时，可以用二项分布近似超几何分布. 可以证明，当 $N\to\infty$，$\frac{M}{N}\to p$ 时，有

$$\frac{C_M^kC_{N-M}^{n-k}}{C_N^n}\to C_n^kp^k(1-p)^{n-k}.$$

4. 泊松分布

若随机变量 ξ 可能的取值为 $0,1,2,\cdots$，并且满足

$$P(\xi=k)=\frac{\lambda^k}{k!}e^{-\lambda},\quad k=0,1,2,\cdots(\text{其中 }\lambda>0\text{ 为常数})$$

则称 ξ 服从参数为 λ 的**泊松分布**，记作 $\xi\sim\pi(\lambda)$.

泊松分布是一个常见分布，如：一段时间内到某商店的顾客数，一页书上印刷的错误数，每

米布的疵点数等，都服从泊松分布. 它们分别有不同的参数 λ.

可以证明，当 n 很大，p 很小时，可以用二项分布来代替泊松分布，即

$$C_n^k p^k (1-p)^{n-k} \approx \frac{\lambda^k}{k!} e^{-\lambda}, \quad \lambda = np.$$

在实际计算中，当 $n \geqslant 10$，$p \leqslant 0.1$ 时，就可以用上述近似计算公式.

5. 几何分布

重复独立地进行一个试验，设事件 A 在每次试验中发生的概率为 $p(0<p<1)$，若用随机变量 ξ 表示事件 A 首次成功时已经进行的试验次数，则 ξ 可能的取值是 $k=1,2,\cdots$，并且满足

$$P(\xi=k)=p(1-p)^{k-1} \quad (k=1,2,\cdots,0<p<1),$$

则称 ξ 服从参数为 p 的**几何分布**.

习　题　9.2

1. 口袋里有 4 只球，分别标有 1,2,3,4. 现从中任取 2 只，用 ξ 表示取到的球上最小的号码，求 ξ 的分布列.
2. 一汽车在开往目的地的道路上要遇到四处信号灯. 每处信号灯均以相同的概率允许或禁止汽车通行，以 ξ 表示汽车首次停下时它已经通过的信号灯数目，求 ξ 的分布列.
3. 已知某随机变量 ξ 服从 $n=5$ 的二项分布，且 $P(\xi=1)=P(\xi=2)$，求 $P(\xi=4)$.
4. 甲、乙、丙三支球队为了进行赛前练习，抽签决定哪支球队先使用训练场地. 商定抽签方法如下：盒中放两只白球和一只黑球，不放回摸球，直到取到黑球为止. 若第一次摸到黑球，由甲队先用场地，第二次摸到黑球，由乙队先用场地，第三次摸到黑球，由丙队先用场地，问这种摸签方法是否公平？
5. 一大楼有 5 个同类型的供水设备，调查表明，在任一时刻每个供水设备被使用的概率为 0.1，问在同一时刻
   (1) 恰有 2 个设备被使用的概率是多少？
   (2) 至少有 3 个设备被使用的概率是多少？
   (3) 至多有 3 个设备被使用的概率是多少？
   (4) 至少有 1 个设备被使用的概率是多少？
6. 设 $\xi \sim B(n,p)$，且分布列为 $P(\xi=k)=C_n^k p^k (1-p)^{n-k}$，$k=0,1,2,\cdots,n$. 问当 k 取何值时，$P(\xi=k)$ 最大？

9.3　连续型随机变量及其分布

9.3.1　密度函数的概念

对于随机变量 ξ，若存在一个定义在 $(-\infty,+\infty)$ 内的非负函数 $p(x)$，使对任意的 $a,b(a$

$<b$)，皆有 $P(a<\xi\leqslant b)=\int_a^b p(x)\mathrm{d}x$ 成立，则称 ξ 为**连续型随机变量**，称 $p(x)$ 为 ξ 的**概率密度函数**，简称**密度函数**或**概率密度**.

密度函数在某一点处的值，并不表示 ξ 在此点处的概率，而是表示 ξ 在此点处概率分布的密集程度. 用直角坐标系表示密度函数的图像称为 ξ 的**密度曲线**.

根据定积分的几何意义，连续型随机变量 ξ 取区间内任一值的概率为零，即 $P(\xi=c)=0$（c 为区间内特定值）. 并且连续型随机变量 ξ 在任一区间上取值的概率与是否包含区间端点无关，即

$$P(a<\xi\leqslant b)=P(a\leqslant\xi<b)=P(a<\xi<b)=P(a\leqslant\xi\leqslant b)=\int_a^b p(x)\mathrm{d}x.$$

由以上描述可知，若已知某连续型随机变量 ξ 的密度函数，则 ξ 在任意区间上的概率皆可以通过积分求出. 因此，密度函数全面描述了连续型随机变量的统计规律.

例 1　设随机变量 ξ 的密度函数为

$$p(x)=\begin{cases}\dfrac{1}{2}\cos x, & |x|<\dfrac{\pi}{2},\\ 0, & \text{其他},\end{cases}$$

求　(1) $P\left(0<\xi<\dfrac{\pi}{4}\right)$；(2) $P\left(0<\xi\leqslant\dfrac{\pi}{6}\right)$；(3) $P\left(0\leqslant\xi\leqslant\dfrac{\pi}{3}\right)$.

解　(1) $P\left(0<\xi<\dfrac{\pi}{4}\right)=\int_0^{\frac{\pi}{4}}\dfrac{1}{2}\cos x\mathrm{d}x=\dfrac{1}{2}\sin x\Big|_0^{\frac{\pi}{4}}=\dfrac{\sqrt{2}}{4}$；

(2) $P\left(0<\xi\leqslant\dfrac{\pi}{6}\right)=\int_0^{\frac{\pi}{6}}\dfrac{1}{2}\cos x\mathrm{d}x=\dfrac{1}{2}\sin x\Big|_0^{\frac{\pi}{6}}=\dfrac{1}{4}$；

(3) $P\left(0\leqslant\xi\leqslant\dfrac{\pi}{3}\right)=\int_0^{\frac{\pi}{3}}\dfrac{1}{2}\cos x\mathrm{d}x=\dfrac{1}{2}\sin x\Big|_0^{\frac{\pi}{3}}=\dfrac{\sqrt{3}}{4}$.

9.3.2　密度函数的性质

密度函数 $p(x)$ 的性质如下：

(1) $p(x)\geqslant 0(-\infty<x<+\infty)$；　(2) $\int_{-\infty}^{+\infty}p(x)\mathrm{d}x=1$.

反之，若一个函数具有上述两条性质，则它一定是某个连续型随机变量的密度函数.

例 2　设 ξ 的密度函数为 $p(x)=\dfrac{k}{1+x^2}\ (-\infty<x<+\infty)$.

(1) 试确定常数 k；(2) 求 $P(-1<\xi<1)$.

解　(1) 因为 $\int_{-\infty}^{+\infty}p(x)\mathrm{d}x=\int_{-\infty}^{+\infty}\dfrac{k}{1+x^2}\mathrm{d}x=k\arctan x\Big|_{-\infty}^{+\infty}=\pi k=1$，所以 $k=\dfrac{1}{\pi}$；

(2) $P(-1<\xi<1)=\int_{-1}^{1}p(x)\mathrm{d}x=\int_{-1}^{1}\dfrac{1}{\pi(1+x^2)}\mathrm{d}x=\dfrac{1}{2\pi}$.

9.3.3　几种常见的连续分布

1. 均匀分布

若随机变量 ξ 的密度函数为

$$p(x)=\begin{cases}\dfrac{1}{b-a}, & a\leqslant x\leqslant b,\\ 0, & \text{其他},\end{cases}$$

则称 ξ 在区间 $[a,b]$ 上服从**均匀分布**，也称**等概率分布**，记作 $\xi\sim U[a,b]$.

易知，$\int_{-\infty}^{+\infty}p(x)\mathrm{d}x=\int_a^b\dfrac{1}{b-a}\mathrm{d}x=1$，满足密度函数的性质.

若随机变量 ξ 在 $[a,b]$ 上服从均匀分布，则它落在区间 $[a,b]$ 中的任意等长度的子区间的可能性是相同的. 这也是将这种分布称为均匀分布的原因所在.

例 3　设 ξ 在 $[-a,a]$ 上服从均匀分布，其中 $a\geqslant 0$，且 $P(\xi>1)=\dfrac{1}{3}$，求常数 a，并计算 $P(-1<\xi<1)$.

解　ξ 服从 $[-a,a]$ 上的均匀分布，其密度函数为

$$p(x)=\begin{cases}\dfrac{1}{2a}, & -a\leqslant x\leqslant a,\\ 0, & \text{其他},\end{cases}$$

$$P(\xi>1)=\int_1^a\frac{1}{2a}\mathrm{d}x=\frac{1}{2a}x\Big|_1^a=\frac{1}{3},$$

所以 $a=3$

$$P(-1<\xi<1)=\int_{-1}^1\frac{1}{6}\mathrm{d}x=\frac{1}{6}x\Big|_{-1}^1=\frac{1}{3}.$$

2. 指数分布

若随机变量 ξ 的密度函数为

$$p(x)=\begin{cases}\lambda\mathrm{e}^{-\lambda x}, & x\geqslant 0\\ 0, & x<0\end{cases}\quad(\lambda>0\text{ 为常数}),$$

则称 ξ 服从参数为 λ 的**指数分布**，记作 $\xi\sim E(\lambda)$.

易知，$\int_{-\infty}^{+\infty}p(x)\mathrm{d}x=\int_0^{+\infty}\lambda\mathrm{e}^{-\lambda x}\mathrm{d}x=-\mathrm{e}^{-\lambda x}\Big|_0^{+\infty}=1$，满足密度函数的性质.

指数分布是一种重要的分布，通常用来描述产品的使用寿命分布.

例 4　某电子元件的使用寿命 ξ(单位：小时)服从参数为 0.01 的指数分布.

(1) 写出 ξ 的密度函数；(2) 求此元件能使用 100 小时以上的概率.

解　(1) $p(x)=\begin{cases}0.01\mathrm{e}^{-0.01x}, & x\geqslant 0\\ 0, & x<0\end{cases}\ (\lambda>0)$；

(2) $P(\xi>100)=\int_{100}^{+\infty}p(x)\mathrm{d}x=\int_{100}^{+\infty}0.01\mathrm{e}^{-0.01x}\mathrm{d}x=\dfrac{1}{\mathrm{e}}\approx 0.368$.

对于连续型随机变量，以上讲解了均匀分布和指数分布，对于在理论上和实践中都非常重要的正态分布，将在后面讲解.

习　题　9.3

1. 设连续型随机变量 ξ 的密度函数为 $p(x)=\begin{cases}kx+1, & 0\leqslant x\leqslant 2,\\ 0, & \text{其他},\end{cases}$ 求

(1) 常数 k； (2) $P\left(\frac{3}{2}<\xi\leqslant\frac{5}{2}\right)$.

2. 设连续型随机变量 ξ 的密度函数为 $p(x)=A\mathrm{e}^{-|x|}, x\in\mathbf{R}$,求

(1) 常数 A； (2) $P(0<\xi<1)$.

3. 设某顾客在某银行窗口等待服务的时间 ξ(以分计)服从指数分布,其概率密度为

$p(x)=\begin{cases}\frac{1}{4}\mathrm{e}^{-\frac{x}{4}}, & x>0,\\ 0, & \text{其他},\end{cases}$ 某顾客在窗口等待服务,求

(1) 他等待时间超过 4 分钟的可能性;

(2) 他等待时间不超过 8 分钟的可能性.

4. 设 ξ 在 $[0,8]$ 上服从均匀分布,求

(1) 求 ξ 的密度函数； (2) 求 $P(0<\xi<1), P(\xi>5)$.

5. 设 ξ 在 $[-a,a]$ 上服从均匀分布,其中 $a>0$,试分别确定下列等式中的常数 a.

(1) $P(\xi>1)=\frac{1}{3}$； (2) $P(|\xi|<1)=P(|\xi|>1)$.

9.4 分布函数

9.4.1 分布函数的概念

设 ξ 是一个随机变量,x 为一个任意实数,函数 $F(x)=P(\xi\leqslant x)$ 为 ξ 的**分布函数**.

"$\xi\leqslant x$"表示一个事件,$P(\xi\leqslant x)$ 表示该事件的概率,$0\leqslant P(\xi\leqslant x)\leqslant 1$,所以 $F(x)$ 是一个定义在 $(-\infty,+\infty)$ 内的普通实函数,且它的值域为 $[0,1]$. 对于任意两个实数 x_1, x_2 $(x_1<x_2)$ 有

$$P(x_1<\xi\leqslant x_2)=P(\xi\leqslant x_2)-P(\xi\leqslant x_1)=F(x_2)-F(x_1).$$

因此,知道了分布函数,可以求出随机变量落在任何一个区间上的概率.

9.4.2 分布函数的性质

设 $F(x)$ 为随机变量 ξ 的分布函数,则 $F(x)$ 有下列性质:

(1) $F(x)$ 是个不减函数,即当 $x_1<x_2$ 时, $F(x_1)\leqslant F(x_2)$;

(2) $0\leqslant F(x)\leqslant 1$,且 $\lim\limits_{x\to-\infty}F(x)=0$, $\lim\limits_{x\to+\infty}F(x)=1$;

(3) $F(x+0)=F(x)$,即 $F(x)$ 是右连续的.

例 1 设 ξ 的分布函数为 $F(x)=\begin{cases}A-\mathrm{e}^{-\lambda x}, & (x\geqslant 0),\\ 0, & (x<0),\end{cases}$ 其中 $\lambda>0$ 为常数,试确定系数 A.

解 因为 $\lim\limits_{x\to+\infty}F(x)=\lim\limits_{x\to+\infty}(A-\mathrm{e}^{-\lambda x})=1$,所以 $A=1$.

9.4.3　离散型随机变量的分布函数

例 2　设 ξ 的分布列为

ξ	0	1	2
P	0.3	0.4	0.3

求 ξ 的分布函数 $F(x)$.

解　当 $x<0$ 时，

$$F(x)=P(\xi\leqslant x)=0;$$

当 $0\leqslant x<1$ 时，

$$F(x)=P(\xi=0)=0.3;$$

当 $1\leqslant x<2$ 时，

$$F(x)=P(\xi=0)+P(\xi=1)=0.7;$$

当 $x\geqslant 2$ 时，

$$F(x)=P(\xi=0)+P(\xi=1)+P(\xi=2)=1.$$

所以

$$F(x)=\begin{cases}0, & -\infty<x<0,\\ 0.3, & 0\leqslant x<1,\\ 0.7, & 1\leqslant x<2,\\ 1, & x\geqslant 2.\end{cases}$$

对于离散型随机变量 ξ,用分布函数求概率时,要注意 ξ 所取区间的端点是否包含在内.

例 3　设 ξ 的分布函数为 $F(x)=\begin{cases}0, & x<0,\\ 1-p, & 0\leqslant x<1,\\ 1, & x\geqslant 1.\end{cases}$ $(0<p<1)$,求 ξ 的分布列.

解　$P(\xi=0)=P(\xi\leqslant 0)=F(0)=1-p$,

$P(\xi=1)=P(\xi\leqslant 1)-P(\xi\leqslant 0)=F(1)-F(0)=1-(1-p)=p$,

于是 ξ 的分布列为

ξ	0	1
P	$1-p$	p

即为二点分布,所以,以上分布函数为二点分布的分布函数.

9.4.4　连续型随机变量的分布函数

若 ξ 的密度函数为 $p(x)$,则有 $F(x)=\int_{-\infty}^{x}p(t)\mathrm{d}t$,且在 $p(x)$ 的连续点有 $F'(x)=p(x)$.

根据密度函数的概念,有 $P(a<\xi\leqslant b)=\int_{a}^{b}p(x)\mathrm{d}x$,所以

$$P(\xi\leqslant x)=P(-\infty<\xi\leqslant x)=\int_{-\infty}^{x}p(t)\mathrm{d}t.$$

又根据分布函数的定义有 $F(x)=P(\xi\leqslant x)$，所以

$$F(x)=P(\xi\leqslant x)=\int_{-\infty}^{x}p(t)\mathrm{d}t.$$

根据积分上限的函数及其导数的概念，在 $p(x)$ 的连续点有 $F'(x)=p(x)$.

例 4 设 ξ 的密度函数为 $p(x)=\begin{cases}\dfrac{1}{2}, & -1\leqslant x\leqslant 1,\\ 0, & \text{其他}.\end{cases}$

(1) 求 ξ 的分布函数 $F(x)$；(2) 利用 $F(x)$ 求 $P(-1\leqslant\xi\leqslant 0)$.

解 (1) 当 $x<-1$ 时，

$$F(x)=\int_{-\infty}^{x}0\mathrm{d}x=0;$$

当 $-1\leqslant x<1$ 时，

$$F(x)=\int_{-\infty}^{x}p(x)\mathrm{d}x=\int_{-\infty}^{-1}0\mathrm{d}x+\int_{-1}^{x}\frac{1}{2}\mathrm{d}x=\frac{x+1}{2};$$

当 $x\geqslant 1$ 时，

$$F(x)=\int_{-\infty}^{x}p(x)\mathrm{d}x=\int_{-\infty}^{-1}0\mathrm{d}x+\int_{-1}^{1}\frac{1}{2}\mathrm{d}x+\int_{1}^{x}0\mathrm{d}x=1.$$

所以

$$F(x)=\begin{cases}0, & x<-1,\\ \dfrac{x+1}{2}, & -1\leqslant x<1,\\ 1, & x\geqslant 1;\end{cases}$$

(2) $P(-1\leqslant\xi<0)=F(0)-F(-1)=\dfrac{0+1}{2}-0=\dfrac{1}{2}$.

例 5 设 ξ 的分布函数为 $F(x)=\begin{cases}1-\mathrm{e}^{-\lambda x}, & x\geqslant 0\\ 0, & x<0\end{cases}$ $(\lambda>0)$，求 ξ 的密度函数 $p(x)$.

解 当 $x<0$ 时，$p(x)=F'(x)=0$；

当 $x>0$ 时，$p(x)=F'(x)=\lambda\mathrm{e}^{-\lambda x}$；

当 $x=0$ 时，$F'(-0)=0$，$F'(+0)=\lambda$，即 $F(x)$ 在这点不可导.

定义 $p(0)$ 为 0 或 λ 中的任一个，我们选 $p(0)=\lambda$，则

$$p(x)=\begin{cases}\lambda\mathrm{e}^{-\lambda x}, & x\geqslant 0,\\ 0, & x<0\end{cases}\quad(\lambda>0).$$

习 题 9.4

1. 在 10 件产品中有 1 件次品，现从中任取 1 件，求取到的废品数 ξ 的分布列和分布函数.

2. 设 ξ 的分布函数为 $F(x)=\begin{cases}0, & x<0,\\ 0.4, & 0\leqslant x<1,\\ 0.8, & 1\leqslant x<2,\\ 1, & x\geqslant 2,\end{cases}$ 求 ξ 的分布列.

3. 设连续型随机变量 ξ 的密度函数为 $p(x)=\begin{cases} c+x, & -1<x\leqslant 0, \\ c-x, & 0<x\leqslant 1, \\ 0, & \text{其他}. \end{cases}$ 求

(1) 常数 c；(2) 分布函数；(3) $P\left(-\dfrac{1}{2}<\xi\leqslant\dfrac{1}{2}\right)$.

4. 设连续型随机变量 ξ 的分布函数为 $F(x)=\begin{cases} 0, & x\leqslant -1, \\ A+B\arcsin x, & -1<x<1, \\ 1, & x>1. \end{cases}$

(1) 求系数 A,B；(2) 求 ξ 的密度函数.

5. 某仪器装有 3 只独立工作的同型号的电子元件，其寿命都服从参数为 $\lambda=\dfrac{1}{600}$（单位：小时）的指数分布. 试求：

(1) 密度函数；(2) 仪器在使用的最初 200 小时内，至少有 1 只元件损坏的概率.

9.5 正态分布

9.5.1 一般正态分布

若连续型随机变量 ξ 的密度函数为

$$p(x)=\frac{1}{\sqrt{2\pi}\sigma}\mathrm{e}^{-\frac{(x-\mu)^2}{2\sigma^2}},\quad \sigma>0,-\infty<x<+\infty,$$

则称 ξ 服从参数为 μ,σ 的**正态分布**（或称**高斯分布**），记作 $\xi\sim N(\mu,\sigma^2)$.

显然，正态分布的概率密度 $p(x)\geqslant 0$，且令 $t=\dfrac{x-\mu}{\sqrt{2}\sigma}$，则

$$\int_{-\infty}^{+\infty}p(x)\mathrm{d}x=\int_{-\infty}^{+\infty}\frac{1}{\sqrt{2\pi}\sigma}\mathrm{e}^{-\frac{(x-\mu)^2}{2\sigma^2}}\mathrm{d}x=\frac{1}{\sqrt{\pi}}\int_{-\infty}^{+\infty}\mathrm{e}^{-t^2}\mathrm{d}t=1$$

所以，$p(x)$ 具有密度函数的性质.

$p(x)$ 不仅具有密度函数的所有性质，还有下列性质：

(1) 曲线关于 $x=\mu$ 轴对称，即对任意 $x>0$，

$$P(\mu-x\leqslant\xi<\mu)=P(\mu<\xi\leqslant\mu+x);$$

(2) 当 $x=\mu$ 时，$p(x)$ 有最大值 $p(\mu)=\dfrac{1}{\sqrt{2\pi}\sigma}$；

(3) 在 $x=\mu\pm\sigma$ 处，曲线有拐点 $\left(\mu\pm\sigma,\dfrac{1}{\sqrt{2\pi}}\mathrm{e}^{-\frac{1}{2}}\right)$；

(4) x 轴为曲线的水平渐近线；

(5) 如果固定 σ 的值，那么 $p(x)$ 的图像将随 μ 的增大而右移，随 μ 的减小而左移；

(6) 如果固定 μ 的值，那么 $p(x)$ 的图像将随 σ 的增大而变平坦，随 σ 的减小而变尖锐.

密度函数的图像如图 9-2 所示.

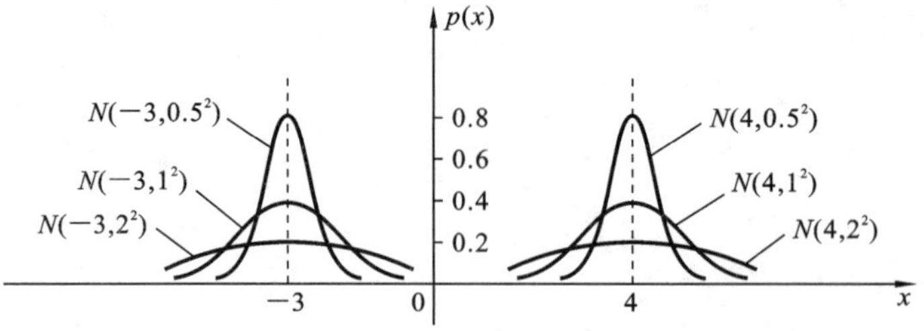

图 9-2

正态分布的分布函数为

$$F(x)=\int_{-\infty}^{x}p(x)\mathrm{d}x=\int_{-\infty}^{x}\frac{1}{\sqrt{2\pi}\sigma}\mathrm{e}^{-\frac{(t-\mu)^2}{2\sigma^2}}\mathrm{d}t.$$

特别地,当 $\mu=0,\sigma=1$ 时的正态分布称为**标准正态分布** $N(0,1)$,其概率密度函数和分布函数分别用 $\varphi(x)$ 和 $\Phi(x)$ 表示.

9.5.2 标准正态分布

1. 密度函数

若连续型随机变量 ξ 的密度函数为

$$\varphi(x)=\frac{1}{\sqrt{2\pi}}\mathrm{e}^{-\frac{x^2}{2}},\quad -\infty<x<+\infty,$$

则称 ξ 服从**标准正态分布**,记作 $\xi\sim N(0,1)$. 标准正态分布的密度函数图像如图 9-3 所示.

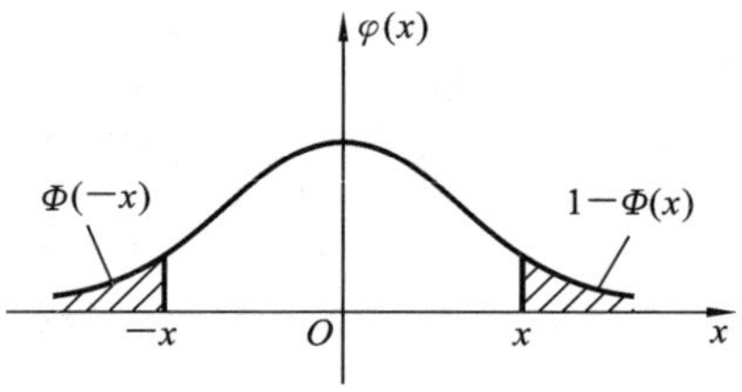

图 9-3

由图 9-2 和图 9-3 可知,标准正态分布的密度函数可以看成是一般正态分布的密度函数向左(当 $\mu>0$ 时)或向右(当 $\mu<0$ 时)平移 $|\mu|$ 个单位的结果.

2. 分布函数

标准正态分布的分布函数为

$$\Phi(x)=\int_{-\infty}^{x}\varphi(x)\mathrm{d}x=\int_{-\infty}^{x}\frac{1}{\sqrt{2\pi}}\mathrm{e}^{-\frac{t^2}{2}}\mathrm{d}t.$$

易知,$\Phi(-x)=1-\Phi(x)$, 且

(1) $P(a<\xi<b)=P(a\leqslant\xi<b)=P(a<\xi\leqslant b)=P(a\leqslant\xi\leqslant b)=\Phi(b)-\Phi(a)$;

(2) $P(\xi<b)=P(\xi\leqslant b)=\Phi(b)$;

(3) $P(\xi\geqslant a)=P(\xi>a)=1-\Phi(a)$;

(4) $P(|\xi|<k)=P(|\xi|\leqslant k)=2\Phi(k)-1$.

因此,标准正态分布的概率问题可以通过查标准正态分布表得到. 见书后附录 B“正态分布表”.

例 1　设 $\xi\sim N(0,1)$,求

(1) $P(\xi=1.23)$;　(2) $P(\xi<2.08)$;　(3) $P(\xi\geqslant-0.09)$;

(4) $P(2.15\leqslant\xi<5.12)$；　(5) $P(|\xi|<1.96)$.

解　(1) $P(\xi=1.23)=0$；

(2) $P(\xi<2.08)=\Phi(2.08)=0.9812$；

(3) $P(\xi\geqslant-0.09)=1-\Phi(-0.09)=\Phi(0.09)=0.5359$；

(4) $P(2.15\leqslant\xi<5.12)=\Phi(5.12)-\Phi(2.15)=1-0.9842=0.0158$；

(5) $P(|\xi|<1.96)=2\Phi(1.96)-1=2\times0.9750-1=0.9500$.

当 $\xi\geqslant5$ 时，我们近似认为 $\Phi(\xi)=1$.

设 $\xi\sim N(\mu,\sigma^2)$，则其分布函数中令 $u=\dfrac{t-\mu}{\sigma}$，有

$$F(x)=\frac{1}{\sqrt{2\pi}\sigma}\int_{-\infty}^{x}\mathrm{e}^{-\frac{(t-\mu)^2}{2\sigma^2}}\mathrm{d}t=\frac{1}{\sqrt{2\pi}}\int_{-\infty}^{\frac{x-\mu}{\sigma}}\mathrm{e}^{-\frac{u^2}{2}}\mathrm{d}u=\Phi\left(\frac{x-\mu}{\sigma}\right).$$

这表明正态分布的分布函数 $F(x)$ 总能用标准正态分布的分布函数 $\Phi(x)$ 表示，因此只要知道了 $\Phi(x)$ 的值，任一正态分布的概率问题都可以解决.

(1) $P(a<\xi<b)=P(a\leqslant\xi<b)=P(a<\xi\leqslant b)=P(a\leqslant\xi\leqslant b)$

$$=\Phi\left(\frac{b-\mu}{\sigma}\right)-\Phi\left(\frac{a-\mu}{\sigma}\right);$$

(2) $P(\xi\geqslant a)=P(\xi>a)=1-\Phi\left(\dfrac{a-\mu}{\sigma}\right)$；

(3) $P(|\xi|<k)=P(|\xi|\leqslant k)=\Phi\left(\dfrac{k-\mu}{\sigma}\right)-\Phi\left(\dfrac{-k-\mu}{\sigma}\right)$.

例 2　设 $\xi\sim N(-1,4^2)$，求

(1) $P(-5\leqslant\xi\leqslant2)$；　(2) $P(|\xi+1|\leqslant8)$.

解　(1) $P(-5\leqslant\xi\leqslant2)=\Phi\left(\dfrac{2+1}{4}\right)-\Phi\left(\dfrac{-5+1}{4}\right)=\Phi(0.75)-\Phi(-1)$

$$=\Phi(0.75)-[1-\Phi(1)]=0.7734-1+0.8413$$
$$=0.6147;$$

(2) $P(|\xi+1|\leqslant8)=P(-9<\xi<7)=\Phi(2)-\Phi(-2)=2\times0.9772-1$

$$=0.9544.$$

例 3　设 $\xi\sim N(500,10^2)$，

(1) $P(\xi<x)=0.90$，求 x；　(2) $P(\xi>y)=0.04$，求 y.

解　(1) $P(\xi<x)=P(\xi\leqslant x)=\Phi\left(\dfrac{x-500}{10}\right)=0.90$，

查表得 $\dfrac{x-500}{10}=1.28$，即 $x=512.8$；

(2) $P(\xi\geqslant y)=P(\xi>y)=1-\Phi\left(\dfrac{y-500}{10}\right)=0.04$，

查表得 $\dfrac{y-500}{10}=1.75$，即 $y=517.5$.

例 4　设 $\xi\sim N(\mu,\sigma^2)$，求 $P(\mu-\sigma<\xi\leqslant\mu+\sigma)$.

解　$P(\mu-\sigma<\xi\leqslant\mu+\sigma)=\Phi\left(\dfrac{\mu+\sigma-\mu}{\sigma}\right)-\Phi\left(\dfrac{\mu-\sigma-\mu}{\sigma}\right)$

$$=\Phi(1)-\Phi(-1)=0.6826.$$

同理，

$$P(\mu-2\sigma<\xi\leqslant\mu+2\sigma)=\Phi\left(\frac{\mu+2\sigma-\mu}{\sigma}\right)-\Phi\left(\frac{\mu-2\sigma-\mu}{\sigma}\right)=\Phi(2)-\Phi(-2)=0.9544,$$

$$P(\mu-3\sigma<\xi\leqslant\mu+3\sigma)=\Phi\left(\frac{\mu+3\sigma-\mu}{\sigma}\right)-\Phi\left(\frac{\mu-3\sigma-\mu}{\sigma}\right)=\Phi(3)-\Phi(-3)=0.9973.$$

由此可见，ξ 的取值落在以 μ 为中心，3σ 为半径的区间外的概率不到 0.003，正态分布的这个性质称为 **3σ 法则**.

习　题　9.5

1. 设 $\xi\sim N(70,10^2)$，求

(1) $P(\xi<62)$；(2) $P(\xi>72)$；(3) $P(68<\xi<74)$；(4) $P(|\xi-70|<20)$.

2. 设随机变量 $\xi\sim N(108,3^2)$，求

(1) $P(101.1<\xi<114.9)$；(2) 常数 a，使 $P(\xi>a)=0.10$.

3. 据统计，某大学男生体重的分布为 $\mu=58$ kg，$\sigma=1$ kg 的正态分布，求男生体重在 56～60 kg 的概率.

4. 某种产品的质量指标 $\xi\sim N(160,\sigma^2)$，若要求 $P(120<\xi<200)\geqslant 0.80$，求允许 σ 最大为何值.

5. 某地抽样调查结果表明，考生的外语成绩(百分制)分布近似于正态分布 $N(72,\sigma^2)$，96 分以上的考生占考生总数 2.3%，试求考生的外语成绩在 60～84 分的概率.

6. 在电源电压不超过 200 V，在 200～240 V 和超过 240 V 三种情况下，某种电子元件损坏的概率分别是 0.1，0.001，0.2，假设电源电压服从 $\xi\sim N(200,25^2)$. 求

(1) 电子元件损坏的概率；

(2) 该电子元件损坏时，电源电压在 200～240 V 的概率.

7. 检查测高器的精确性，结果表明误差不超过 ± 2.5 m 的情况占所有情况的 90%，设测高器的误差服从 $\xi\sim N(0,\sigma^2)$，求 σ.

复习参考题

一、选择题

1. 袋中有 2 个红球 6 个黑球，从中任取 2 个，可以作为随机变量的是(　　).

A. 取到的球的个数　　B. 取到红球的个数

C. 至少取到一个红球　　D. 至少取到一个红球的概率

2. 随机变量 ξ 的分布列为 $P(\xi=k)=\dfrac{k}{10}(k=1,2,3,4)$，则 $P\left(\dfrac{1}{2}<\xi<\dfrac{5}{2}\right)=$(　　).

A. $\dfrac{1}{2}$　　B. $\dfrac{3}{5}$　　C. $\dfrac{1}{6}$　　D. $\dfrac{3}{10}$

3. 设随机变量 ξ 的密度函数为 $f(x)=\begin{cases}2x, & 0\leqslant x\leqslant 1,\\ 0, & \text{其他},\end{cases}$ 则下列等式成立的是(　　).

A. $P(\xi\geqslant -1)=1$　　B. $P\left(\xi=\frac{1}{2}\right)=\frac{1}{2}$

C. $P\left(\xi<\frac{1}{2}\right)=\frac{1}{2}$　　D. $P\left(\xi>\frac{1}{2}\right)=\frac{1}{2}$

4. 将 1 颗骰子连续掷 6 次，恰好 3 次出现 1 点的概率是(　　).

A. $C_6^3\left(\frac{1}{6}\right)^5\left(\frac{5}{6}\right)^1$　B. $C_6^5\left(\frac{1}{6}\right)^1\left(\frac{5}{6}\right)^5$　C. $C_6^3\left(\frac{1}{6}\right)^3\left(\frac{5}{6}\right)^3$　D. $C_6^5\left(\frac{1}{6}\right)^5$

5. 设随机变量 ξ 的分布列为

ξ	0	1	2	3
p	0.2	0.4	0.3	0.1

$F(x)$ 为其分布函数，则 $F(2)=$(　　).

A. 0.3　B. 0.6　C. 0.9　D. 1

6. 设随机变量 $\xi\sim N(0,1)$，若 $P(\xi>1)=p$，则 $P(-1<\xi<0)=$(　　).

A. $\frac{p}{2}$　B. $1-p$　C. $1-2p$　D. $\frac{1}{2}-p$

二、填空题

1. 设随机变量 ξ 的概率分布为

ξ	0	1	2
p	a	0.5	0.3

则 $a=$________.

2. 设随机变量 $\xi\sim B\left(4,\frac{1}{2}\right)$，则 $P(\xi=1)=$________.

3. 设离散型随机变量 ξ 只能取 $-\sqrt{3}, -\frac{1}{2}, 0, \pi$ 四个值，且取每个值的概率相同，则 $P(\xi>\sqrt{2})=$________，$P(-1\leqslant\xi\leqslant 1)=$________.

4. 设连续型随机变量 ξ 在区间 $[1,5]$ 上服从均匀分布，则随机变量 ξ 的密度函数 $p(x)=$________.

5. 设连续型随机变量 ξ 的分布函数为 $F(x)=\begin{cases}0, & x<0,\\ Ax^2, & 0\leqslant x<1,\\ 1, & x\geqslant 1,\end{cases}$ 则 $A=$________，$P(-2<\xi\leqslant 1)=$________.

6. 在 3 次独立试验中，事件 A 每次出现的可能性相同，且事件 A 至少出现 1 次的概率为 0.875，则在一次试验中事件 A 出现的概率为________.

7. 若随机变量 $\xi\sim N(\mu,\sigma^2)$，则 $\frac{\xi-\mu}{\sigma}\sim$________.

8. 设 $\xi\sim N(\mu,\sigma^2)$，且 $P(\xi>5)=P(\xi<1)$，则 $\mu=$________.

9. 设随机变量 $\xi \sim N(3,2^2)$，若 $P(\xi>c)=P(\xi<2)$，则 $c=$________.

10. 设 $\xi \sim N(0,1)$，$\eta \sim N(500,10^2)$，且 $P(\xi<1.28)=0.90$，则 $P(\eta>512.8)=$________.

三、解答题

1. 一批零件中共有 9 个合格品和 3 个废品，安装机器时从这批零件中任取 1 个，如果每次取到的废品不再放回，求在取得合格品之前已取出的废品数的分布列.

2. 已知连续型随机变量 ξ 的分布函数为 $F(x)=\dfrac{1}{\pi}\arctan x+B$，$-\infty<x<+\infty$，求 (1) B；(2) 密度函数 $p(x)$；(3) $P(-1<\xi<1)$.

3. 设当 $\xi\in[0,1]$ 时，连续型随机变量 ξ 的密度函数 $p(x)$ 与 x^2 成正比，其他处为零，试求 ξ 的分布函数 $F(x)$，并计算 $P\left(\dfrac{1}{2}<\xi\leqslant 1\right)$.

4. 设 15 只同类型的零件中有 2 只次品，在其中取 3 次，每次取 1 只，进行不放回抽样，用随机变量 ξ 表示取出的次品数，求 ξ 的分布列和分布函数.

5. 设 k 在 $[0,5]$ 上服从均匀分布，求方程 $4x^2+4kx+k+2=0$ 有实根的概率.

6. 设 $\xi \sim N(110,10^2)$，求

(1) $P(\xi<105)$；(2) $P(100<\xi\leqslant 120)$.

习题解答

习题 9.1

1. (1)和(3)是离散型；(2)、(4)、(5)是连续型. **2.** "$\xi=0$"表示 A 出现，$P(\xi=0)=1$.

习题 9.2

1.

ξ	1	2	3
P	$\frac{3}{6}$	$\frac{2}{6}$	$\frac{1}{6}$

2.

ξ	0	1	2	3	4
P	$\frac{1}{2}$	$\frac{1}{4}$	$\frac{1}{8}$	$\frac{1}{16}$	$\frac{1}{16}$

3. $\dfrac{10}{243}$. **4.** 公平. **5.** (1) 0.073；(2) 0.0086；(3) 0.9995；(4)0.41.

6. 当 $(n+1)p$ 为整数时，$k=(n+1)p-1$ 或 $(n+1)p$；当 $(n+1)p$ 不为整数时，$k=[(n+1)p]$.

习题 9.3

1. (1) $-\dfrac{1}{2}$；(2) 0.0625. **2.** (1) $\dfrac{1}{2}$；(2) $\dfrac{1}{2}(1-e^{-1})$. **3.** (1) $\dfrac{1}{e}$；(2) $1-e^{-2}$.

4. (1) $p(x)=\begin{cases}\dfrac{1}{8}, & 0\leqslant x\leqslant 8,\\ 0, & \text{其他};\end{cases}$ (2) $\dfrac{1}{8}$；$\dfrac{3}{8}$. **5.** (1) 3；(2) 2.

习题 9.4

1. 分布列

ξ	0	1
P	0.9	0.1

分布函数 $F(x)=\begin{cases}0, & x<0,\\ 0.9, & 0\leqslant x<1,\\ 1, & x\geqslant 1.\end{cases}$

2.

ξ	0	1	2
P	0.4	0.4	0.2

3. (1) 1；(2) $F(x)=\begin{cases}0, & x<-1,\\ \dfrac{(x+1)^2}{2}, & -1\leqslant x<0,\\ 1-\dfrac{(1-x)^2}{2}, & 0\leqslant x<1,\\ 1, & x\geqslant 1;\end{cases}$ (3) $\dfrac{3}{4}$.

4. (1) $A=\dfrac{1}{2}$，$B=\dfrac{1}{\pi}$；(2) $P(x)=\begin{cases}\dfrac{1}{\pi\sqrt{1-x^2}}, & -1<x<1,\\ 0, & \text{其他}.\end{cases}$

5. (1) $p(x)=\begin{cases}\dfrac{1}{600}e^{-\frac{1}{600}x}, & x\geqslant 0,\\ 0, & x<0;\end{cases}$ (2) $1-e^{-1}$.

习题 9.5

1. (1) 0.2119；(2) 0.4207；(3) 0.2347；(4) 0.9544.　**2.** (1) 0.9786；(2) 111.84.

3. 0.9544.　**4.** 31.　**5.** 0.682.　**6.** (1) 0.0614；(2) 0.007.　**7.** $\sigma=1.52$.

复习参考题答案

一、选择题

1. B.　**2.** D.　**3.** A.　**4.** C.　**5.** C.　**6.** D.

二、填空题

1. 0.2.　**2.** $\dfrac{1}{4}$.　**3.** $\dfrac{1}{4}$；$\dfrac{1}{2}$.　**4.** $\begin{cases}\dfrac{1}{4}, & 1\leqslant x\leqslant 5,\\ 0, & \text{其他}.\end{cases}$

5. 1；1.　**6.** $\dfrac{1}{2}$.　**7.** $N(0,1)$.　**8.** 3.　**9.** 4.　**10.** 0.1.

三、解答题

1.

ξ	0	1	2	3
P	$\dfrac{3}{4}$	$\dfrac{9}{44}$	$\dfrac{9}{220}$	$\dfrac{1}{220}$

2. (1) $\dfrac{1}{2}$；(2) $p(x)=\dfrac{1}{\pi(1+x^2)}$；(3) $\dfrac{1}{2}$.　**3.** $F(x)=\begin{cases}0, & x<0,\\ x^3, & 0\leqslant x\leqslant 1,\\ 1, & x>1;\end{cases}$ $\dfrac{7}{8}$.

4.

ξ	0	1	2
P	$\frac{22}{35}$	$\frac{12}{35}$	$\frac{1}{35}$

$$F(x)=\begin{cases}0, & x<0,\\ \frac{22}{35}, & 0\leqslant x<1,\\ \frac{34}{35}, & 1\leqslant x<2,\\ 1, & x\geqslant 2.\end{cases}$$

5. $\frac{7}{8}$.　6. (1) 0.3085;(2) 0.6826.

【知识拓展】

数学王子——高斯

约翰·卡尔·弗里德里希·高斯(德语:Johann Carl Friedrich Gauß,1777—1855 年),德国著名数学家、物理学家、天文学家、几何学家、大地测量学家.高斯被认为是世界上最重要的数学家之一,并有“数学王子”的美誉.

高斯出生于布伦瑞克,在他 9 岁这年,他的数学天赋就已初步展现.这天,他的小学老师布纳特在黑板上布置了一道算术题:1+2+3+…+100=? 布纳特在写出这道题的时候并没有指望这些孩子们能够答出这道题,但是没想到,在老师写完不久后,高斯就给出了答案:5050.他所使用的方法是:首尾依次相加后再求和(1+100,2+99,3+98,…),这让同学们都感到非常震惊,因为这代表年仅 9 岁的高斯就已经会使用等差数列解题.

1796 年,高斯发表了关于正十七边形尺规作图的可行性证明,证明出仅用尺规便可以构造出十七边形,并为流传了 2000 年的欧氏几何提供了自古希腊时代以来的第一次重要补充,这是高斯一生中最重要的成就之一.

1801 年,意大利天文学家朱塞佩·皮亚齐(Giuseppe Piazzi)发现了谷神星,在对其进行了 41 天的跟踪后,它消失了,皮亚齐将自己的观测数据发表出来,并希望全球的天文学家们一起寻找它的踪迹.根据皮亚齐披露的数据,高斯计算出了谷神星的轨道.1801 年 12 月 31 日,匈牙利天文学家弗朗兹·萨维尔·冯·扎克(Franz Xaver von Zach)果然在高斯预言的方位再次捕捉到了谷神星.年仅 24 岁的高斯是当时唯一准确预测了谷神星轨迹的人.

1809 年,高斯出版了以太阳(为焦点的)圆锥截面的天体运动理论《Theory of the Motion of Heavenly Bodies Moving about the Sun in Conic Sections》,在此过程中,他对 18 世纪行星轨道预测的方法进行了优化,提出了在今天仍广泛使用的最小二乘法(ordinary least square,OLS).最小二乘法是通过处理足够多的测量数据,得到一个基于概率性质的测量结果的最小化测量误差的一种方法.

随后,高斯又开始专注于曲面与曲线的计算,并成功得到高斯钟形曲线(正态分布曲线),其函数被命名为标准正态分布(或高斯分布),并在概率计算中大量使用.

(资料来源:https://baike.baidu.com/item/约翰·卡尔·弗里德里希·高斯/9963604)

第 10 章 随机变量的数字特征

知道了随机变量的分布，也就把握了随机变量取值的概率规律. 然而，有时并不需要了解随机变量的全貌，而是更多地关心某个特征，这类特征通常是用数字表达的，人们把描述随机变量特征的数字称为随机变量的数字特征. 本章将介绍最常用的两个数字特征.

10.1 数学期望

例 1 一个年级有 100 名学生，年龄组成为：17 岁的 2 人；18 岁的 2 人；19 岁的 30 人；20 岁的 56 人；21 岁的 10 人. 求该年级学生的平均年龄.

解 $\frac{1}{100}\times(17\times2+18\times2+19\times30+20\times56+21\times10)$

$$=17\times\frac{2}{100}+18\times\frac{2}{100}+19\times\frac{30}{100}+20\times\frac{56}{100}+21\times\frac{10}{100}=19.7$$

如果用 ξ 表示从 100 名学生中任抽一位学生的年龄，则 $\frac{2}{100},\frac{2}{100},\frac{30}{100},\frac{56}{100},\frac{10}{100}$ 正是 ξ 分别取 17，18，19，20，21 的概率，而 19.7 正是对随机变量取值的“平均值”.

10.1.1 离散型随机变量的数学期望

定义 1 设离散型随机变量 ξ 的概率分布为 $P(\xi=x_k)=p_k\ (k=1,2,\cdots)$. 如果级数 $\sum_{k=1}^{\infty}x_kp_k$ 绝对收敛，则称该级数为 ξ 的**数学期望**，简称**期望**或**均值**，记作 $E\xi$，即

$$E\xi=\sum_{k=1}^{\infty}x_kp_k.$$

例 2 一批产品中有一、二、三等品及废品 4 种，相应比例分别为 60%，20%，10% 及 10%，若各等级产品的产值分别为 6 元，4.8 元，4 元及 0 元，求产品的平均产值.

解 $E\xi=4\times0.1+4.8\times0.2+6\times0.6=4.96$（元）.

例 3 设 ξ 服从二点分布，求 $E\xi$.

解 由于 ξ 的分布列为

ξ	0	1
P	$1-p$	p

则

$$E\xi=0\times(1-p)+1\times p=p.$$

可以证明：

(1) 设 $\xi \sim B(n,p)$，则 $E\xi=np$；

(2) 设 $\xi \sim \pi(\lambda)$，则 $E\xi=\lambda$.

10.1.2 连续型随机变量的数学期望

定义 2 设连续型随机变量 ξ 的密度函数为 $p(x)$，如果积分 $\int_{-\infty}^{+\infty} xp(x)\mathrm{d}x$ 绝对收敛，则称该积分为 ξ 的**数学期望**，记作 $E\xi$，即 $E\xi=\int_{-\infty}^{+\infty} xp(x)\mathrm{d}x$.

例 4 设 ξ 在 $[a,b]$ 上服从均匀分布，求 $E\xi$.

解 由于 ξ 的密度函数为 $p(x)=\begin{cases}\dfrac{1}{b-a}, & a\leqslant x\leqslant b,\\ 0, & \text{其他},\end{cases}$

于是
$$E\xi=\int_{-\infty}^{+\infty} xp(x)\mathrm{d}x=\int_a^b \frac{x}{b-a}\mathrm{d}x=\frac{1}{2}(a+b).$$

同理可推得，若 ξ 服从参数为 λ 的指数分布，则 $E\xi=\dfrac{1}{\lambda}$.

10.1.3 随机变量函数的数学期望

设随机变量 η 为随机变量 ξ 的函数，即 $\eta=f(\xi)$. 从上述的讨论可知，要求出 η 的数学期望，只要求出 η 的概率密度即可，但这个过程往往比较麻烦. 我们有如下的定理，不用求出 η 的概率密度，直接可求出 η 的数学期望.

定理 设 η 为随机变量 ξ 的函数 $\eta=f(\xi)$，这里 $f(x)$ 为连续的实值函数.

(1) 若 ξ 为离散型随机变量，其概率分布为
$$P(\xi=x_k)=p_k \quad (k=1,2,\cdots),$$
则
$$E\eta=E[f(\xi)]=\sum_{k=1}^{\infty} f(x_k)p_k;$$

(2) 若 ξ 为连续型随机变量，其密度函数为 $p(x)$，则
$$E\eta=E[f(\xi)]=\int_{-\infty}^{+\infty} f(x)p(x)\mathrm{d}x.$$

例 5 设随机变量 ξ 的分布列为

ξ	0	1	2
p	$\frac{1}{2}$	$\frac{1}{8}$	$\frac{3}{8}$

求 $E\xi^2$.

解 $E\xi^2=0^2\times\dfrac{1}{2}+1^2\times\dfrac{1}{8}+2^2\times\dfrac{3}{8}=\dfrac{13}{8}$.

例 6 设 ξ 在 $[0,\pi]$ 上服从均匀分布，求 $E(\sin\xi)$.

解　由于 ξ 的密度函数为 $p(x)=\begin{cases}\dfrac{1}{\pi}, & 0\leqslant x\leqslant\pi,\\ 0, & \text{其他},\end{cases}$

于是
$$E(\sin\xi)=\int_{-\infty}^{+\infty}\sin x p(x)\mathrm{d}x=\int_0^{\pi}\frac{1}{\pi}\sin x\mathrm{d}x=\frac{2}{\pi}.$$

10.1.4　数学期望的性质

(1) 若 c 是一个常数,则 $E(c)=c$;

(2) 若 a 是一个常数,则 $E(a\xi)=aE\xi$;

(3) 若 a、b 为常数,则 $E(a\xi+b)=aE\xi+b$;

(4) $E(\xi+\eta)=E(\xi)+E(\eta)$.

例 7　设 ξ 的分布列为

ξ	-1	0	1	2
p	0.3	0.2	0.4	0.1

求:(1) $E(2\xi+1)$;(2) $E(\xi^2-2)$.

解　(1) $E(2\xi+1)=2E\xi+1=2[(-1)\times0.3+0\times0.2+1\times0.4+2\times0.1]+1=1.6$;

(2) $E(\xi^2-2)=E(\xi^2)-2=[(-1)^2\times0.3+0^2\times0.2+1^2\times0.4+2^2\times0.1]-2=-0.9$.

习　题　10.1

1. 一袋中有 5 只乒乓球,编号为 1,2,3,4,5.现从中任取 3 只乒乓球,求取出的 3 只乒乓球的最大编号的数学期望.

2. 设连续型随机变量 ξ 的密度函数为
$$p(x)=\begin{cases}ax+b, & 0\leqslant x\leqslant1,\\ 0, & \text{其他},\end{cases}$$
且已知 $E\xi=\dfrac{1}{3}$,求 a 与 b 的值.

3. 设随机变量 ξ 的分布列为

ξ	-2	0	2
p	0.4	0.3	0.3

求 $E\xi$,$E(\xi^2)$,$E(3\xi^2+5)$.

4. 设 ξ 在 $\left[-\dfrac{\pi}{4},\dfrac{\pi}{4}\right]$ 上服从均匀分布,求 $E(\xi^3)$;$E(\cos\xi)$.

5. 某种电子元件的使用寿命 ξ 是个随机变量,其密度函数为
$$p(x)=\begin{cases}\dfrac{1}{1000}\mathrm{e}^{-\frac{x}{1000}}, & x>0,\\ 0, & x\leqslant0,\end{cases}$$
求该电子元件的平均寿命.

10.2 方　　差

数学期望固然重要，但是在实际问题中仅知道数学期望，常常不足以显示随机变量取值规律的基本特征.

例 1 已知射手甲命中环数 ξ 的分布列为

ξ	5	9	7
P	0.175	0.6	0.225

射手乙命中环数 η 的分布列为

η	6	7	8
P	0.2	0.5	0.3

试据此对射手甲、乙的射击水平作出评判.

解 显然，他们的平均命中率是相同的，即 $E\xi=E\eta=7.1$.

在竞技比赛中，据此可断言他们有相同的竞技水平而并列于同一名次. 但是，甲、乙射手的射击水平的差异是存在的. 从分布列看甲的命中环数分散，显得不稳定，相比之下乙要稳定些.

为了定量描述这样的差异性而引入第二个数字特征——**方差和标准差**.

10.2.1 方差的定义

定义 设 ξ 为一随机变量，若 $E(\xi-E\xi)^2$ 存在，则称之为 ξ 的**方差**，记作 $D\xi$，即 $D\xi=E(\xi-E\xi)^2$. 显然 $D\xi\geqslant 0$，方差的算术平方根称为**标准差**或**均方差**，记作 $\sqrt{D\xi}$.

10.2.2 方差的计算公式

从定义看，方差实际上也是随机变量函数的数学期望，所以 $D\xi$ 可以用前面介绍的求随机变量函数的数学期望的公式求出.

(1) 对离散型随机变量 ξ，其分布列为 $P(\xi=x_k)=p_k(k=1,2,\cdots)$，则

$$D\xi=\sum_{k=1}^{\infty}(x_k-E\xi)^2 p_k.$$

(2) 对连续型随机变量 ξ，其密度函数为 $p(x)$，则

$$D\xi=\int_{-\infty}^{+\infty}(x-E\xi)^2 p(x)\mathrm{d}x.$$

对于例 1，由公式 $D\xi=\sum\limits_{k=1}^{\infty}(x_k-E\xi)^2 p_k$ 得

$$D\xi=(5-7.1)^2\times 0.175+(9-7.1)^2\times 0.6+(7-7.1)^2\times 0.225=2.94,$$

$$D\eta=(6-7.1)^2\times 0.2+(7-7.1)^2\times 0.5+(8-7.1)^2\times 0.3=0.49.$$

计算表明，较大方差对应着的随机变量取值与它的数学期望有较大偏离，即随机变量取值

比较分散. 反之,则表示随机变量取值比较集中. 因此,方差是反映随机变量对均值的偏离程度的数字特征.

(3) 一个重要公式.

可以证明

$$D\xi = E\xi^2 - E^2\xi.$$

例 2　设 ξ 服从二点分布,求 $D\xi$.

解　由于 ξ 的分布列

ξ	0	1
P	$1-p$	p

因为

$$E\xi = p,\quad E\xi^2 = 1^2 \times p + 0^2 \times (1-p) = p,$$

所以

$$D\xi = E\xi^2 - E^2\xi = p - p^2 = p(1-p).$$

同理可推得

(1) 若 $\xi \sim B(n,p)$,则 $D\xi = np(1-p)$;

(2) 设 $\xi \sim \pi(\lambda)$,则 $D\xi = \lambda$.

例 3　设 ξ 在$[a, b]$上服从均匀分布,求 $D\xi$.

解　由于 ξ 的密度函数为 $p(x) = \begin{cases} \dfrac{1}{b-a}, & a \leqslant x \leqslant b, \\ 0, & \text{其他}, \end{cases}$

所以

$$E\xi = \frac{a+b}{2},$$

而

$$E\xi^2 = \int_{-\infty}^{+\infty} x^2 p(x)\,\mathrm{d}x = \int_a^b x^2 \frac{1}{b-a}\,\mathrm{d}x = \frac{1}{3}(b^2 + ab + a^2),$$

所以

$$D\xi = E\xi^2 - E^2\xi = \frac{1}{3}(b^2 + ab + a^2) - \frac{1}{4}(a+b)^2 = \frac{1}{12}(b-a)^2.$$

同理可推得,若 ξ 服从参数为 λ 的指数分布,则 $D\xi = \dfrac{1}{\lambda^2}$.

10.2.3　方差的性质

假设 b、c 为常数,则

(1) $D(c) = 0$;

(2) $D(\xi + c) = D\xi$;

(3) $D(c\xi) = c^2 D\xi$.

例 4　设 $E\xi = -3$, $E\xi^2 = 11$, 求 $E(2-4\xi)$, $D(2-4\xi)$.

解

$$E(2-4\xi) = 2 - 4E\xi = 2 - 4 \times (-3) = 14;$$

$$D\xi = E\xi^2 - E^2\xi = 11 - (-3)^2 = 2;$$

$$D(2-4\xi) = (-4)^2 D\xi = 16 \times 2 = 32.$$

习　题　10.2

1. 测出某两批手表的走时误差(以整秒计)有如下分布列

甲批

ξ	-1	0	1
P	0.1	0.8	0.1

;

乙批

η	-2	-1	0	1	2
P	0.1	0.2	0.4	0.2	0.1

;

试问甲、乙两批手表哪批手表走时要准确些?

2. 若ξ服从参数为1的指数分布,求$D(-4\xi+2)$.

3. 若$\xi\sim B\left(3,\dfrac{2}{5}\right)$,求$D(5\xi)$.

4. 设ξ的密度函数为$p(x)=\begin{cases}2-2x, & 0<x<1,\\ 0, & \text{其他},\end{cases}$求$D\xi,D(-3\xi)$.

5. 设ξ的密度函数为$p(x)=\begin{cases}x, & 0\leqslant x<1,\\ 2-x, & 1\leqslant x\leqslant 2,\\ 0, & \text{其他},\end{cases}$求$D\xi,D(-2\xi+3)$.

复习参考题

一、选择题

1. 若ξ服从泊松分布$\pi(3)$,则$\dfrac{D\xi}{E\xi}=$(　　).

A. 1　　B. $\dfrac{1}{9}$　　C. $\dfrac{1}{3}$　　D. 3

2. 若ξ服从$[0,2]$上的均匀分布,则$\dfrac{D\xi}{(E\xi)^2}=$(　　).

A. $\dfrac{1}{2}$　　B. $\dfrac{1}{3}$　　C. $\dfrac{1}{12}$　　D. $\dfrac{1}{4}$

3. 设ξ服从$B(6,0.4)$,则有(　　).

A. $E\xi=2.4,D\xi=1.44$　　B. $E\xi=2.4,D\xi=0.96$

C. $E\xi=3.6,D\xi=1.44$　　D. $E\xi=3.6,D\xi=2.16$

4. 设ξ满足$D\xi=(E\xi)^2$,则ξ服从(　　)分布.

A. 正态　　B. 指数　　C. 二项　　D. 泊松

5. 已知$E\xi=-1,D\xi=3$,则$E[3(\xi^2-2)]=$(　　).

A. 9　　B. 30　　C. 6　　D. 36

6. 设$E\xi=1,D(2\xi)=1$,则$E(\xi^2-1)=$(　　).

A $-\dfrac{1}{4}$　　B. $\dfrac{5}{4}$　　C. $\dfrac{3}{4}$　　D. $\dfrac{1}{4}$

二、填空题

1. 随机变量 ξ 服从参数为 1 的指数分布，则数学期望 $D(\xi+3)=$________.

2. 已知离散型随机变量 ξ 服从参数为 2 的泊松分布，则随机变量 $\eta=3\xi-2$ 的数学期望 $E\eta=$________.

3. 若随机变量 ξ 服从二项分布，且 $E\xi=6$，$D\xi=3.6$，则二项分布的参数 $n=$________，$p=$________.

4. 设随机变量 ξ 服从区间 $[2,4]$ 上的均匀分布，则 $E\xi=$________，$D\xi=$________.

5. 若 $E\xi=\mu$，$D\xi=\sigma^2$，则 $E\xi^2=$________.

6. 设连续型随机变量 ξ 的密度函数为

$$p(x)=\begin{cases}0, & x<0,\\ Ae^{-x}, & 0\leqslant x\leqslant 1,\\ 0, & x>1,\end{cases}$$

则 $A=$________，$E\xi=$________.

三、解答题

1. 假设有 10 只同种电器元件，其中有 2 只废品，装配仪器时，从这批元件中任取一只，如果是废品，则扔掉再重新任取一只，如仍是废品，则扔掉再取一只，试求在取到正品以前已取出的废品只数的分布，数学期望和方差.

2. 某人有 10 把不同的钥匙，用它们去开某一扇门，其中恰有 1 把钥匙能打开这扇门. 假设试开时，取到每只钥匙是等可能的，如果试开后的钥匙不再放回，求试开次数 ξ 的数学期望和方差.

3. 设 ξ 是一个随机变量，其密度函数为 $f(x)=\begin{cases}1+x, & -1\leqslant x\leqslant 0,\\ 1-x, & 0<x\leqslant 1,\\ 0, & \text{其他},\end{cases}$ 试求 $D\xi$.

4. 一本 500 页的书中有 100 个印刷错误，设每页的错误个数服从泊松分布，求任取一页错误个数不少于 2 的概率.

5. 设 ξ 的分布函数为 $F(x)=\begin{cases}0, & x<a\\ 1-\dfrac{a^3}{x^3}, & x\geqslant a\end{cases}(a>0)$，求 $E\xi$，$D\xi$，$E(3\xi-a)$，$D(3\xi-a)$.

习题解答

习题 10.1

1. 4.5.　**2.** $a=-2$；$b=2$.　**3.** -0.2；2.8；13.4.　**4.** 0；$\dfrac{2\sqrt{2}}{\pi}$.　**5.** 1000.

习题 10.2

1. 甲批.　**2.** 16.　**3.** 1.8.　**4.** $\dfrac{1}{18}$；$\dfrac{1}{2}$.　**5.** $\dfrac{1}{6}$；$\dfrac{2}{3}$.

复习参考题答案

一、选择题

1. A.　**2.** B.　**3.** A.　**4.** B.　**5.** C.　**6.** D.

二、填空题

1. 1.　**2.** 4.　**3.** 15；0.4.　**4.** 3；$\frac{1}{3}$.　**5.** $\mu^2+\sigma^2$.　**6.** $\frac{e}{e-1}$；$\frac{e-2}{e-1}$.

三、解答题

1.

ξ	0	1	2
P	0.8	$\frac{8}{45}$	$\frac{1}{45}$

；$E\xi=\frac{2}{9}$；$D\xi=\frac{88}{405}$.　**2.** 5.5；8.25.　**3.** $\frac{1}{6}$.

4. $1-\frac{5}{6}e^{-\frac{1}{5}}$.　**5.** $\frac{3}{2}a$；$\frac{3}{4}a^2$；0；$\frac{1}{3}a^2$.

【知识拓展】

三门问题

假设你在参加一个电视节目，题目中有三扇紧闭的门，其中一扇门后面是汽车，另外两扇门后面是山羊.你需要选定一扇门后，主持人打开了另外一扇有山羊的门，随后他会问你要不要换另一扇门.那么，你会选择换门吗？如果换门的话会增加选中汽车的概率吗？概率会变成多少？

有人可能会觉得怎么选抽中汽车的概率都是1/3，有人也可能会想，换了门之后剩两扇门，因此概率变成了1/2，但是这两种想法都不对，因为主持人事先知道了每扇门后面是什么，所以他一定会选择打开一扇有山羊的门.主持人的这个举动，导致出现了条件概率，现在我们来具体讨论一下这个问题.为了方便讨论，我们将三扇门编号为A、B、C.

首先，参赛者在第一次选择时是随机的，因此每扇门选择的概率都是相等的，均为1/3.然后，主持人开始选择，我们假设车子在A门后，如果参赛者第一次选了A门，那么主持人可能打开B门或者C门，记概率分别为m和$1-m$；如果参赛者第一次选了B门，那么主持人只能选择C门，概率为1；如果参赛者第一次选了C门，那么主持人只能选择B门，概率为1.接着，参赛者如果选择不换的话，那么选中A门后的汽车的概率为：$1/3\times m+1/3\times(1-m)=1/3$；参赛者如果选择换的话，因为总共就3扇门，因此如果选择换门，那么也只能选择最后剩下的这一扇门，概率也都为1，那么，选中A门后的汽车的概率为：$1/3\times1\times1+1/3\times1\times1=2/3$.

因此，选择换门的概率要比不换门的概率大.我们刚刚讨论的是假设车子在A门后，那么如果车子在B门后，或者在C门后，会影响最终结果吗？请大家思考这个问题.

第 11 章　简单随机样本

前三章我们讲述了概率论的基本知识，在概率论中，随机变量的分布通常总是假设为已知的，在此基础上去研究它的性质，特点和统计规律性．但是在实际中，一个随机变量的分布或分布中所含的参数通常是未知．那么怎样知道随机变量的分布或者未知参数呢？这就是数理统计所要解决的问题．数理统计以概率论为理论基础，根据试验和观察得到的数据，来研究随机变量．并对所研究随机变量的分布或其未知参数做出种种估计和推断．

本章我们介绍总体、随机样本及统计量等基本概念，并讨论几个常用的统计量及其分布．

11.1　总体和样本

数理统计是从局部观测资料的统计特征，来推断随机现象整体统计特征的一门学科．当然，要了解整体情况，最准确的方法就是普查，但实际中往往不必要，而且有些试验也是破坏性的，那么，我们就从要研究的全体对象中抽取一部分，对这一部分进行研究，从而推断整体的特征，这种方法我们称为**数理统计的方法**．

1．总体和个体

在数理统计中，常把研究对象的全体称为**总体**，组成总体的每个基本单元称为**个体**．例如，某车床一段时间内在稳定状态下生产的一批零件可以作为一个总体，而其中的每个零件就是一个个体；某市 2022 年新出生的婴儿可以作为一个总体，其中每个新出生的婴儿就是该总体的一个个体．

在实际中，我们关心的往往只是研究对象的某一个数量指标，例如，对于车床加工的一批零件，我们关心的是它的长度，当我们只考察零件的长度这项指标时，这批零件中的每个零件都有一个确定的值．因此，应该把这些长度值作为总体，每个零件的长度就是个体．同样，对于某市新出生的婴儿，我们研究的是他们的体重这一数量指标时，那么该市所有这些新出生婴儿的体重值构成总体，其中每一个婴儿的体重就是个体．

我们还应该看到，对于同一部车床，在生产稳定的条件下加工的一批零件，由于偶然误差，其长度也不会完全相同，但是它服从确定的概率分布，这说明零件的长度是个随机变量，因此总体就是某个随机变量取值的全体，在使用数理统计方法时，我们要善于把所研究的对象看成是一个随机变量．

2．样本和样本空间

在一个总体 X 中，抽取 n 个个体 $X_1,X_2,\cdots,X_n$，这 n 个个体称为总体 X 的一个**样本**，样本所含个体的数目 n 称为**样本容量**，$X_1,X_2,\cdots,X_n$ 可以看成 n 个随机变量，但在一次抽取后它们就有确定的值，记作 $x_1,x_2,\cdots,x_n$，称为样本的**观测值**，简称**样本值**.

3. 简单随机抽样

从总体中抽取部分个体来观察某项数量指标的过程称为**抽样**，抽样的目的是对总体作出各种推断. 为了使抽取的部分个体能够对总体作出较可靠的推断，抽样方法必须具备下列两个条件：

(1) **独立性**，即每次抽到的结果与其他各次的结果互不影响；

(2) **随机性**，即总体中的每个个体被抽到的机会是等同的.

我们把具备以上两个条件的抽样称为**简单随机抽样**，也简称为**抽样**，今后我们所提到的抽样均指简单随机抽样.

11.2 样本的数字特征

在实际工作中，总体的期望和方差是人们最关心的数字特征，但是前面我们提到过，对于总体我们不能或不必要做普查. 因此可以通过抽样得到样本的期望和方差来推导总体对应的数字特征.

1. 样本均值和样本方差的概念

定义 设 $X_1,X_2,\cdots,X_n$ 是总体 X 的一个容量为 n 的样本，称 $\overline{X}=\frac{1}{n}\sum_{i=1}^{n}X_i$ 为**样本均值**；$S^2=\frac{1}{n-1}\sum_{i=1}^{n}(X_i-\overline{X})^2$ 为**样本方差**，S^2 的算术平方根 S 为**样本标准差**.

当我们泛指任一次抽查结果时，样本 $X_1,X_2,\cdots,X_n$ 是 n 个随机变量，从而样本均值 $\overline{X}$ 和样本方差 S^2 也是随机变量，当我们特指某一次抽查结果时，样本值 $x_1,x_2,\cdots,x_n$ 是 n 个具体实数，从而样本均值的观测值 $\bar{x}$ 和样本方差的观测值 s^2 也是具体实数.

容易看出，对于一组样本值 $x_1,x_2,\cdots,x_n$，样本均值 $\bar{x}=\frac{1}{n}\sum_{i=1}^{n}x_i$ 表示数据集中的位置，样本方差 $s^2=\frac{1}{n-1}\sum_{i=1}^{n}(x_i-\bar{x})^2$ 表达了数据对于均值 $\bar{x}$ 的离散程度，s^2 越大，数据越分散，波动越大，s^2 越小，数据越集中，波动越小.

例 1 从某总体中抽取一个容量为 5 的样本，测得样本值为 64，68，72，80，84，求样本均值和样本方差.

解 $\bar{x}=\frac{1}{5}\sum_{i=1}^{5}x_i=\frac{1}{5}(64+68+72+80+84)=73.6$；

$$
\begin{aligned}
s^2&=\frac{1}{5-1}[(64-73.6)^2+(68-73.6)^2+(72-73.6)^2+(80-73.6)^2\\
&\quad+(84-73.6)^2]\\
&=68.80.
\end{aligned}
$$

所以，样本均值为 73.6，样本方差为 68.80.

对于样本方差中为什么用 $n-1$ 而不用 n，我们在介绍点估计后解释.

2. 对总体均值和总体方差的点估计

我们用样本均值的观测值 $\bar{x}$ 作为总体均值 μ 的估计值，用样本方差的观测值 s^2 作为总体方差 σ^2 的估计值，这就是对总体均值和总体方差的**点估计**.

例 2 某厂生产螺母，从某日的产品中随机抽取 7 件，测得内径的毫米数如下：

112.0，113.4，111.2，112.0，114.5，112.9，113.6，

试估计该日生产螺母内径的均值和方差.

解
$$\begin{aligned}\bar{x} &= \frac{1}{7}\sum_{i=1}^{7}x_i\\ &= \frac{1}{7}(112.0+113.4+111.2+112.0+114.5+112.9+113.6)\\ &= 112.8;\end{aligned}$$

$$\begin{aligned}s^2 &= \frac{1}{7-1}[(112.0-112.8)^2+(113.4-112.8)^2+(111.2-112.8)^2\\ &\quad+(112.0-112.8)^2+(114.5-112.8)^2+(112.9-112.8)^2\\ &\quad+(113.6-112.8)^2]\\ &=1.29.\end{aligned}$$

所以，我们估计该日生产的这些螺母内径均值为 112.8，方差为 1.29.

应该注意的是：样本 $X_1,X_2,\cdots,X_n$ 是随机变量，从而样本均值 $\bar{X}$ 和样本方差 S^2 也是随机变量，而总体均值 μ 和总体方差 σ^2 都是确定的常数，所以我们是在用随机变量估计非随机变量. 由于从样本的不同观测值可以求得不同的估计值，因此衡量一个估计的好坏当然不能仅根据一次观测的结果作出定论，而必须从全局上，从多次观测得到的估计值与被估计的参数（μ 或 σ^2）的偏差大小来决定.

一般地，如果估计量的均值等于被估计量，则此估计量称为被估计量的**无偏估计量**，可以证明，样本均值 $\bar{X}$ 是总体均值 μ 的无偏估计量，样本方差 S^2 是总体方差 σ^2 的无偏估计量，即 $E\bar{X}=\mu$，$ES^2=\sigma^2$.

证
$$E\bar{X} = E\left(\frac{1}{n}\sum_{i=1}^{n}X_i\right) = \frac{1}{n}\sum_{i=1}^{n}EX_i = \frac{1}{n}\cdot nEX = EX = \mu.$$

由于独立的随机变量和的方差等于方差的和，所以有

$$D\bar{X} = D\left(\frac{1}{n}\sum_{i=1}^{n}X_i\right) = \frac{1}{n^2}\sum_{i=1}^{n}DX_i = \frac{1}{n^2}\cdot nDX = \frac{1}{n}DX = \frac{\sigma^2}{n},$$

$$\begin{aligned}ES^2 &= E\left[\frac{1}{n-1}\sum_{i=1}^{n}(X_i-\bar{X})^2\right] = \frac{1}{n-1}E\left[\sum_{i=1}^{n}(X_i^2-2\bar{X}X_i+\bar{X}^2)\right]\\ &= \frac{1}{n-1}\sum_{i=1}^{n}EX_i^2 - \frac{2}{n-1}E\left(\bar{X}\sum_{i=1}^{n}X_i\right) + \frac{n}{n-1}E\bar{X}^2\\ &= \frac{1}{n-1}\sum_{i=1}^{n}EX_i^2 - \frac{2n}{n-1}E\bar{X}^2 + \frac{n}{n-1}E\bar{X}^2\\ &= \frac{1}{n-1}\sum_{i=1}^{n}EX_i^2 - \frac{n}{n-1}E\bar{X}^2\end{aligned}$$

$$= \frac{1}{n-1}\sum_{i=1}^{n}(DX_i + E^2X_i) - \frac{n}{n-1}(D\overline{X} + E^2\overline{X})$$

$$= \frac{n}{n-1}(DX + E^2X) - \frac{n}{n-1}\cdot\left(\frac{DX}{n} + E^2X\right)$$

$$= \frac{n}{n-1}DX - \frac{n}{n-1}\cdot\frac{DX}{n} = DX = \sigma^2.$$

若令 $S^{*2} = \frac{1}{n}\sum_{i=1}^{n}(X_i - \overline{X})^2$，则

$$ES^{*2} = E\left[\frac{1}{n}\sum_{i=1}^{n}(X_i - \overline{X})^2\right] = \frac{n-1}{n}E\left[\frac{1}{n-1}\sum_{i=1}^{n}(X_i - \overline{X})^2\right] = \frac{n-1}{n}\sigma^2 \neq \sigma^2.$$

则 S^{*2} 不是总体方差 σ^2 的无偏估计量，这就是为什么我们在样本方差中用 $n-1$ 而不用 n 的原因所在. 但当样本容量 n 相当大时，$n-1$ 和 n 相差不大，因此 S^{*2} 和 S^2 相差也不大，所以也可以用 S^{*2} 代替 S^2 来近似估计 σ^2.

习　题　11.2

1. 对下面几组样本值，计算样本的均值和样本方差.

(1) 12，13.4，11.2，12，14.5，12.9，13.6；

(2) 54，67，68，78，70，66，67，70，65，69；

(3) 50，100，80，120，200，250，40，130，300，200.

2. 对某总体抽样得到样本观测值为

38.2，40.2，42.4，37.6，39.2，41.0，44.0，43.2，38.8，40.6. 对总体的均值和方差作点估计.

3. 从某厂生产的一批仪表中，随机抽取 9 台做寿命实验，各台从开始工作到初次发生故障时间(单位：小时)为

1408，1632，1957，1968，2315，2400，2912，4315，4378. 对该批仪表的均值和方差作点估计.

11.3　统计量及其分布

在数理统计中，对于同一个总体来说，由于误差的原因，不同的人去抽取得到的个体是不一样的，自然样本值也是不一样的，但是总体相同，总体的数字特征就是确定的，那么我们拿样本的观测值去估计总体数字特征显然是不准确的. 因此，并不能直接利用抽取的样本去对总体进行估计、推断，我们需要对样本进行一番提炼和加工，即针对不同的问题构造出样本的各种函数.

若 $X_1, X_2, \cdots, X_n$ 是取自总体 X 的一个样本，则称样本的不包含任何未知参数的连续函数 $\varphi(X_1, X_2, \cdots, X_n)$ 为**统计量**，由于 $X_1, X_2, \cdots, X_n$ 都是随机变量，所以统计量也是随机变量.

现将在正态总体下的几个常用的统计量及其分布介绍如下.

1. 统计量 $U=\dfrac{\overline{X}-\mu}{\sqrt{\dfrac{\sigma^2}{n}}}$ 的分布

若 $X_1,X_2,\cdots,X_n$ 是取自正态总体 $X\sim N(\mu,\sigma^2)$ 的一个样本，可以证明：样本均值 $\overline{X}$ 也是正态变量，因为

$$\overline{X}=\frac{1}{n}\sum_{i=1}^{n}X_i,\quad E\overline{X}=E\left(\frac{1}{n}\sum_{i=1}^{n}X_i\right)=\frac{1}{n}\sum_{i=1}^{n}EX_i=\frac{1}{n}\cdot n\mu=\mu;$$

$$D\overline{X}=D\left(\frac{1}{n}\sum_{i=1}^{n}X_i\right)=\frac{1}{n^2}\sum_{i=1}^{n}DX_i=\frac{1}{n^2}\cdot n\sigma^2=\frac{\sigma^2}{n},$$

所以

$$\overline{X}\sim N\left(\mu,\frac{\sigma^2}{n}\right).$$

将其标准化的随机变量记为 U，可得 $U=\dfrac{\overline{X}-\mu}{\sqrt{\dfrac{\sigma^2}{n}}}\sim N(0,1)$.

2. 统计量 $t=\dfrac{\overline{X}-\mu}{\sqrt{\dfrac{S^2}{n}}}$ 的分布

若 $X_1,X_2,\cdots,X_n$ 是取自正态总体 $X\sim N(\mu,\sigma^2)$ 的一个样本，样本均值为 $\overline{X}$，样本方差为 S^2，可以证明

$$t=\frac{\overline{X}-\mu}{\sqrt{\dfrac{S^2}{n}}}=\frac{\overline{X}-\mu}{\sqrt{\dfrac{\sigma^2}{n-1}}}\sim t(n-1).$$

t 分布是关于 y 轴的对称分布，它的分布曲线形态上很像标准正态曲线，但峰顶比标准正态的峰顶要低，两端较高，它的密度函数与总体的均值 μ 及方差 σ^2 无关，而只与样本容量 n 有关. n 是唯一的参数. 当 $n>30$ 时，t 分布曲线与标准正态曲线极为相似，可以用标准正态分布近似代替 t 分布. 图 11-1 给出了标准正态曲线和几个不同自由度的 t 分布曲线供参考.

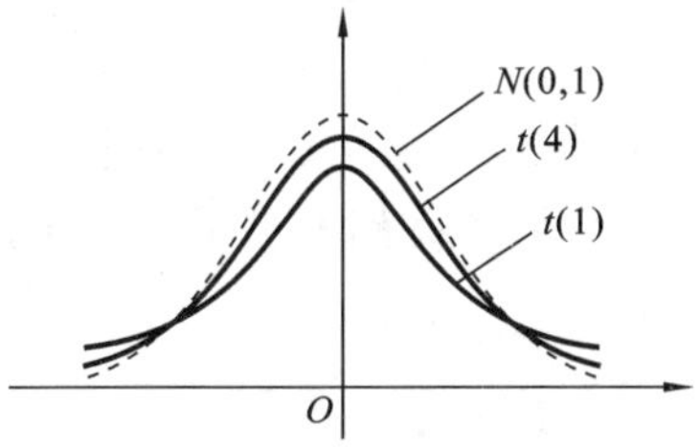

图 11-1

3. 统计量 $\chi^2=\dfrac{(n-1)S^2}{\sigma^2}$ 的分布

若 $X_1,X_2,\cdots,X_n$ 是取自正态总体 $X\sim N(\mu,\sigma^2)$ 的一个样本，样本方差为 S^2，可以证明：$\chi^2=\dfrac{(n-1)S^2}{\sigma^2}$ 服从自由度为 $n-1$ 的 χ^2 分布，记作 $\chi^2\sim\chi^2(n-1)$.

χ^2 分布与标准正态分布，t 分布有明显不同，它是一种不对称分布，n 是唯一参数. 图 11-2 给出了几条不同自由度的 χ^2 分布曲线供参考.

4. 统计量 $F=\dfrac{S_1^2}{S_2^2}$ 的分布

若 $X_1,X_2,\cdots,X_{n1}$ 是取自正态总体 $X\sim N(\mu_1,\sigma_1^2)$ 的一个样本，若 $Y_1,Y_2,\cdots,Y_{n2}$ 是取自正

态总体 $Y\sim N(\mu_2,\sigma_2^2)$ 的一个样本，且 X,Y 相互独立，样本方差分别为 S_1^2,S_2^2，那么在 $\sigma_1^2=\sigma_2^2$ 的条件下，$F=\dfrac{S_1^2}{S_2^2}$ 服从自由度为 n_1-1,n_2-1 的 F 分布，记作 $F\sim F(n_1-1,n_2-1)$，其中，n_1-1 称为**第一自由度**（或**分子自由度**），n_2-1 称为**第二自由度**（或**分母自由度**）.

由以上给出的定义可知，$\dfrac{1}{F}=\dfrac{S_2^2}{S_1^2}$ 仍然服从 F 分布，它的第一自由度为 n_2-1，第二自由度为 n_1-1，记作 $\dfrac{1}{F}\sim F(n_2-1,n_1-1)$.

F 分布是不对称分布，n_1,n_2 是它的两个参数，当 n_1,n_2 增大时，F 分布曲线近似对称，图 11-3 给出了几条不同参数的 F 分布曲线供参考.

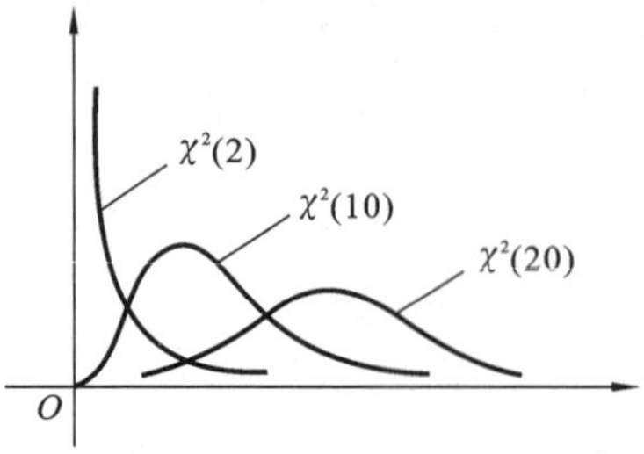

图 11-2

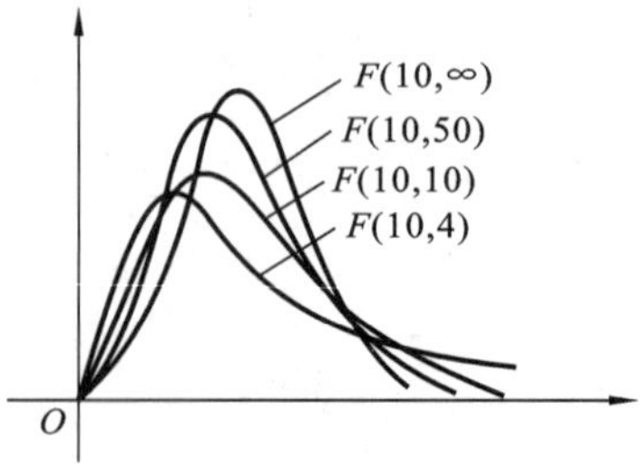

图 11-3

习 题 11.3

1. 在总体 $N(52,6.3^2)$ 中随机抽取一个容量为 36 的样本，求样本均值落在 50.8～53.8 之间的概率.

2. 在总体 $N(3.4,6^2)$ 中随机抽取一个容量为 n 的样本，如果要求样本均值位于区间(1.4，5.4)内的概率不小于 0.95，求样本容量 n 至少应该取多少？

复习参考题

一、选择题

1. 为了了解全班 60 名学生的身高情况，从中抽取 20 名学生进行测量，下列说法正确的是（　　）.

A. 总体是 60　　B. 个体是每一个学生

C. 样本是 20 名学生　　D. 样本容量是 20

2. 为了了解所加工的一批零件的长度，抽测了其中 150 个零件的长度，在这个问题中，150 个零件的长度是（　　）.

A. 总体　　B. 个体

C. 总体的一个样本　　D. 样本容量

3. 对总数为 n 的一批零件抽取一个容量为 30 的样本，若每个零件被抽取的概率为 0.25，则 n

等于(　　).

A. 120　　B. 200　　C. 150　　D. 100

4. 设 X_1,X_2,X_3 是来自总体 $N(\mu,\sigma^2)$ 的一个样本,其中,μ 已知,σ^2 为未知,判断下列各式,不是统计量的是(　　).

A. $\frac{1}{3}(X_1+X_2+X_3)$　　B. $X_1+X_2e^{X_3}$

C. $X_1+X_2-2\mu$　　D. $\frac{1}{\sigma^2}(X_1^2+X_2^2+X_3^2)$

5. 设总体 X 服从 $N(0,1)$ 分布,X_1,X_2,X_3,X_4,X_5 是来自总体 X 的一个样本,$\overline{X}$ 是样本均值,则下列各项中不是统计量的是(　　).

A. $\min\{X_1,X_2,X_3,X_4,X_5\}$　　B. $X_1-(1-p)\overline{X}$

C. $\max\{X_1,X_2,X_3,X_4,X_5\}$　　D. $X_5-5\overline{X}$

二、填空题.

1. 从某总体中抽取一个容量为 5 的样本,其样本值为:15,25,30,40,50,则样本均值是________,样本方差是________.

2. $X_1,X_2,\cdots,X_n$ 是取自正态总体 $X\sim N(\mu,\sigma^2)$ 的样本,样本均值为 $\overline{X}$,则 $E\overline{X}=$________,$D\overline{X}=$________.

3. $X_1,X_2,\cdots,X_{10}$ 是取自正态总体 $X\sim N(3,2^2)$ 的样本,样本均值为 $\overline{X}$,则 $E\overline{X}=$________,$D\overline{X}=$________.

4. $X_1,X_2,\cdots,X_n$ 是取自正态总体 $X\sim N(\mu,\sigma^2)$ 的样本,样本均值为 $\overline{X}$,则统计量 $\frac{\overline{X}-\mu}{\sqrt{\frac{\sigma^2}{n}}}$ 服从________分布.

5. 已知样本均值为 $\overline{X}=5$,样本方差为 $s^2=100$,若将所有样本观测值都乘以 $\frac{1}{5}$ 倍,则新的样本均值 $\overline{X^*}=$________,样本方差 $s^{*2}=$________.

三、解答题

1. 对以下几组样本值,计算样本的均值和方差.

(1) 4,17,18,28,20,16,17,20,15,19;

(2) 550,600,580,620,700,750,540,630,800,700.

2. 从某中学的男生中随机抽取 9 人,测得身高和体重如下(第一个数据为身高,单位:厘米,第二个数据为体重,单位:千克):

(160,43),(157,40),(153,42),(158,49),(157,45),(154,42),(154,41),(163,46),(156,45).

分别对身高 X 和体重 Y 的均值和方差作点估计.

习题解答

习题 11.2

1. (1) 12.8; 1.29. (2) 67.4; 35.16. (3) 147; 7579.4.　**2.** 40.5; 4.66.

3. 2587；1054485.5.

习题 11.3

1. 0.8293.　**2**. 35.

复习参考题答案

一、选择题

1. D.　**2**. C.　**3**. A.　**4**. D.　**5**. B.

二、填空题

1. 32；182.5.　**2**. $\mu;\dfrac{\sigma^2}{n}$.　**3**. 3;0.4.　**4**. $N(0,1)$.　**5**. 1,4.

三、解答题

1. (1) 17.4,35.16；(2) 647,7578.89；　**2**. 均值(156.9,43.7),方差(10.1,8.0).

【知识拓展】

中国概率论与数理统计研究的开拓者——许宝騄

许宝騄(1910—1970年),浙江杭州人,1910年9月1日出生于北京.许宝騄是中国概率统计领域最主要的奠基人之一,也是多元统计分析学科的开拓者之一.他开创了中国概率论、数理统计领域的教学和研究工作,尤其在参数估计理论、奈曼-皮尔逊理论、多元分析、极限理论等数学领域都取得了卓越成就.他最先发现了线性假设的似然比检验(F检验)的优良性,给出了多元统计中若干重要分布的推导,推动了矩阵论在多元统计中的应用,与H. Robbins一起提出的完全收敛的概念是对强大数定律的重要加强.

许宝騄曾于1928年考入燕京大学化学系,但由于对数学产生了浓厚的兴趣,又于1929年考入清华大学数学系.1933年取得理学学士学位后,通过了赴英留学生考试,但因体重过轻体检不合格,未能成行.

1936年,许宝騄再次被派往英国伦敦大学学院统计系学习,攻读博士学位.当时伦敦大学规定数理统计方向要取得哲学博士的学位,必须寻找一个新的统计量,编制一张统计量的临界值表,但因他成绩优异,研究工作突出,第一个被破格用统计实习的口试来代替.

1940年,许宝騄发表了3篇文章,其中两篇是数理统计学科的重要文献,在多元统计分析和内曼-皮尔逊理论中是奠基性的工作,他因此获得科学博士学位.

1946年,许宝騄放弃了国外优秀的生活和任教条件,毅然回国,回到北京大学任教授.在国内生活的期间,他的身体一直都非常不好,但是他从来没有因为病情影响教学和研究,始终坚持带病工作.1948年,许宝騄当选为中央研究院第一届院士，1955年又当选为中国科学院学部委员(院士).1970年许宝騄因病逝世,年仅60岁.

心有大我,至诚报国.近现代涌出了一大批和许宝騄一样优秀的数学家,如华罗庚、陈景润等，正是在他们的带领下，我国的数学学科才不断发展，正如在党的第二十次全国代表大会上，习近平总书记说过："加快建设国家战略人才力量，努力培养造就更多大师、战略科学家、一流科技领军人才和创新团队、青年科技人才、卓越工程师、大国工匠、高技能人才．"相信在党和国家的引领下，在无数和许宝騄一样无私奉献的科学家们的带领下，数学学科将取得更加辉煌的成就！

第 12 章　假设检验与区间估计

假设检验和区间估计是数理统计中的重要内容.在许多实际问题中,我们经常遇到这样的问题,如:

(1) 规定某种大量生产的袋装食品每袋重量不得少于 250 g.现从一批该种食品中任意抽取 50 袋,发现有 6 袋低于 250 g.若规定不符合标准的比例达到 5%,食品就不得出厂,问该批食品能否出厂.

(2) 从某市 2022 年的新生儿中随机抽取 30 名,测得其平均体重为 3210 g,而根据 2021 年的统计资料,新生儿的平均体重为 3190 g,问 2022 年的新生儿与 2021 年相比,体重有无显著差异.

(3) 从某种农作物中随机抽取 100 亩进行试验,算得其平均亩产量为 550 kg,根据长期的实践经验,该种农作物的平均亩产量服从正态分布 $N(\mu,50^2)$,根据这 100 亩农作物的平均亩产量以 95%的概率求出 μ 的真值变化范围.

对于问题(1),该批食品的不合格率我们事先并不知道,要根据样本的不合格率估计该批食品的不合格率,然后与规定的不合格率标准(即不超过 5%)进行比较,作出该批食品能否出厂的决策.这样我们先不妨假设该批食品的不合格率不超过 5%,然后用样本不合格率来检验假设是否正确.

对于问题(2),从直观上看,2022 年新生儿体重略高,但这种差异可能是由于抽样的随机性带来的,而事实上这两年新生儿的体重也许并没有显著差异.究竟是否存在显著差异,我们先假设这两年新生儿的体重没有显著差异,然后检验这个假设能否成立.这类问题称**假设检验问题**.

由上面的例子可以看出,假设检验是对未知的总体参数先作出假设,然后抽取样本,利用样本提供的信息对假设的正确性进行判断的过程.

而对于问题(3),则是要求通过样本的观察给出一个范围,使得这个范围能按给定的概率包含描述总体分布的参数 μ.在统计学中,我们称这一范围为**置信区间**,这类问题为**区间估计问题**.

由上可知,假设检验问题回答的是观察到的数据差异是机会差异还是反映总体的真实差异;区间估计问题回答的是总体分布的未知参数的变化范围有多大.两者对问题的提法有本质的不同,但它们之间又有着密切的联系.本章主要研究对正态分布的两个参数 μ,σ^2 进行假设检验和区间估计.

12.1　U　检　验

12.1.1　基本思想

已知总体 $X \sim N(\mu,\sigma^2)$，σ^2 已知，利用统计量 $U=\dfrac{\overline{X}-\mu_0}{\frac{\sigma}{\sqrt{n}}} \sim N(0,1)$ 来检验总体 X 的数学期望 $\mu=\mu_0$（μ_0 为已知参数）的方法称为 U **检验法**.

例 1　已知某炼铁厂的铁水含碳量 X 在某种工艺条件下服从 $N(4.55,0.108^2)$，现改变了工艺条件，又测了五炉铁水，其铁水含碳量分别为

$$4.28,\ 4.40,\ 4.42,\ 4.35,\ 4.37,$$

若方差无变化，问总体均值是否无变化.

分析　由样本观测值得样本均值为

$$\bar{x}=\frac{1}{5}(4.28+4.40+4.42+4.35+4.37)=4.364 \neq 4.55.$$

从数据上看，$\bar{x}=4.364$ 与 $\mu=4.55$ 有差异（或误差），其原因可能是：①由生产过程中的偶然因素引起的，即**随机误差**. 一般情况下，这种误差是不可避免的；②由因工艺条件的改变而引起的误差，即**条件误差**.

显然，判断总体均值是否无变化的关键是判断是否存在条件误差.

解　(1) 假设 $\mu=4.55$，即不存在条件误差，也就是说工艺条件的改变没有改变总体均值（即 $\bar{x}$ 和 μ 不同是由随机误差所造成）.

(2) 当 H_0 成立时，$U=\dfrac{\overline{X}-\mu_0}{\frac{\sigma}{\sqrt{n}}} \sim N(0,1)$，由样本数据得

$$|u|=\left|\frac{\bar{x}-\mu_0}{\frac{\sigma}{\sqrt{n}}}\right|=\left|\frac{4.364-4.55}{\frac{0.108}{\sqrt{5}}}\right|=3.9.$$

(3) 又由正态分布表 $P(|U|>1.96)=0.05$，其中 $\alpha=0.05$ 是根据需要选定的，一般 α 不宜过大，当 H_0 成立时，$P(|U|>1.96)=0.05$ 是小概率事件.

(4) 由于 $3.9>1.96$，所以在假设成立的前提下，在一次抽样中小概率事件发生了，所以否定假设，即 $\bar{x}$ 和 μ 不同是由系统误差所造成的.

由上可知，假设检验是先假定假设成立，然后根据抽样所得样本按照一定的概率标准进行判断：若导致矛盾结果，则否定假设；否则接受假设. 称这种推断方法为**概率反证法**. 从样本判断是否导致矛盾结果的依据是小概率事件的不可能原理. 因为人们根据长期的经验坚持这样一个信念：概率很小的事件在一次实际试验中是不可能发生的. 如果发生了，则认为此事件发生了变化，也就是认为假设与实际有矛盾，从而否定假设.

12.1.2 检验水平、临界值和否定域

由上例可知，否定或接受的标准是 1.96，即当 $|u|>1.96$ 时否定假设；$|u|\leqslant 1.96$时，接受假设. 而 1.96 由 $P(|U|>1.96)=0.05=\alpha$ 确定.

定义 1 α 称为**显著性水平(检验水平)**.

假设检验是围绕对假设内容的审定而展开的. 如果假设正确，我们接受了，或假设错误，我们拒绝了，这表明我们作出了正确的决定. 但是，由于假设检验是根据样本提供的信息进行推断的，也就有犯错误的可能. 有这样一种情况，假设正确，而我们却把它当成错误的加以拒绝. 犯这种错误的概率用 α 表示，统计上把 α 称为假设检验中的**显著性水平**，也就是决策中所面临的风险. 所以，显著性水平是指当假设正确时人们却把它拒绝了的概率或风险. 这个概率是人们根据需要确定的，一般 α 不宜过大，通常取 $\alpha=0.05,0.01$. 这表明，当作出接受假设的决定时，其正确的可能性(概率)为 95%或 99%.

定义 2 通过检验水平确定出来的标准(如 1.96)称为**临界值**，$|U|>1.96$ 称为**否定域**.

12.1.3 假设检验中的两类错误

由前面的叙述知道，假设检验是依据样本提供的信息进行判断的，也就是由部分来推断总体，因而假设检验不可能绝对准确，它也可能犯错误. 所犯的错误有两种类型：一类错误是假设 H_0 为真却被我们拒绝了. 犯这种错误的概率用 α 来表示，所以也称作 α **错误**或**弃真错误**；另一类错误是假设为伪，却被我们接受了，犯这种错误的概率用 β 来表示，也称作 β **错误**或**取伪错误**. 显然，人们希望犯这两类错误的概率越小越好. 但对于一定的样本容量 n，不能同时做到犯这两类错误的概率都很小. 如果减小 α 错误，就会增大犯 β 错误的机会；若减小 β 错误，也会增大犯 α 错误的机会.

当然，使 α,β 同时变小的办法也有，就是增大样本容量 n. 但样本容量不可能没有限制，否则就会使抽样调查失去意义. 因此，在假设检验中，就有一个对两类错误进行控制的问题. 一般大家都在执行这样一个原则，即首先控制犯 α 错误的原则.

12.1.4 U 检验的步骤

(1) 提出假设 H_0；

(2) 确定适当的检验统计量 $U=\dfrac{\overline{X}-\mu_0}{\frac{\sigma}{\sqrt{n}}}\sim N(0,1)$，并计算检验统计量的值；

(3) 规定显著性水平 α，由 $P(|U|>\lambda)=\alpha$ 确定临界值 λ；

(4) 作出统计决策：当 $|u|>\lambda$ 时，否定假设；当 $|u|\leqslant\lambda$ 时，接受假设.

对于不同条件或不同参数的假设检验，只是统计量与所用分布表不同，其他类似.

例 2 某电器零件的平均电阻(单位：Ω)一直保持在 2.64，方差保持在$(0.06)^2$. 改变加工工艺后，测得 100 个零件，其平均电阻为 2.625，方差不变. 问新工艺对此零件的电阻有无显著差异？显著性水平 $\alpha=0.01$.

解　设改变工艺后电器零件电阻为随机变量 X，则 $EX=\mu$ 未知，$DX=(0.06)^2$.

(1) 提出假设 $H_0: \mu=2.64$；

(2) $U=\dfrac{\overline{X}-2.64}{0.06/\sqrt{100}}\sim N(0,1)$，代入样本均值 $\bar{x}=2.625$，得

$$|u|=\left|\frac{2.625-2.64}{0.06/\sqrt{100}}\right|=2.5;$$

(3) $\alpha=0.01$，$P(|U|>\lambda)=\alpha$，得 $\lambda=2.58$；

(4) 由于 $2.5<2.58$，所以接受假设 $H_0: \mu=2.64$，即新工艺对零件电阻没有显著差异.

习　题　12.1

1. 什么是参数的假设检验？使用自己的语言叙述假设检验的方法和步骤.

2. 什么是假设检验的两类错误？它们之间有何联系？

3. 从方差为 25 的正态总体中，随机抽取样本容量为 20 的样本，算得 $\bar{x}=46$，要求检验假设 $H_0: \mu=48(\alpha=0.01)$.

4. 某电器零件的平均电阻一直保持在 2.64 Ω，改变加工工艺后，测得 100 个零件，其平均电阻为 2.62 Ω，如改变工艺前后电阻的标准差保持在 0.06 Ω. 问新工艺对此零件的电阻有无显著影响($\alpha=0.05$).

12.2　t 检验、χ^2 检验、F 检验

12.2.1　t 检验

1. t 检验的概念

已知总体 $X\sim N(\mu,\sigma^2)$，从中抽取容量为 n 的样本，样本均值为 $\bar{x}$，样本方差为 s^2，σ^2 未知，利用统计量 $t=\dfrac{\overline{X}-\mu_0}{\frac{s}{\sqrt{n}}}\sim t(n-1)$ 来检验总体 X 的数学期望 $\mu=\mu_0$（μ_0 为已知参数）的方法称为 **t 检验法**.

2. t 分布表的使用

对于给定的概率 α，可查出满足不等式 $P(|t|>\lambda)=\alpha$ 的临界值 λ. 结合 t 分布曲线，由 $P(|t|>\lambda)=\alpha$（见图 12-1)，根据自由度可查出 λ.

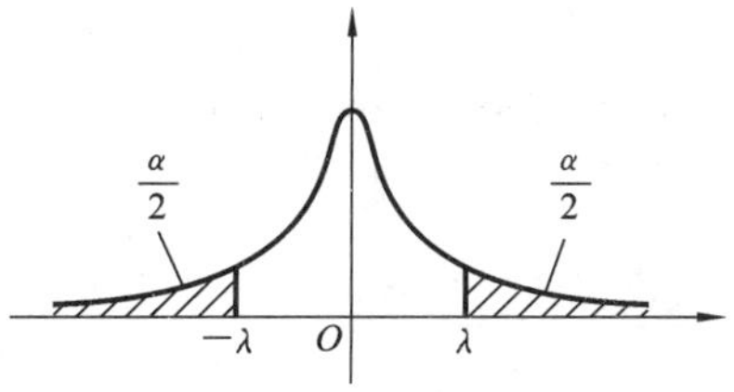

图 12-1

例 1　从某种含铜溶液的四次测量值算得溶液中含铜量质量分数(%)的平均值 $\bar{x}=8.3$，方差为 $s_0^2=0.03^2$，若含铜溶液的含铜量服从正态分布，在检验水平 $\alpha=0.05$ 下，检验含铜溶液的含铜量的数学期望是否为 8.32.

解 (1) 提出假设 H_0：$\mu=8.32$；

(2) $t=\dfrac{\overline{X}-8.32}{\dfrac{s}{\sqrt{4}}}\sim t(3)$，代入 $\bar{x}=8.3$，$s_0^2=0.03^2$，得 $|t|=\left|\dfrac{8.3-8.32}{\dfrac{0.03}{2}}\right|\approx 1.333$；

(3) 由 $P(|t|>\lambda)=0.05$，得 $\lambda=3.182$；

(4) 因为 $1.333<3.182$，所以接受 H_0，即含铜溶液的含铜量的数学期望的确为 8.32.

12.2.2 χ^2 检验

1. χ^2 检验的概念

已知总体 $X\sim N(\mu,\sigma^2)$，σ^2 未知，μ 未知时，利用统计量 $\chi^2=\dfrac{(n-1)S^2}{\sigma_0^2}\sim\chi^2(n-1)$ 检验总体 X 的方差 $\sigma^2=\sigma_0^2$（σ_0^2 为已知参数）的方法称为 χ^2 **检验法**.

2. χ^2 分布表的使用

对于给定的概率 α 可查出满足不等式 $P(\chi^2>\lambda)=\alpha$ 的临界值 λ，如图 12-2 所示. 结合 χ^2 分布曲线（如图 12-3 所示），由 $P(\chi^2<\lambda_1)=\dfrac{\alpha}{2}$，得 $P(\chi^2>\lambda_1)=1-\dfrac{\alpha}{2}$，在 χ^2 分布表中根据自由度查概率 $1-\dfrac{\alpha}{2}$ 得 λ_1；由 $P(\chi^2>\lambda_2)=\dfrac{\alpha}{2}$，在 χ^2 分布表中根据自由度查概率 $\dfrac{\alpha}{2}$ 得 λ_2.

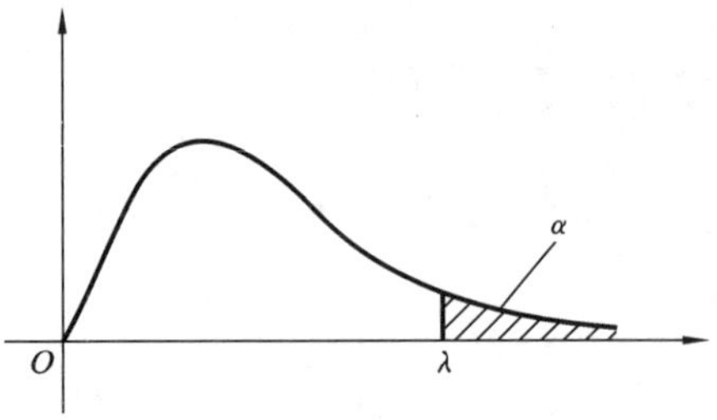

图 12-2

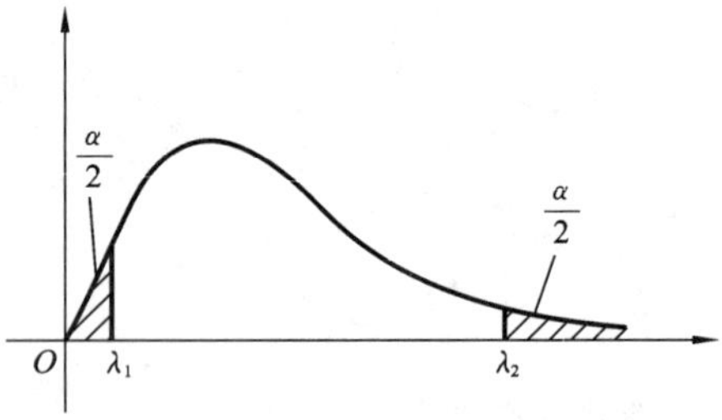

图 12-3

例 2 某车间生产铜丝，生产一向较稳定，可认为其折断力 X 服从正态分布，今从中随机抽取 10 根检查折断力，得数据如下（单位：千克）.

578, 572, 570, 568, 572, 570, 570, 572, 596, 584.

是否可相信该车间的铜丝折断力的方差为 64（$\alpha=0.05$）？

解 (1) 提出假设 H_0：$\sigma^2=64$；

(2) $\chi^2=\dfrac{9S^2}{64}\sim\chi^2(9)$，由样本得 $s^2=75.73$，$\chi^2=\dfrac{9\times 75.73}{64}=10.65$；

(3) $\alpha=0.05$，由 $P(\chi^2>\lambda_1)=1-\dfrac{0.05}{2}=0.975$，得 $\lambda_1=2.7$；

由 $P(\chi^2>\lambda_2)=\dfrac{0.05}{2}=0.025$，得 $\lambda_2=19.0$；

(4) 由于 $2.7<10.65<19.0$，所以接受 H_0.

12.2.3　F 检验

1. F 检验的概念

已知总体 $X\sim N(\mu_1,\sigma_1^2)$，$Y\sim N(\mu_2,\sigma_2^2)$，且 X,Y 相互独立，从 X,Y 中分别抽取样本容量为 n_1,n_2 的样本，样本方差分别为 s_1^2,s_2^2，在 μ_1,μ_2 未知时，利用统计量 $F=\dfrac{S_1^2}{S_2^2}\sim F(n_1-1,n_2-1)$来检验 $\sigma_1^2=\sigma_2^2$ 的方法称为 F **检验法**.

2. F 分布表的使用

对于给定的概率 α 可查出满足不等式 $P(F>\lambda)=\alpha$ 的临界值 λ. 结合 F 分布曲线(如图 12-4 所示)，结合图 12-5，由 $P(F>\lambda_2)=\dfrac{\alpha}{2}$，直接查 $F(n_1-1,n_2-1)$，得 λ_2；由 $P(F<\lambda_1)=P\left(\dfrac{1}{F}>\dfrac{1}{\lambda_1}\right)=\dfrac{\alpha}{2}$，查 $F(n_2-1,n_1-1)$，得$\dfrac{1}{\lambda_1}$，算出 λ_1.

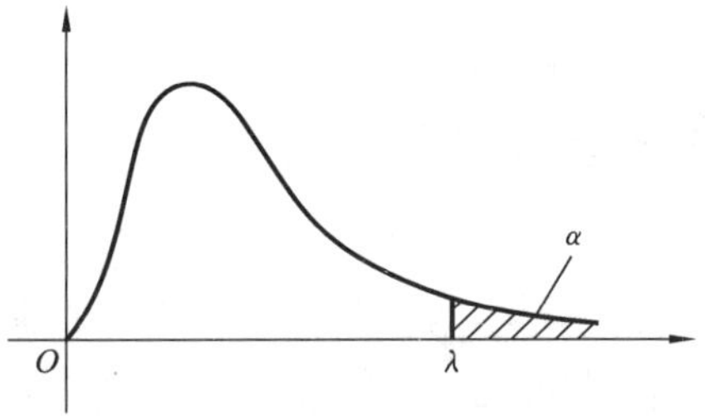

图 12-4

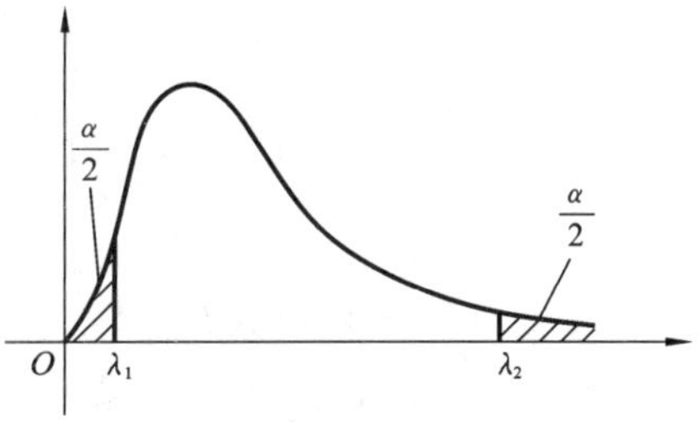

图 12-5

例 3　甲、乙两地段分别取了 10 块和 11 块岩心进行磁化率测定，算出样本方差的值 $s_1^2=0.0139$，$s_2^2=0.0053$，若测量值服从正态分布，且相互独立，问甲、乙两地段岩心的磁化率是否有显著性的差异($\alpha=0.10$).

解　(1) 提出假设 H_0：$\sigma_1^2=\sigma_2^2$；

(2) $F=\dfrac{S_1^2}{S_2^2}\sim F(9,10)$，代入 $s_1^2=0.0139$，$s_2^2=0.0053$，得 $F=\dfrac{0.0139}{0.0053}\approx 2.6$；

(3) $\alpha=0.10$，由 $P(F>\lambda_2)=\dfrac{0.01}{2}$，得 $\lambda_2=3.02$；

由 $P(F<\lambda_1)=P\left(\dfrac{1}{F}>\dfrac{1}{\lambda_1}\right)=\dfrac{\alpha}{2}$，得$\dfrac{1}{\lambda_1}=3.14$，所以 $\lambda_1=0.32$；

(4) 因为 $0.32<2.6<3.02$，所以接受 H_0.

习　题　12.2

1. 某厂生产一种产品，其厚度 $X\sim N(0.140,\sigma^2)$，某日检测 10 件产品，得如下数据(单位：毫米)：

$$0.135,\ 0.138,\ 0.140,\ 0.142,\ 0.145,$$
$$0.149,\ 0.153,\ 0.155,\ 0.163,\ 0.175.$$

问该日生产的产品，其厚度的均值与 0.140 有无显著差异($\alpha=0.05$)？

2. 设保险丝的融化时间 $X\sim N(\mu,\sigma^2)$，现从一批保险丝中任抽 10 根，测试其融化时间（单位：小时）如下：

$$70,50,53,48,60,68,81,78,73,65.$$

在显著性水平 $\alpha=0.05$ 下，能否认为其融化时间的方差为 $\sigma^2=150$.

3. 设香烟的尼古丁含量 $X\sim N(\mu,\sigma^2)$，对甲、乙两厂的烟分别作了 8 次测定，得样本值为（单位：毫克）：

甲：23，26，27，24，25，28，25，23；

乙：26，29，23，22，25，27，30，21.

试问这两厂的香烟的尼古丁含量的方差有无显著差异($\alpha=0.1$)？

4. 某种羊毛在处理油脂前后，各抽取样本，测得含脂率(%)如下：

处理前 X：8，18，30，19，66，12，42，27，30，21；

处理后 Y：8，13，7，15，19，24，20，4.

设含脂率服从正态分布，问处理前后含脂率的方差有无显著变化($\alpha=0.05$)？

12.3 已知方差估计均值

设总体 X 的分布含有参数 θ，由样本确定其变化区间 $[\theta_1,\theta_2]$（注：θ_1,θ_2 与 θ 的近似值有关）. 对于任意给定的正数 α，若 $P(\theta_1\leqslant\theta\leqslant\theta_2)=1-\alpha$，则称随机区间 $[\theta_1,\theta_2]$ 为参数 θ 的 $1-\alpha$ 的置信区间，$1-\alpha$ 称为**置信水平**或**置信概率**. 置信区间的长度表达了区间估计的精确性，置信水平表达了区间估计的可靠性. 下面通过讨论已知方差估计均值抽取区间估计的方法、步骤等.

12.3.1 基本思想和方法

当总体 X 服从正态分布 $N(\mu,\sigma^2)$，其中 σ^2 已知，样本容量为 n，样本均值 $\bar{x}$，下面讨论总体 X 的均值 μ 的置信概率 $1-\alpha$ 的置信区间.

因为

$$U=\frac{\overline{X}-\mu}{\frac{\sigma}{\sqrt{n}}}\sim N(0,1),$$

由

$$P\left(\left|\frac{\overline{X}-\mu}{\sigma/\sqrt{n}}\right|\leqslant\lambda\right)=1-\alpha,$$

得

$$P\left(\overline{X}-\frac{\sigma}{\sqrt{n}}\lambda\leqslant\mu\leqslant\overline{X}+\frac{\sigma}{\sqrt{n}}\lambda\right)=1-\alpha,$$

所以，总体 X 的均值 μ 以概率 $1-\alpha$ 的变化范围是

$$\left[\overline{X}-\frac{\sigma}{\sqrt{n}}\lambda,\overline{X}+\frac{\sigma}{\sqrt{n}}\lambda\right],$$

其中 λ 通过查正态分布表而得.

例 1 已知一批出油阀阀芯零件的洛氏硬度服从正态分布 $N(\mu,0.69^2)$. 现从该批出油阀

阀芯零件中随机抽取 10 件，由同一人在同一台设备上测得其洛氏硬度(HRC)分别为

60.1，62.3，61.3，61.1，61.0，61.4，61.9，60.4，62.0，61.24.

求该批出油阀阀芯零件的平均洛氏硬度 μ 的 0.95 的置信区间.

解　因为总体服从 $N(\mu,0.69^2)$，所以

$$U=\frac{\overline{X}-\mu}{\frac{0.69}{\sqrt{10}}}\sim N(0,1).$$

因为 $P(|U|\leqslant\lambda)=0.95$，所以 $\lambda=1.96$.

代入样本数据，得 $\overline{x}=61.34$，所以 μ 的 0.95 的置信区间为[60.91,61.77].

12.3.2　已知方差估计均值的步骤

(1) 构造统计量 $U=\frac{\overline{X}-\mu}{\frac{\sigma}{\sqrt{n}}}\sim N(0,1)$；

(2) 对于给定的置信水平 $1-\alpha$，由 $P(|U|\leqslant\lambda)=1-\alpha$ 确定 λ；

(3) 将给定的样本值代入 $\left[\overline{X}-\frac{\sigma}{\sqrt{n}}\lambda,\overline{X}+\frac{\sigma}{\sqrt{n}}\lambda\right]$，得 μ 的置信区间.

注意：对于不同条件或不同参数的估计，只是统计量不同，方法类似.

例 2　用某仪器间接测量温度，已知测量值 P 服从正态分布，且其方差为142.5，现重复测量 5 次，结果(单位：℃)为

1250，1265，1245，1260，1275.

试问温度的真值在什么范围内($1-\alpha=0.95$)?

解　(1) $U=\frac{\overline{X}-\mu}{\sqrt{\frac{142.5}{5}}}\sim N(0,1)$；

(2) 由 $P(|U|\leqslant\lambda)=0.95$，得 $\lambda=1.96$；

(3) 因为 $\sigma^2=142.5$，　$n=5$，　$\overline{x}=\frac{1}{5}(1250+1265+1245+1260+1275)=1259$，

所以温度的真值的置信区间是[1248.5,1269.46].

习　题　12.3

1. 什么是区间估计？置信区间的长度与置信水平是否有关？

2. 区间估计与点估计有何不同？

3. 某化纤强力长期以来标准差稳定在 $\sigma=1.19$，现抽取了一个容量 $n=100$ 的样本，求得样本均值 $\overline{x}=6.35$，试求该化纤强力均值的置信水平为 0.95 的置信区间.

4. 某单位职工每天的医疗费(单位：元)服从正态分布 $N(\mu,75^2)$，现抽查了 25 天，得 $\overline{x}=1000$ 元，求职工每天医疗费均值 μ 的 0.95 的置信区间.

12.4　未知方差估计均值与未知均值估计方差

12.4.1　未知方差估计均值

当总体 X 服从正态分布 $N(\mu,\sigma^2)$，其中 σ^2 未知，样本容量为 n，样本均值为 $\overline{X}$，方差为 S^2，下面讨论总体 X 的均值 μ 的以概率 $1-\alpha$ 的置信区间.

构造统计量 $t=\dfrac{\overline{X}-\mu}{\frac{S}{\sqrt{n}}}\sim t(n-1)$，由 $P\left(\left|\dfrac{\overline{X}-\mu}{\frac{S}{\sqrt{n}}}\right|\leqslant\lambda\right)=1-\alpha$，得 $P\left(\overline{X}-\dfrac{S}{\sqrt{n}}\lambda\leqslant\mu\leqslant\overline{X}+\dfrac{S}{\sqrt{n}}\lambda\right)=1-\alpha$，所以 σ^2 未知时总体 X 的均值 μ 的以概率 $1-\alpha$ 的置信区间是 $\left[\overline{X}-\dfrac{S}{\sqrt{n}}\lambda,\overline{X}+\dfrac{S}{\sqrt{n}}\lambda\right]$，其中 λ 可通过查 t 分布表而得.

例 1　对某型号飞机的飞行速度进行 15 次试验，测得最大飞行速度(单位：m/s)为

422.2，417.2，425.6，420.3，425.8，423.1，418.7，428.2，
438.3，434.0，412.3，431.5，431.5，441.3，423.0.

根据长期实践经验，最大飞行速度可认为服从正态分布，试就上述试验数据对飞机的最大飞行速度的数学期望进行区间估计($1-\alpha=0.95$).

解　因为总体服从 $N(\mu,\sigma^2)$，$n=15$，$\bar{x}=425$，$s^2=72.049$. 由 $P(|t)|\leqslant\lambda)=0.95$，得 $\lambda=2.145$. 所以，μ 的置信区间为[420.1,429.9].

12.4.2　未知均值估计方差

当总体 X 服从正态分布 $N(\mu,\sigma^2)$，其中 μ 未知，样本容量为 n，样本方差为 S^2，下面讨论总体 X 的方差 σ^2 的以概率 $1-\alpha$ 的置信区间.

构造统计量 $\chi^2=\dfrac{(n-1)S^2}{\sigma^2}\sim\chi^2(n-1)$，由 $P\left(\lambda_1\leqslant\dfrac{(n-1)S^2}{\sigma^2}\leqslant\lambda_2\right)=1-\alpha$，得

$$P\left(\frac{(n-1)S^2}{\lambda_2}\leqslant\sigma^2\leqslant\frac{(n-1)S^2}{\lambda_1}\right)=1-\alpha,$$

所以 σ^2 的置信区间为 $\left[\dfrac{(n-1)S^2}{\lambda_2},\dfrac{(n-1)S^2}{\lambda_1}\right]$. 其中 λ_1，λ_2 可通过查 χ^2 分布表而得.

例 2　讨论例 1 中 σ^2 的置信区间.

解　由

$$P(\chi^2>\lambda_2)=\frac{0.05}{2},\quad 得\ \lambda_2=26.1;$$

$$P(\chi^2\geqslant\lambda_1)=1-\frac{0.05}{2},\quad 得\ \lambda_1=5.63.$$

所以 σ^2 的置信区间为[38.619,179.195].

12.4.3　置信区间与假设检验的关系

(1) 若均值 μ 的一个置信水平为 $1-\alpha$ 的置信区间(σ^2 已知)为 $\left[\overline{X}-\frac{\sigma}{\sqrt{n}}\lambda,\overline{X}+\frac{\sigma}{\sqrt{n}}\lambda\right]$,则对 $H_0:\mu=\mu_0$ 的检验就是:若 μ_0 在上述区间内,则接受 $H_0:\mu=\mu_0$;否则就否定 H_0.

(2) 若均值 μ 的一个置信水平为 $1-\alpha$ 的置信区间(σ^2 未知)为 $\left[\overline{X}-\frac{S}{\sqrt{n}}\lambda,\overline{X}+\frac{S}{\sqrt{n}}\lambda\right]$,则对 $H_0:\mu=\mu_0$ 的检验就是:若 μ_0 在上述区间内,则接受 $H_0:\mu=\mu_0$;否则就否定 H_0.

(3) 若方差 σ^2 的一个置信水平为 $1-\alpha$ 的置信区间为 $\left[\frac{(n-1)S^2}{\lambda_2},\frac{(n-1)S^2}{\lambda_1}\right]$,则对 $H_0:\sigma^2=\sigma_0^2$ 的检验就是:若 σ_0^2 在上述区间内,则接受 H_0;否则就否定 H_0.

习　题　12.4

1. 设取自正态总体 $X\sim N(\mu,\sigma^2)$ 的一组样本值为

140, 153, 148, 165, 155, 169, 158, 149.

试求总体均值 μ 的置信度为 0.90 的置信区间.

2. 对某一物的长度进行丈量,数据(单位:米)如下:

75.41, 75.34, 75.29, 75.22, 75.39, 75.46, 75.18, 75.23, 75.27.

设其长度服从正态分布,试求总体均值的置信区间($\alpha=0.10$).

3. 设取自正态总体 $X\sim N(\mu,\sigma^2)$ 的一组样本值为

140, 153, 148, 165, 155, 169, 158, 149.

试求总体方差 σ^2 的置信度为 0.90 的置信区间.

复习参考题

一、选择题

1. 从正态总体中随机抽取一个容量 $n=100$ 的随机样本,计算得到该样本的均值 $\overline{x}=17$,标准差为 9. 假定总体方差为 121,要检验总体均值是否为 20,则所用统计量的值为(　　).

A. -2.727　　B. -0.333　　C. -3.333　　D. -3.317

2. 在假设检验中,不拒绝原假设意味着(　　).

A. 原假设肯定是正确的　　B. 没有证据证明原假设是错误的

C. 原假设肯定是错误的　　D. 没有证据证明原假设是正确的

3. 在假设检验中,原假设和备择假设(　　).

A. 都有可能成立　　B. 原假设一定成立,备择假设不一定成立

C. 都有可能不成立　　D. 只有一个成立,而且必有一个成立

4. 在其他条件不变的情况下,要使估计时所需的样本量减少,则应该(　　).

A. 降低置信水平　　B. 提高置信水平

C. 使置信水平不变　　D. 与置信水平无关

5. 在置信水平不变的条件下，要缩小置信区间，则需要（　　）.

A. 减少样本量　　B. 保持样本量不变

C. 增加样本量　　D. 改变统计量的抽样标准差

6. 对总体参数提出某种假设，然后利用样本信息判断假设是否成立的过程称为（　　）.

A. 参数估计　　B. 回归分析　　C. 点估计　　D. 假设检验

7. 若一项假设规定显著性水平为 $\alpha=0.05$，下面的表述正确的是（　　）.

A. H_0 正确的概率为 95%　　B. H_0 为真时被接受的概率为 5%

C. H_0 错误的概率为 95%　　D. H_0 为真时被拒绝的概率为 5%

8. 进行假设检验时，在样本量一定的条件下，犯第一类错误的概率减小，犯第二类错误的概率就会（　　）.

A. 减小　　B. 增大　　C. 不变　　D. 不确定

9. 设样本 $X_1,X_2,\cdots,X_9$ 来自正态总体 $N(\mu,1)$，假设检验问题为 $H_0:\mu=0$，则在 H_0 成立的条件下，显著性水平 $\alpha=0.05$，则拒绝域 W 应为（　　）.

A. $\{3|\overline{X}|>1.96\}$　　B. $\{3|\overline{X}|>1.64\}$

C. $\left\{\dfrac{|\overline{X}|}{3}>1.96\right\}$　　D. $\left\{\dfrac{|\overline{X}|}{3}>1.64\right\}$

10. 关于正态总体均值的置信区间的长度，下列说法正确的是（　　）.

A. 与样本容量有关，与置信水平无关

B. 与样本容量无关，与置信水平有关

C. 既与样本容量有关，又与置信水平有关

D. 与样本容量和置信水平都无关

二、填空题

1. 设某个假设检验问题的拒绝域为 W，且当假设 H_0 成立时，样本值 $x_1,x_2,\cdots,x_n$ 落入 W 的概率为 0.05，则犯第一类错误的概率为________.

2. $X_1,X_2,\cdots,X_n$ 为总体 $N(\mu,\sigma^2)$ 的样本，μ,σ^2 未知，$\overline{X}$ 为样本均值，$\theta^2=\sum\limits_{i=1}^{n}(X_i-\overline{X})^2$，则假设检验 $H_0:\mu=0$ 的 t 检验使用的统计量 $t=$________.

3. 设 $DX=1$，来自正态总体 X 的容量为 100 的样本均值为 5，则 EX 的置信度为 0.95 的置信区间的长度为________.

4. 设总体 X 服从正态分布 $N(\mu,\sigma^2)$，其中 μ 未知，S^2 为样本均值. 若假设检验问题为 $H_0:\sigma^2=1$，则采用的检验统计量应是________.

5. 设 $X\sim N(0,0.9^2)$，从中抽取 $n=9$ 的样本，其样本均值为 $\overline{x}=5$，则总体均值的置信度为 95% 的置信区间是________.

三、解答题

1. 设某产品指标服从正态分布，它的方差 σ^2 已知为 150^2. 今由一批产品中随机抽取了 26 个，测得指标的平均值为 1637，问在 5% 的显著性水平下，能否认为该批产品指标为 1600?

2. 从某种试验物中取出 24 个样品，测量其发热量，计算得 $\overline{x}=11958$，样本标准差 $s=323$，问

以 5％的显著水平是否可认为发热量的期望值是 12100(假定发热量是服从正态分布的)?

3. 某厂生产的尼龙纤维的纤度在正常情况下服从正态分布，其标准差 $\sigma=0.048$，某日抽取 5 根纤维，测得它们的纤度为

$$1.32,\ 1.36,\ 1.55,\ 1.44,\ 1.40.$$

试问能否认为这一天尼龙纤维的纤度的标准差 $\sigma=0.048$(取 $\alpha=0.1$)?

4. 检测某一港区道路路基的压实度，共测 25 个点，得压实度的平均值为 $\overline{x}=93.5(\%)$. 假设路基的压实度服从标准差为 $\sigma=2.5(\%)$的正态分布，求置信水平为 0.95 的压实度平均值的置信区间.

5. 假定某商店中一种商品的月销售量服从正态分布 $N(\mu,\sigma^2)$，σ 未知. 为了合理地确定对该商品的进货量，需对 μ 和 σ 作估计，为此随机抽取 7 个月，其销售量分别为

$$64,\ 57,\ 49,\ 81,\ 76,\ 70,\ 59.$$

试求 μ 的 0.95 置信区间和方差 σ 的 0.9 的置信区间.

习题解答

习题 12.1

1. 略.　**2.** 略.　**3.** 接受 H_0.　**4.** 拒绝假设，即新工艺对此零件的电阻有显著性影响.

习题 12.2

1. 拒绝 H_0，即该日生产的产品，其厚度的均值与 0.14 mm 有显著差异.

2. 接受 H_0，可以认为其熔化时间的方差为 150.

3. 拒绝 H_0，这两厂的香烟的尼古丁含量的方差无显著差异.

4. 拒绝 H_0，处理前后含脂率的方差有显著变化.

习题 12.3

1. 略.　**2.** 略. **3.** [6.117,6.583].　**4.** [951,1049].

习题 12.4

1. [144.62,162.38].　**2.** [0.0047,0.0269].　**3.** [56.16,364.57].

复习参考题答案

一、选择题

1. A.　**2.** B.　**3.** D.　**4.** A.　**5.** C.　**6.** D.　**7.** D.　**8.** A.　**9.** A.　**10.** C.

二、填空题

1. 0.05.　**2.** $\dfrac{\overline{X}}{\theta/\sqrt{n(n-1)}}$.　**3.** 0.392.　**4.** $\chi^2=\dfrac{(n-1)S^2}{\sigma^2}$.　**5.** [4.412,5.588].

三、解答题

1. 接受假设 H_0，即认为该批产品的指标为 1600.

2. 拒绝 H_0，即不能认为发热量的期望值是 12100.

3. 拒绝 H_0，即不能认为这一天尼龙纤维的纤度的标准差 $\sigma=0.048$.

4. [92.52,94.48].

5. [54.7415,75.5442];[7,7606,21.5109].

【知识拓展】

“女士品茶”的故事

20 世纪 20 年代，一个夏日的午后，一群大学教授以及他们的客人正围坐在草坪的桌子旁，享受着美味的下午茶. 他们边品茶边聊天，这时，一位女士，穆里尔·布里斯托博士突然说道：“你们知道吗？先加奶还是先加茶，会使得茶的味道品起来不同呢！”在场的教授们都“哈哈哈”地笑了起来，因为虽然这两种做法的顺序不同，但是最后得到的奶茶的成分都是一致的，怎么会因此导致味道不同呢？

然而，在座的一个身材矮小、戴着厚眼镜、下巴上蓄着的短尖髯开始变灰的先生却不这么看，他对这个问题很感兴趣. 他兴奋地说道：“让我们来检验这个命题吧！”这个人就是英国统计学家——罗纳德·费希尔(Ronald Fisher).

于是，费希尔煮了 8 杯茶，其中 4 杯先加奶，剩下 4 杯先加茶. 这 8 杯茶装在外观一样的茶杯当中，以随机的顺序被送去给布里斯托博士品尝，她需要在品尝之后分辨出哪些是先加奶，哪些是先加茶. 试验结束了，在场的教授们惊奇地发现，她竟然真的判断出了每一杯茶的制作方式.

我们知道，无论是何种试验，没有任何分辨能力的人也有可能全部猜对. 例如，如果只有一杯茶，也有 50% 的概率猜对. 但是，对于 8 杯茶来说，布里斯托博士要全部正确分辨出的可能性有多少？

根据排列组合原理，我们知道布里斯托博士全部猜对的概率仅为 $1/C_8^4=1/70=1.43\%$，由于这个概率很小，所以我们有充足的理由认为，她确实能正确区分. 实际上，上面就是我们做的一次假设检验，请大家思考这个故事中我们是怎么做的假设检验？

第 13 章 回归分析与方差分析

在生产和科学研究中，常常遇到要寻求两个或更多个变量之间的关系. 例如，炼钢时想了解钢液的碳含量与冶炼时间的关系；在合金生产中，要确定合金中化学元素的含量与合金机械性能间的关系等.

变量之间的关系一般分为确定性关系和非确定性关系两类. 确定性关系的特点是变量之间的关系可通过函数关系表达. 例如，圆的面积与半径之间的关系；在电阻一定的条件下，电压与电流强度之间的关系. 非确定性关系则不然，例如，钢液的碳含量与冶炼时间虽然有关，但冶炼时间相同的两炉钢，钢液的碳含量未必相同，因为钢液的碳含量是一个随机变量，它和冶炼时间的关系是一种非确定性关系，不能用函数关系表达. 又如，人的体重与身高之间的关系，一般身高高的人，体重大些，身高矮的人，体重小些. 但身高一样高的人，体重也常有差异，因为体重是一个随机变量，它和身高的关系也是一种非确定性关系.

一般地，某个变量 Y 与另一变量 X 有关，但这种关系没有密切到可以唯一确定的程度，当 X 值给定后，Y 仍是一个随机变量，变量 X 只能决定变量 Y 的分布. Y 与 X 之间的这种关系称为**非确定性关系**，有时又称**相关关系**.

回归分析是研究和处理变量之间的相关关系的一种数学工具. 其主要内容有：① 从相关变量 X,Y 的一组观测数据出发，找出适当的确定性(函数)关系 $y=f(x)$ 作为相关关系的近似描述，称 $y=f(x)$ 为**回归函数**；② 对这个函数的可信度做统计检验；③ 从众多变量中判断哪些变量的影响显著，哪些不显著；④ 利用所得函数进行预测或监控.

在实际问题中，一般将所关心的变量 Y 称为**因变量**，影响因变量 Y 的其他变量 X 称为**自变量**. 如果研究的是一个自变量 X 与因变量 Y 之间的相关关系，称为**一元回归分析**(简称**一元回归**)，否则称为**多元回归分析**(简称**多元回归**). 在一元回归分析中，如果回归函数 $y=f(x)$ 是线性的，就称为**一元线性回归分析**.

13.1 一元线性回归和最小二乘法

13.1.1 一元线性回归模型

设有相关关系的两个变量 X,Y，且 Y 的值由两部分组成，一部分由 X 的影响确定，用 X 的函数 $f(x)$ 表示，另一部分由众多的非确定性因素影响所产生，可看成 Y 值的随机波动，记为 ε，且假定其均值为零，于是得

$$y=f(x)+\varepsilon. \tag{13-1}$$

式(13-1)称为**一元回归模型**.它表明当 X 取某个数值时,Y 并不必然表现为一个确定的值,而是在 $f(x)$附近波动,但其平均数在大量观察下趋向于确定的值 $f(x)$.若 X,Y 之间呈线性关系,则 $f(x)=\beta_0+\beta_1 x$,此时回归模型为

$$y=\beta_0+\beta_1 x+\varepsilon. \tag{13-2}$$

式(13-2)称为**一元线性回归模型**,β_0、β_1 为参数.

设(x_i, y_i)表示(X, Y)的第 i 个观测值,且点$(x_i, y_i)(i=1,2,\cdots,n)$分布在一条直线周围,则$(x_i, y_i)(i=1,2,\cdots,n)$满足

$$y_i=\beta_0+\beta_1 x_i+\varepsilon_i (i=1,2,\cdots,n). \tag{13-3}$$

式中,$\beta_0+\beta_1 x_i$ 为反映统计关系直线的分量,ε_i 为反映在统计关系直线周围散布的随机分量,$\varepsilon_i \sim N(0,\sigma^2)$,且各 ε_i 间相互独立.这条直线称为**回归直线**.

13.1.2 最小二乘法

由于在一元线性回归模型 $y=\beta_0+\beta_1 x+\varepsilon$ 中,β_0、β_1 均未知,需要根据观测值$(x_i,y_i)(i=1,2,\cdots,n)$对它们进行估计,设 β_0,β_1 的估计值为 b_0,b_1,则一元线性回归函数为

$$\hat{y}=b_0+b_1 x. \tag{13-4}$$

式中,b_1 称为**回归系数**.一般而言,所求的 b_0,b_1 应能使每个样本观测点(x_i,y_i)与回归直线之间的偏差尽可能小,即使观察值与拟合值的偏差平方和 Q 达到最小(如图 13-1 所示).

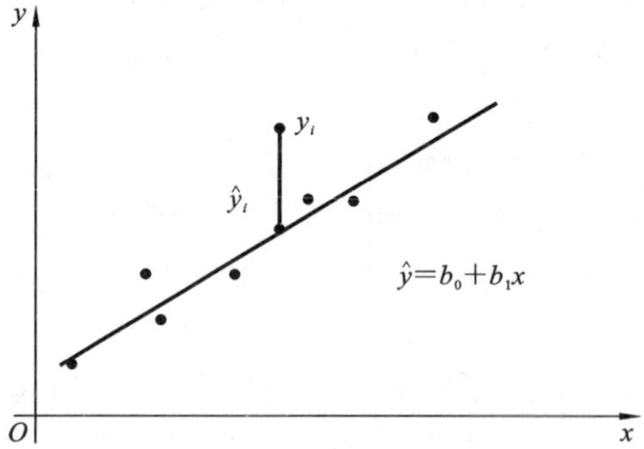

图 13-1 回归方程原理图

令

$$Q=\sum_{i=1}^{n}[y_i-(b_0+b_1 x_i)]^2, \tag{13-5}$$

使 Q 达到最小值的 b_0,b_1 称为**最小二乘估计量**,这种方法称为**最小二乘法**.

显然,Q 是 b_0,b_1 的二元函数,根据微积分中极值的必要条件,先分别求 Q 关于 b_0,b_1 的偏导数

$$\frac{\partial Q}{\partial b_0}=-2\sum_{i=1}^{n}[y_i-(b_0+b_1 x_i)], \quad \frac{\partial Q}{\partial b_1}=-2\sum_{i=1}^{n}[y_i-(b_0+b_1 x_i)]x_i.$$

然后令这两个偏导数等于零,整理后得方程组

$$\begin{cases} nb_0+b_1\sum_{i=1}^{n}x_i=\sum_{i=1}^{n}y_i \\ b_0\sum_{i=1}^{n}x_i+b_1\sum_{i=1}^{n}x_i^2=\sum_{i=1}^{n}x_i y_i \end{cases}, \tag{13-6}$$

记

$$\bar{x}=\frac{1}{n}\sum_{i=1}^{n}x_i,\quad \bar{y}=\frac{1}{n}\sum_{i=1}^{n}y_i,$$

$$l_{xx}=\sum_{i=1}^{n}(x_i-\bar{x})^2=\sum_{i=1}^{n}x_i^2-\frac{1}{n}\left(\sum_{i=1}^{n}x_i\right)^2,$$

$$l_{xy}=\sum_{i=1}^{n}(x_i-\bar{x})(y_i-\bar{y})=\sum_{i=1}^{n}x_iy_i-\frac{1}{n}\left(\sum_{i=1}^{n}x_i\right)\left(\sum_{i=1}^{n}y_i\right),$$

$$l_{yy}=\sum_{i=1}^{n}(y_i-\bar{y})^2=\sum_{i=1}^{n}y_i^2-\frac{1}{n}\left(\sum_{i=1}^{n}y_i\right)^2.$$

解此方程组得

$$b_1=\frac{l_{xy}}{l_{xx}},\tag{13-7}$$

$$b_0=\bar{y}-b_1\bar{x}.\tag{13-8}$$

例 1　已知某一汽车运输公司 2022 年度行车燃料实际消耗总量(10^5 L)与行车里程(10^5 km)统计表如表 13-1 所示.

表 13-1

编号	1	2	3	4	5	6	7
年里程	185	177	128	158	134	186	149
年耗油量	60.3	55.7	39.9	51.9	42.7	61.9	54.3
编号	8	9	10	11	12	13	14
年里程	153	162	133	46	69	109	112
年耗油量	55.7	52.8	50.4	19.1	25.3	35.6	35.1

试建立燃料消耗对行车里程的回归方程.

解　以行车里程为横坐标 x,燃料消耗为纵坐标 y 建立直角坐标系,并作散点图(如图 13-2 所示):

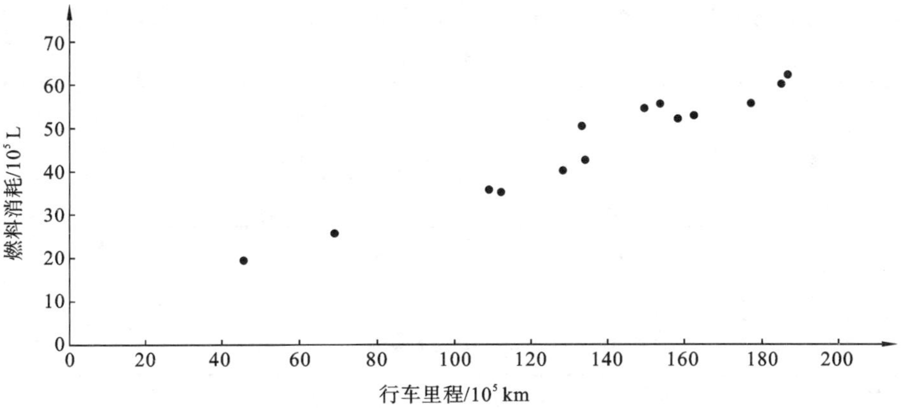

图 13-2

通过计算:$b_0=3.67$,$b_1=0.31$,即回归直线为 $y=0.31x+3.67$.

13.1.3 将一元非线性回归问题线性化

将观测数据$(x_i,y_i)(i=1,2,\cdots,n)$在平面上描 n 个点,如果这 n 个点呈现的形状不像一条直线,即使配了经验回归模型(式(13-3)),假设检验时也一定判断回归方程不显著.我们可以根据散点图的形状,与常见已知的函数图形作比较,选择一条较为相似的曲线拟合这 n 个点,这比粗糙地配一条直线要精确.

下面给出一些常见的可以通过变量变换化成线性回归方程数学表达式.

(1) **双曲线型** $\frac{1}{y}=\beta_0+\frac{\beta_1}{x}$,令 $y'=\frac{1}{y}$,$x'=\frac{1}{x}$,得

$$y'=\beta_0+\beta_1x'.$$

(2) **幂函数曲线型** $y=\beta_0x^{\beta_1}$,令 $y'=\ln y$,$x'=\ln x$,$\beta'_0=\ln\beta_0$,得

$$y'=\beta'_0+\beta_1x'.$$

(3) **指数函数曲线型** ① $y=\beta_0e^{\beta_1x}$,令 $y'=\ln y$,$\beta'_0=\ln\beta_0$,得

$$y'=\beta'_0+\beta_1x.$$

② $y=\beta_0e^{\frac{\beta_1}{x}}$,令 $y'=\ln y$,$\beta'_0=\ln\beta_0$,$x'=\frac{1}{x}$,得

$$y'=\beta'_0+\beta_1x'.$$

(4) **对数函数曲线型** $y=\beta_0+\beta_1\ln x$,令 $x'=\ln x$,得

$$y=\beta_0+\beta_1x'.$$

(5) **S 曲线型** $y=\frac{1}{\beta_0+\beta_1e^{-x}}$,令 $y'=\frac{1}{y}$,$x'=e^{-x}$,得

$$y'=\beta_0+\beta_1x'.$$

习 题 13.1

1. 为了估计山上积雪融化后对下游灌溉的影响,在山上建立了一个观测站,测量了最大积雪深度 X(单位:尺)与当年灌溉面积 Y(单位:千亩),得到连续 10 年的数据表,如表 13-2 所示.

表 13-2

年序	1	2	3	4	5	6	7	8	9	10
X	15.2	10.4	21.2	18.6	26.4	23.4	13.5	16.7	24	19.1
Y	28.6	19.3	40.5	35.6	48.9	45	29.2	34.1	46.7	37.4

试建立灌溉面积与最大积雪深度之间的回归方程.

2. 某企业产量与生产费用数据如表 13-3 所示.

表 13-3

产量/kt	1.2	2.0	3.1	3.8	5.0	6.1	7.2	8.0
生产费用/万元	52	86	80	110	115	132	135	160

试建立生产费用与企业产量之间的回归方程.

13.2　一元线性回归相关性检验

通过上一节的讨论，对于任何一组观测数据$(x_i, y_i)(i=1,2,\cdots,n)$，采用最小二乘法总是可以拟合一条直线来描述$Y$和$X$之间的关系，不管变量$Y$和$X$之间是否有线性关系. 但是，观测数据具有随机性，因此，我们需要判断Y与X之间是否确实存在着线性相关关系，也就是需要判断Y对X的回归函数是否确实是一条直线.

在$y=\beta_0+\beta_1 x+\varepsilon$中，如果$\beta_1=0$，说明一元线性回归函数$y=b_0+b_1 x$不能描述$Y$与$X$的相关关系，为此，提出假设$H_0:\beta_1=0$. 注意到$y=b_0+b_1 x$反映了$X$对$Y$的影响，而回归值$y_i=b_0+b_1 x_i$就是$Y_i$中仅受$X_i$影响的那一部分，所以$y_i-\hat{y}_i$是除去了$X_i$的影响后$Y_i$受其他因素影响的部分. 于是，将$l_{yy}$加以分解得

$$\begin{aligned}
l_{yy} &= \sum_{i=1}^{n}(y_i-\bar{y})^2 = \sum_{i=1}^{n}[(y_i-\hat{y}_i)+(\hat{y}_i-\bar{y})]^2 \\
&= \sum_{i=1}^{n}(y_i-\hat{y}_i)^2 + 2\sum_{i=1}^{n}(y_i-\hat{y}_i)(\hat{y}_i-\bar{y}) + \sum_{i=1}^{n}(\hat{y}_i-\bar{y})^2,
\end{aligned}$$

由于

$$\hat{y}_i=b_0+b_1 x_i,\quad b_0=\bar{y}-b_1\bar{x},\quad b_1=\frac{l_{xy}}{l_{xx}},$$

所以

$$\begin{aligned}
\sum_{i=1}^{n}(y_i-\hat{y}_i)(\hat{y}_i-\bar{y}) &= \sum_{i=1}^{n}[y_i-(b_0+b_1 x_i)](b_0+b_1 x_i-\bar{y}) \\
&= \sum_{i=1}^{n}[y_i-(\bar{y}-b_1\bar{x}+b_1 x_i)](\bar{y}-b_1\bar{x}+b_1 x_i-\bar{y}) \\
&= b_1\sum_{i=1}^{n}[(y_i-\bar{y})-b_1(x_i-\bar{x})](x_i-\bar{x}) \\
&= b_1\sum_{i=1}^{n}[(y_i-\bar{y})(x_i-\bar{x}) - b_1^2\sum_{i=1}^{n}(x_i-\bar{x})^2 \\
&= \frac{l_{xy}}{l_{xx}}\cdot l_{xy} - \frac{l_{xy}^2}{l_{xx}^2}\cdot l_{xx} = 0.
\end{aligned}$$

令

$$U = \sum_{i=1}^{n}(\hat{y}_i-\bar{y})^2 = \left(\frac{l_{xy}}{l_{xx}}\right)^2\cdot l_{xx} = \frac{l_{xy}^2}{l_{xx}} = \hat{b}l_{xy},$$

$$Q = \sum_{i=1}^{n}(y_i-\hat{y}_i)^2 = l_{yy} - \frac{l_{xy}^2}{l_{xx}},$$

于是

$$l_{yy}=U+Q.$$

容易证明，$\hat{y}_1,\hat{y}_2,\cdots,\hat{y}_n$的平均值等于$y_1,y_2,\cdots,y_n$的平均值$\bar{y}$. 因此，$U$反映了回归值$\hat{y}_1,\hat{y}_2,\cdots,\hat{y}_n$的离散程度，称$U$为**回归平方和**. 而$Q$是扣除了$X$对$Y$的线性影响后由其他因素所产生的误差，它反映了观测值偏离回归直线的程度，称Q为**剩余平方和**.

将各部分计算结果集中列于方差分析表（如表 13-4 所示），偏差来源如图 13-3 所示.

表 13-4　方差分析表

偏差来源	平方和	自由度	均方差	F 比
回归	$U=\sum_{i=1}^{n}(\hat{y}_i-\bar{y})^2$	1	$MSR=\frac{U}{1}$	$F=\frac{MSR}{MSE}$
误差(剩余)	$Q=\sum_{i=1}^{n}(y_i-\hat{y}_i)^2$	$n-2$	$MSE=\frac{Q}{n-2}$	
总和	$l_{yy}=\sum_{i=1}^{n}(y_i-\bar{y})^2$	$n-1$	—	—

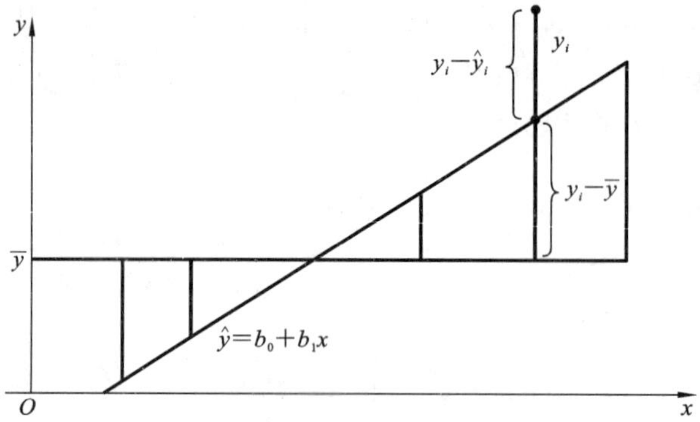

图 13-3

在 $y_i=\beta_0+\beta_1x_i+\varepsilon_i(i=1,2,\cdots,n)$ 中，$\varepsilon_i\sim N(0,\sigma^2)$，且各 ε_i 间相互独立，当 $H_0:\beta_1=0$ 时，统计量

$$F=\frac{(n-2)U}{Q}\sim F(1,n-2).$$

对给定的检验水平 α，查 F 分布表，得临界值 $F_\alpha(1,n-2)$，通常取 $\alpha=0.01$ 或 0.05. 根据给定的样本值算出统计量 F 的值进行比较：若 $F<F_\alpha(1,n-2)$，接受 H_0，认为 Y 与 X 线性关系不显著，即回归方程 $y=b_0+b_1x$ 是无意义的；若 $F>F_\alpha(1,n-2)$，拒绝 H_0，认为 Y 与 X 线性关系显著，即回归方程 $y=b_0+b_1x$ 是有意义的.

一元回归分析的步骤如下：

(1) 提出假设 $H_0:\beta_1=0$；

(2) 算出 l_{xx},l_{xy},l_{yy} 与 U,Q,F 的值；

(3) 查表 $F_\alpha(1,n-2)$，并进行比较及判断；

(4) 在否定假设的情况下求回归直线.

例 1　对 13.1 节例 1 作相关性检验.

解　燃料消耗对行车里程的回归方程为 $y=0.31x+3.67$.

且算得

$$U=2125.4793,\quad Q=115.6928,\quad F=220.4609.$$

查表 $F_{0.01}(1,12)=9.33$，由于 $220.4609>9.33$，故拒绝假设 $H_0:\beta_1=0$，认为燃料消耗与行车里程线性关系特别显著.

习　题　13.2

1. 现随机抽取了某校 10 名学生在入学考试中的数学成绩 X 与入学后的第一次考试中的数学成绩 Y,数据如表 13-5 所示.

表 13-5

学生号	1	2	3	4	5	6	7	8	9	10
X	120	108	117	104	103	110	104	105	99	108
Y	84	64	84	68	69	68	69	46	57	71

试问这 10 名学生的两次数学考试成绩是否具有显著性线性相关关系($\alpha=0.05$)?

2. 已知某电器的销售额 Y(单位:万元)与广告费 X(单位:万元)之间的一组统计数据如表 13-6 所示.

表 13-6　　单位:万元

X	10	15	20	30	25	40	30	25	35	20
Y	350	400	430	500	450	560	480	480	500	380

求(1) 该电器的销售额 Y 对广告费 X 的回归直线方程;

(2) 检验其回归效果是否显著($\alpha=0.05$)?

复习参考题

一、选择题

1. 下列描述是函数关系的是(　　).

A. 销售人员测验成绩与销售额大小的关系

B. 圆的周长与该圆的半径的关系

C. 某家庭收入与消费的关系

D. 某学生数学成绩与统计学成绩的关系

2. 已知一元线性回归方程为 $\hat{y}=\hat{a}+4x$,$\bar{x}=3$, $\bar{y}=6$,则 $\hat{a}=$(　　).

A. 0　　B. 6　　C. 2　　D. -6

3. 产量 X(单位:台)与单位产品成本 Y(单位:元/台)之间的回归方程为 $\hat{y}=356-1.5x$,则(　　).

A. 产量每增加一台,单位产品成本增加 356 元

B. 产量每增加一台,单位产品成本减少 1.5 元

C. 产量每增加一台,单位产品成本平均增加 356 元

D. 产量每增加一台,单位产品成本平均减少 1.5 元

4. 在一元线性回归中,回归平方和是(　　).

A. $Q=\sum_{i=1}^{n}(y_i-\hat{y}_i)^2$　　B. $U=\sum_{i=1}^{n}(\hat{y}_i-\bar{y})^2$

C. $l_{yy}=\sum_{i=1}^{n}(y_i-\bar{y})^2$　　D. $Q-U$

5. 在对 $y=a+bx+\varepsilon$ 的相关性检验中，若接受假设 $H_0: b=0$，则表明(　　).

A. 两个变量不存在任何关系　　B. 两个变量不存在显著的线性关系

C. 两个变量存在显著的线性关系　　D. 两个变量一定是函数关系

二、填空题

1. 回归分析是处理变量之间的________关系的一种数理统计方法. 若两个变量具有线性相关关系时，则称相应的回归分析为________.

2. 回归分析以分析变量的个数分类可分为两大类，它们是________和________.

3. 已知一元线性回归方程为 $\hat{y}=\hat{a}+4x$，$\bar{x}=3$，$\bar{y}=6$，则 $\hat{a}=$________.

三、解答题

1. 某公司进行电器维修业务，现统计了 18 批维修的数量 X 与所花的时间 Y 的数据如表 13-7 所示.

表 13-7

X	8	5	1	5	6	2	7	5	1
Y	118	71	17	68	86	25	105	65	10
X	4	7	5	3	2	4	5	4	7
Y	62	97	78	39	33	53	75	49	101

求 Y 关于 X 的一元线性回归方程，并在 $\alpha=0.05$ 时对方程作显著性检验.

2. 水泥和水用量的比值，工程上称作水灰比(C/W). 不同水灰比的混凝土 28 天强度为 R，实验结果如表 13-8 所示.

13-8

水灰比(C/W)	1.25	1.50	1.75	2.00	2.25	2.50	11.25
R/MPa	1.43	18.0	22.8	26.7	30.3	34.1	146.2

试确定 $C/W-R$ 之间的回归方程，并在 $\alpha=0.05$ 时对方程作显著性检验.

习题解答

习题 13.1

1. $\hat{y}=2.511+1.802x$.　**2.** $\hat{y}=525.8662+0.7083x$.

习题 13.2

1. 显著.　**2.** (1) $\hat{y}=286.25+6.67x$；(2) 显著.

复习参考题答案

一、选择题

1. B.　**2**. D.　**3**. D.　**4**. B.　**5**. B.

二、填空题

1. 相关;线性相关.

2. 一元线性回归;多元线性归.　**3**. $\dfrac{\sum\limits_{i=1}^{n}\left(x_i-\dfrac{1}{n}\sum\limits_{i=1}^{n}x_i\right)\left(y_i-\dfrac{1}{n}\sum\limits_{i=1}^{n}y_i\right)}{\sum\left(x_i-\dfrac{1}{n}\sum\limits_{i=1}^{n}x_i\right)^2}$.

三、解答题

1. (1) $\hat{y}=286.25+6.67x$; (2) 显著.　**2**. $\hat{y}=5.35+0.3x$;显著.

【知识拓展】

回归分析为什么叫"回归"

回归分析虽然是数学上的概念,但它最早却是来源于生物学.它是19世纪末英国生物统计学家高尔顿(Sir Francis Galton)提出来的.

1855年,高尔顿发表了一篇文章,名为"遗传的身高向平均数方向的回归".该文章分析了儿童的身高和父母身高之间的关系,具体体现在父母的身高可以预测子女的身高.文章指出,当父母越高时,子女会比一般儿童高,父母越矮时,子女会比一般儿童矮.高尔顿在文中将这种现象拟合出了一种线性关系.尽管这种线性关系在一般情况下能拟合得较好,但仍然存在例外现象,如:矮个人的儿子比其父母要高,身材较高的父母所生子女的身高也会回降到人的平均身高.换句话说,当父母身高非常高或者非常矮的时候,他们的子女并不会像父母身高一样这么极端,他们的身高要更接近于平均身高.对于这种现象,高尔顿在文中选用"回归"一词来描述,称它为"向平均数方向的回归"(regression toward mediocrity).

在文章中,高尔顿和他的学生 K · Pearson 共观察了1078对夫妇,以每对夫妇的平均身高作为自变量,他们的一个成年儿子的身高作为因变量,结果发现这些点几乎形成了一条直线,直线方程为:$y=33.73+0.516x$(英寸).这种趋势表明,当父母身高每增加一英寸时,其成年儿子的身高平均增加0.516英寸.在这种情况下,极端值就会向中心靠拢.这种效应被称为"趋均数回归"(regression toward the average).这就是"回归"一词的由来.

第 14 章　数学软件在概率论与数理统计中的应用

14.1　古典概型

MATLAB 在概率计算中的命令及功能如表 14-1 所示.

表 14-1

MATLAB 命令	功　　能
factorial(n)	表示求 n 的阶乘
nchoosek(n,m)	表示从 n 个数中选 m 个的组合

例 1　从 5 个男学生和 4 个女学生中选出 3 个代表,试计算:

(1) 3 个全是女生的概率;

(2) 恰有 1 个女生的概率;

(3) 至少有 1 个女生的概率.

MWorks 的应用 12

解　(1) $P(A)=\frac{C_4^3}{C_9^3}$.

在 MATLAB 命令窗口(MATLAB Command Window)输入如下命令(其中,>>是 MATLAB 命令窗口自动显示的提示符,在这个提示符>>后输入程序):

```
>>nchoosek(4,3)/nchoosek(9,3)
```

按 Enter 键可得

```
ans=
     0.0476
```

其中,ans 是自动产生的,ans 是英文 answer 的缩写,表示"结果".

(2) $P(B)=\frac{C_4^1C_5^2}{C_9^3}$.

在 MATLAB 命令窗口输入如下命令:

```
>>nchoosek(4,1) * nchoosek(5,2)/nchoosek(9,3)
```

按 Enter 键可得

```
ans=
     0.4762
```

(3) $P(C)=\dfrac{C_4^1C_5^2+C_4^2C_5^1+C_4^3}{C_9^3}$.

在 MATLAB 命令窗口输入如下命令：

```
>>(nchoosek(4,1)*nchoosek(5,2)+nchoosek(4,2)*nchoosek(5,1)+nchoosek(4,3))/
nchoosek(9,3)
```

按 Enter 键可得

```
ans=
    0.8810
```

例 2　某种福利彩票的中奖号码由 3 位数字组成，每一位数字都可以是 0～9 个中的任何一个数字，求中奖号码的 3 位数字全不相同的概率.

解　$P=\dfrac{A_{10}^3}{10^3}=\dfrac{3!\ \cdot C_{10}^3}{10^3}$.

在 MATLAB 命令窗口输入如下命令：

```
>>factorial(3)*nchoosek(10,3)/10^3
```

MWorks 的应用 13

按 Enter 键可得

```
ans=
    0.7200
```

14.2　随机变量及其分布的计算

MATLAB 在随机变量及其分布、计算中的命令及功能如表 14-2 所示.

表 14-2

分布 \ 命令 \ 函数		概率 $P(x)$ 或概率密度 $p(x)$	分布函数 $F(x)$
离散型	二项分布 $\xi\sim B(n,p)$	binopdf(x,n,p)	
	泊松分布 $\xi\sim \pi(\lambda)$	poisspdf(x,lambda)	poisscdf(x,lambda)
连续型	均匀分布 $\xi\sim U(a,b)$	unifpdf(x,a,b)	unifcdf(x,a,b)
	指数分布 $\xi\sim E(\lambda)$	exppdf(x,1/lambda)	expcdf(x,1/lambda)
	正态分布 $\xi\sim N(\mu,\sigma^2)$	normpdf(x,mu,sigma)	normcdf(x,mu,sigma)

例 1　将 1 颗骰子连续掷 100 次，求恰好 8 次出现 1 点的概率.

解　在 MATLAB 命令窗口输入如下命令：

```
>>p=binopdf(8,100,1/6)
```

MWorks 的应用 14

按 Enter 键可得

```
p=
   0.0058
```

例 2 设 ξ 在[$-3,3$]上服从均匀分布，求 $P(\xi<1)$.

解 在 MATLAB 命令窗口输入如下命令：

```
>>p=unifcdf(1,-3,3)
```

按 Enter 键可得

MWorks 的应用 15

```
p=
     0.6667
```

例 3 某元件的使用寿命 ξ 服从参数为 0.01 的指数分布，求 $P(\xi>100)$.

解 在 MATLAB 命令窗口输入如下命令：

```
>>P=1-expcdf(100,1/0.01)
```

按 Enter 键可得：

MWorks 的应用 16

```
P =
  0.3679
```

例 4 设 $\xi\sim N(1,4^2)$，求 $P(0<\xi<2)$.

解 在 MATLAB 命令窗口输入如下命令：

```
>>normcdf(2,1,4)-normcdf(0,1,4)
```

按 Enter 键可得：

MWorks 的应用 17

```
ans=
        0.1974
```

14.3 随机变量的数字特征

MATLAB 在随机变量数字特征中的命令及功能如表 14-3 所示.

表 14-3

MATLAB 命令	功　能
var	表示求方差
std	表示求标准差(即“均方差”)

例 1 一批产品中有一、二、三等品及废品 4 种，相应比例分别为 60%，20%，10%及 10%，若各等级产品的产值分别为 6 元、4.8 元、4 元及 0 元，求产品的平均值.

解　在 MATLAB 命令窗口输入如下命令：

```
>>x=[0 4 4.8 6];p=[0.1 0.1 0.2 0.6];m=sum(x.*p)
```

MWorks 的应用 18

按 Enter 键可得

```
m=
     4.9600
```

例 2　设 ξ 服从二点分布，求 $D\xi$.

解　令 p=0.6 进行计算，在 MATLAB 命令窗口输入如下命令：

```
>>x=[0,1];w=[0.4,0.6];m=sum(x.*w),v=var(x,w),s=std(x,w)
```

MWorks 的应用 19

按 Enter 键可得

```
m=
   0.6000
v=
   0.2400
s=
   0.4899
```

14.4　简单随机样本的计算

MATLAB 在简单随机样本计算中的命令及功能如表 14-4 所示.

表 14-4

MATLAB 命令	功能
mean(x)	计算 x 的均值
var(x)	计算 x 的方差

例 1　从某总体中抽取一个容量为 5 的样本，测得样本值为 64,68,72,80,84，求样本均值和样本方差.

解　在 MATLAB 命令窗口输入如下命令：

```
>>x=[64,68,72,80,84];
>>m=mean(x),s=var(x)
```

MWorks 的应用 20

按 Enter 键可得

```
m=
   73.6000
s=
   68.8000
```

14.5 假设检验

MATLAB 在假设检验中的命令及功能如表 14-5 所示.

表 14-5

MATLAB 命令	功能
[H,p,ci,Zval]=ztest(X,Mu,sigma,alpha)	方差已知,检验正态总体均值(U 检验)
[H,p,ci,stats]=ttest(X,Mu,alpha)	方差未知,检验正态总体均值(t 检验)
[H,p,ci,stats]=vartest(X,var0,alpha)	均值未知,检验正态总体方差(χ^2 检验)
[H,p,ci,stats]=vartest2(x,Y,0.01)	均值未知,检验两个正态总体的方差(F 检验)

例 1 某面粉厂的包装车间包装面粉,每袋面粉的重量服从正态分布,机器正常运转时每袋面粉重量的均值为 50 kg,标准差为 1. 某日随机抽取 9 袋,重量分别为

49.7, 50.6, 51.8, 52.4, 49.8, 51.1, 52, 51.5, 51.2.

在显著性水平为 0.05 时,机器运转是否正常?

解 在 MATLAB 命令窗口输入如下命令:

MWorks 的应用 21

```
>>x=[49.7,50.6,51.8,52.4,49.8,51.1,52,51.5,51.2];
>>sigma=1;mu=50;
>>[H,P,ci,z]=ztest(x,mu,sigma)      %α= 0.05时可不输入α值
```

按 Enter 键可得

```
H=
   1                    %拒绝原假设,即认为机器不正常
p=
   7.6083e-004          %显著性概率(样本值的概率),若 p<α 则拒绝假设,否则接受假设
ci=
    50.4689  51.7755    %均值的置信区间
z=
   3.3667               %样本 x 对应的统计量的值
```

上述结果中,"7.6083e−004"表示"7.6083 乘以 10 的−4 次方".

例 2 化肥厂用自动包装机包装肥料,某日测得 9 包化肥的质量(单位:kg)如下:

49.4, 50.5, 50.7, 51.7, 49.8, 47.9, 49.2, 51.4, 48.9.

设每包化肥的质量服从正态分布,是否可以认为每包的平均质量为 50 kg(取显著性水平 $\alpha=0.05$.)?

MWorks 的应用 22

解 在 MATLA 命令窗口输入如下命令:

```
>>x=[49.4,50.5,50.7,51.7,49.8,47.9,49.2,51.4,48.9.];
>>[H,p,ci,stats]=ttest(x,50,0.05)
```

按 Enter 键可得

```
H=
   0
p=
   0.8961
ci=
    48.9943  50.8945
stats=
tstat:-0.1348           %t 检验统计量的观测值
df:8                    %t 检验统计量的自由度
sd:1.2360               %数据 x 的标准差
```

例 3　在例 2 中，是否可以认为每包化肥质量的方差为 1.5(α=0.05)？

解　在 MATLAB 命令窗口输入如下命令：

MWorks 的应用 23

```
>>x=[49.4,50.5,50.7,51.7,49.8,47.9,49.2,51.4,48.9.];
>>[H,p,ci,stats]=vartest(x,1.5,0.05)
```

按 Enter 键可得

```
H=
   0
p=
   0.8383
ci=
    0.6970  5.6072          %方差的 1-α 的置信区间
stats=
chisqstat:8.1481            %χ² 检验统计量的观测值
df:8                        %t 检验统计量的自由度
```

例 4　为研究正常成年男女血液中红细胞数目的平均数之差别，检查某地正常成年男子 10 名，正常成年女子 10 名，已知男、女性红细胞数目都服从正态分布为

男：5.2944，3.6638，5.7143，6.6236，4.3082，5.580，6.540，3.4063，3.5590，5.5711；

女：3.6266，5.4516，2.8234，8.3664，3.7272，4.229，6.1335，4.1186，3.8087，2.3353.

MWorks 的应用 24

在 α=0.01 下，检验该地正常成年人的红细胞数目的方差是否与性别有关？

解　在 MATLAB 命令窗口输入如下命令：

```
>>x=[5.2944 3.6638 5.7143 6.6236 4.3082 5.580 6.540 3.4063 3.5590 5.5711];
>>Y=[3.6266 5.4516 2.8234 8.3664 3.7272 4.229 6.1335 4.1186 3.8087 2.3353];
>>[H,p,ci,stats]=vartest2(x,Y,0.01)
```

按 Enter 键可得

```
H=
   0
p=
   0.2738
ci=
    0.0716  3.0630          %方差之比的置信区间
stats=
fstat:0.4683                %F检验统计量的观测值
    df1:9                   %F检验统计量的第一自由度
    df2:9                   %F检验统计量的第二自由度
```

由此可见正常成年人的红细胞数目的方差不与性别有关.

14.6 区间估计

MATLAB 在区间估计中的命令及功能如表 14-6 所示.

表 14-6

MATLAB 命令	功能
muci=[mu−u* sqrt(sigma^2/n),mu+u* sqrt(sigma^2/n)]	标准差已知时,正态总体均值的区间估计
muci=[mu−u* sqrt(s/n),mu+u* sqrt(s/n)]	标准差未知时,正态总体均值的区间估计
sig=[(n−1)* s/lambdal,(n−1)* s/lambd2]	均值未知时,正态总体方差的区间估计

例 1 某课程命题,成绩 $\xi \sim N(\mu, 13.5^2)$,考毕抽查其中 10 份试卷的成绩为

$$74,\ 95,\ 81,\ 43,\ 62,\ 52,\ 86,\ 78,\ 74,\ 67.$$

试求该课程平均成绩 μ 的置信区间(置信度 $1-\alpha=0.95$).

解 在 MATLAB 命令窗口输入如下命令:

```
>>alpha=0.05;
>>sigma=13.5                                        %已知的标准差
>>x=[74  95  81  43  62  52  86  78  74  67];       %样本
>>n=length(x);                                      %计算样本容量
>>mu=mean(x)                                        %计算并显示样本均值
>>u=norminv(1-alpha/2,0,1);                         %计算置信度为 1-α 的正态分布临界值
>>muci=[mu-u* sqrt(sigma^2/n),mu+u* sqrt(sigma^2/n)]  %输出置信区间
```

按 Enter 键可得

```
mu=71.2000
muci=62.8328   79.5672
```

即置信度为 0.95 时，均值 μ 的置信区间为[62.8328, 79.5672].

例 2　某课程命题，其成绩 $\xi\sim N(\mu,\sigma^2)$，考毕抽查其中 10 份试卷的成绩为

$$74,\ 95,\ 81,\ 43,\ 62,\ 52,\ 86,\ 78,\ 74,\ 67.$$

试求该课程平均成绩 μ 的置信区间(置信度 $1-\alpha=0.95$).

解　在 MATLAB 命令窗口输入如下命令：

```
>>alpha=0.05;
>>x=[74 95 81 43 62 52 86 78 74 67];
>>n=length(x);
>>mu=mean(x)                          %计算并显示样本均值
>>s=var(x)                            %计算并显示样本方差
>>u=tinv(1-alpha/2,n-1)               %计算置信度为 1-α 的 t 分布临界值
>>muci=[mu-u* sqrt(s/n),mu+u* sqrt(s/n)]
```

按 Enter 键可得

```
mu=
    71.2000
s=
   245.5111
muci=
      59.9912   82.4088
```

即该课程平均成绩 μ 的 0.95 置信区间为[59.9912, 82.4088].

例 3　设总体 $\xi\sim N(\mu,\sigma^2)$，样本的一组观察值为

$$14.6,\ 15.1,\ 14.9,\ 14.8,\ 15.2,\ 15.1.$$

置信度为 95%，求 σ^2 的置信区间.

解　在 MATLAB 命令窗口输入如下命令：

```
>>alpha=0.05;
>>x=[14.6,15.1,14.9,14.8,15.2,15.1];
>>n=length(x);
>>s=var(x);
>>lambda1=chi2inv(1-alpha/2,n-1);        %计算卡方分布的 1-α/2 的临界值
>>lambda2=chi2inv(alpha/2,n-1);          %计算卡方分布的 1-α/2 的临界值
>>sig=[(n-1) * s/lambda1,(n-1) * s/lambda2]
```

按 Enter 键可得

```
sig=
     0.0199   0.3068
```

即置信度为 95%时，σ^2 的置信区间为[0.0199, 0.3068].

14.7 一元线性回归分析

MATLAB 在一元线性回归分析中的命令及功能如表 14-7 所示.

表 14-7

MATLAB 命令	功能
b=regress(Y,X)	基于观测 **Y** 和回归矩阵 **X** 的最小二乘拟合系数的结果
[b,bint,r,rint,stats]=regress(Y,X,alpha)	基于观测 **Y** 和回归矩阵 **X** 给出系数的估计值 b;bint 系数估计值的置信度为 alpha 的置信区间 bint;残差 r 及各残差的置信区间 rint;stats 用于检验回归模型的统计量,有三个数值:相关系数 R 的平方、F 值、与 F 对应的概率 p

注:相关系数 R 的平方越接近 1,说明回归方程越显著;$F>F_{1-\alpha}(k,n-k-1)$时拒绝假设 H_0,F 越大,说明回归方程越显著;与 F 对应的概率 $p<\alpha$ 时,拒绝假设 H_0,回归模型成立.α 为显著性水平(缺省时为 0.05);**Y** 为 n 行 1 列的矩阵;**X** 为矩阵(ones(n,1),x1),其中 x1 为观测值.

例 1 某商场一年内每月的销售收入 X(单位:万元)与销售费用 Y(单位:万元)统计为

X:187.1,179.5,157.0,197.0,239.4,217.8,227.1,233.4,242.0,251.9,230.0,271.8;

Y:25.4,22.8,20.6,21.8,32.4,24.4,29.3,27.9,27.8,34.2,29.2,30.0.

求 Y 关于 X 的回归方程.

解 在 MATLAB 命令窗口输入如下命令:

```
>>X1=[187.1,179.5,157.0,197.0,239.4,217.8,227.1,233.4,242.0,251.9,230.0,271.8],
>>Y=[25.4,22.8,20.6,21.8,32.4,24.4,29.3,27.9,27.8,34.2,29.2,30.0],
>>X=[ones(12,1),X1]
>>[b,bint,r,rint,stats]=regress(Y,X)
```

按 Enter 键可得

```
b=
   3.4130
   0.1081                    %表示回归方程为 y=0.1081x+3.4130
bint=                        %各系数的 95%置信区间
  -7.0791  13.9050
   0.0608   0.1554
r=                           %对应每个实际值的残差
    1.7538
   -0.0243
    0.2088
   -2.9168
    3.0980
```

```
  -2.5662
   1.3281
  -0.7532
  -1.7832
   3.5462
   0.9145
  -2.8058
rint=                          %残差的置信区间
  -3.0737   6.5813
  -4.8857   4.8370
  -4.0190   4.4366
  -7.5708   1.7372
  -1.5208   7.7167
  -7.4623   2.3300
  -3.8192   6.4755
  -5.9318   4.4255
  -6.7429   3.1765
  -0.7040   7.7964
  -4.2697   6.0987
  -6.8638   1.2522
stats=
   0.7218  25.9430  0.0005
```

以上 stats 的 3 个值分别为拟合优度(也称可决系数、确定系数、决定系数、判定系数)、F 值和显著性概率 p,其中,R^2 的值越接近 1,说明回归直线对观测值的拟合程度越好;反之,R^2 的值越接近 0,说明回归直线对观测值的拟合程度越差. $R^2=0.7218$ 说明模型拟合程度比较高;样本对应的 F 值为 25.9430;显著性概率 $p=0.0001$,小于 0.05(显著性水平),拒绝原假设,认为回归方程是有意义的.

附录 A　常用分布表

类型	名称	分布列或分布密度	均值	方差
离散型	二点分布	$P(\xi=k)=p^k q^{1-k}$ $(0<p<1, q=1-p, k=0,1)$	p	pq
	二项分布	$P(\xi=k)=C_n^k p^k q^{n-k}$ $(0<p<1, q=1-p, k=0,1,\cdots,n)$	np	npq
	超几何分布	$P(\xi=k)=\dfrac{C_M^k C_{N-M}^{n-k}}{C_N^n}$ $(M\leqslant N, n\leqslant N, k=0,1,\cdots,\min(M,n))$	$\dfrac{nM}{N}$	$\dfrac{n(N-n)(N-M)M}{N^2(N-1)}$
	泊松分布	$P(\xi=k)=\dfrac{\lambda^k}{k!}e^{-\lambda}$ $(\lambda>0, k=0,1,2,\cdots)$	λ	λ
	几何分布	$P(\xi=k)=pq^{k-1}$ $(0<p<1, q=1-p, k=1,2,\cdots)$	$\dfrac{1}{p}$	$\dfrac{q}{p^2}$
连续型	均匀分布	$p(x)=\begin{cases}\dfrac{1}{b-a}, & a\leqslant x\leqslant b,\\ 0, & \text{其他}\end{cases}\quad(a<b)$	$\dfrac{a+b}{2}$	$\dfrac{(b-a)^2}{12}$
	指数分布	$p(x)=\begin{cases}\lambda e^{-\lambda x}, & x\geqslant 0,\\ 0, & x<0\end{cases}\quad(\lambda>0)$	$\dfrac{1}{\lambda}$	$\dfrac{1}{\lambda^2}$
	标准正态分布	$\varphi(x)=\dfrac{1}{\sqrt{2\pi}}e^{-\frac{x^2}{2}}$ $(-\infty<x<+\infty)$	0	1
	一般正态分布	$p(x)=\dfrac{1}{\sqrt{2\pi}\sigma}e^{-\frac{(x-\mu)^2}{2\sigma^2}}$ $(\sigma>0, -\infty<x<+\infty)$	μ	σ^2

附录 B　正态分布表

$$\Phi(x)=\int_{-\infty}^{x}\frac{1}{\sqrt{2\pi}}e^{-\frac{x^2}{2}}dx$$

x	0.00	0.01	0.02	0.03	0.04	0.05	0.06	0.07	0.08	0.09
0.0	0.5000	5040	5080	5120	5160	5199	5239	5279	5319	5359
0.1	5398	5438	5478	5517	5557	5596	5636	5675	5714	5753
0.2	5793	5832	5871	5910	5948	5987	6026	6064	6103	6141
0.3	6179	6217	6255	6293	6331	6368	6406	6443	6480	6517
0.4	6554	6591	6628	6664	6700	6736	6772	6808	6844	6879
0.5	6915	6950	6985	7019	7054	7088	7123	7157	7190	7224
0.6	7257	7291	7324	7357	7389	7422	7454	7486	7517	7549
0.7	7580	7611	7642	7673	7703	7734	7764	7794	7823	7852
0.8	7881	7910	7939	7967	7995	8023	8051	8078	8106	8133
0.9	8159	8186	8212	8238	8264	8289	8315	8340	8365	8389
1.0	8413	8437	8461	8485	8508	8531	8554	8577	8599	8621
1.1	8643	8665	8686	8708	8729	8749	8770	8790	8810	8830
1.2	8849	8869	8888	8907	8925	8944	8962	8980	8997	9015
1.3	9032	9049	9066	9082	9099	9115	9131	9147	9162	9177
1.4	9192	9207	9222	9236	9251	9265	9278	9292	9306	9319
1.5	9332	9345	9357	9370	9382	9394	9406	9418	9429	9441
1.6	9452	9463	9474	9484	9495	9505	9515	9525	9535	9545
1.7	9554	9564	9573	9582	9591	9599	9608	9616	9625	9633
1.8	9641	9649	9656	9664	9671	9678	9686	9693	9699	9706
1.9	9713	9719	9726	9732	9738	9744	9750	9756	9761	9767
2.0	9772	9778	9783	9788	9793	9798	9803	9808	9812	9817
2.1	9821	9826	9830	9834	9838	9842	9846	9850	9854	9857
2.2	9861	9865	9868	9871	9875	9878	9881	9884	9887	9890
2.3	9893	9896	9898	9901	9904	9906	9909	9911	9913	9916
2.4	9918	9920	9922	9925	9927	9929	9931	9932	9934	9936
2.5	9938	9940	9941	9943	9945	9946	9948	9949	9951	9952
2.6	9953	9955	9956	9957	9959	9960	9961	9962	9963	9964
2.7	9965	9966	9967	9968	9969	9970	9971	9972	9973	9974
2.8	9974	9975	9976	9977	9977	9978	9979	9979	9980	9981
2.9	9981	9982	9982	9983	9984	9984	9985	9985	9986	9986
3.0	0.99865	0.99903	0.99931	0.99952	0.99966	0.99977	0.99984	0.99989	0.99993	0.99995
4.0	0.999968	0.999979	0.999987	0.999991	0.999995	0.999997	0.999998	0.999999	0.999999	0.9999995

附录C　t 分布表

$P(|t|>\lambda)=\alpha$

f \ α	0.10	0.05	0.01
1	6.314	12.706	63.657
2	2.920	4.303	9.925
3	2.353	3.182	5.841
4	2.132	2.776	4.604
5	2.015	2.571	4.032
6	1.943	2.447	3.707
7	1.895	2.365	3.499
8	1.866	2.306	3.355
9	1.833	2.262	3.250
10	1.812	2.228	3.169
11	1.796	2.201	3.106
12	1.782	2.179	3.055
13	1.771	2.160	3.012
14	1.761	2.145	2.977
15	1.753	2.131	2.947
16	1.746	2.120	2.921
17	1.740	2.110	2.898
18	1.734	2.101	2.878
19	1.729	2.093	2.861
20	1.725	2.086	2.845
21	1.721	2.080	2.831
22	1.717	2.074	2.819
23	1.714	2.069	2.807
24	1.711	2.064	2.797
25	1.708	2.060	2.787
26	1.706	2.056	2.779
27	1.703	2.052	2.771
28	1.701	2.048	2.763
29	1.699	2.045	2.756
30	1.697	2.042	2.750
40	1.684	2.021	2.704
60	1.671	2.000	2.660
120	1.658	1.980	2.617
∞	1.645	1.960	2.576

注：f 为自由度.

附录 D　χ^2 分布表

$$P(\chi^2>\lambda)=\alpha$$

f \ α	0.995	0.975	0.95	0.05	0.025	0.005
1	0.0^4393	0.0^3982	0.0^2393	3.84	5.02	7.88
2	0.0100	0.0506	0.103	5.99	7.38	10.6
3	0.0717	0.216	0.352	7.81	9.35	12.8
4	0.207	0.484	0.711	9.49	11.1	14.9
5	0.412	0.831	1.15	11.1	12.8	16.7
6	0.676	1.24	1.64	12.6	14.4	18.5
7	0.989	1.69	2.17	14.1	16.0	20.3
8	1.34	2.18	2.73	15.5	17.5	22.0
9	1.73	2.70	3.33	16.9	19.0	23.6
10	2.16	3.25	3.94	18.3	20.5	25.2
11	2.60	3.82	4.57	19.7	21.9	26.8
12	3.07	4.40	5.23	21.0	23.3	28.3
13	3.57	5.01	5.89	22.4	24.7	29.8
14	4.07	5.63	6.57	23.7	26.1	31.3
15	4.60	6.26	7.26	25.0	27.5	32.8
16	5.14	6.91	7.96	26.3	28.8	34.3
17	5.70	7.56	8.67	27.6	30.2	35.7
18	6.26	8.23	9.39	28.9	31.5	37.2
19	6.84	8.91	10.1	30.1	32.9	38.6
20	7.43	9.59	10.9	31.4	34.2	40.0
21	8.03	10.3	11.6	32.7	35.5	41.4
22	8.64	11.0	12.3	33.9	36.8	42.8
23	9.26	11.7	13.1	35.2	38.1	44.2
24	9.89	12.4	13.8	36.4	39.4	45.6
25	10.5	13.1	14.6	37.7	40.6	46.9
26	11.2	13.8	15.4	38.9	41.9	48.3
27	11.8	14.6	16.2	40.1	43.2	49.6
28	12.5	15.3	16.9	41.3	44.5	51.0
29	13.1	16.0	17.7	42.6	45.7	52.3
30	13.8	16.8	18.5	43.8	47.0	53.7

注：f 为自由度.

附录 E　F 分布表(一)

$P(F>\lambda)=0.05$

f_2 \ f_1	1	2	3	4	5	6	7	8	9
1	161.4	199.5	215.7	224.6	230.2	234.0	236.8	238.9	240.5
2	18.51	19.00	19.16	19.25	19.30	19.33	19.35	19.37	19.38
3	10.13	9.55	9.28	9.12	9.01	8.94	8.89	8.85	8.81
4	7.71	6.94	6.59	6.39	6.26	6.16	6.09	6.04	6.00
5	6.61	5.79	5.41	5.19	5.05	4.95	4.88	4.82	4.77
6	5.99	5.14	4.76	4.53	4.39	4.28	4.21	4.15	4.10
7	5.59	4.74	4.35	4.12	3.97	3.87	3.79	3.73	3.68
8	5.32	4.46	4.07	3.84	3.69	3.58	3.50	3.44	3.39
9	5.12	4.26	3.86	3.63	3.48	3.37	3.29	3.23	3.18
10	4.96	4.10	3.71	3.48	3.33	3.22	3.14	3.07	3.02
11	4.84	3.98	3.59	3.36	3.20	3.09	3.01	2.95	2.90
12	4.75	3.89	3.49	3.26	3.11	3.00	2.91	2.85	2.80
13	4.67	3.81	3.41	3.18	3.03	2.92	2.85	2.77	2.71
14	4.60	3.74	3.34	3.11	2.96	2.85	2.76	2.70	2.65
15	4.54	3.68	3.29	3.06	2.90	2.79	2.71	2.64	2.59
16	4.49	3.63	3.24	3.01	2.85	2.74	2.66	2.59	2.54
17	4.45	3.59	3.20	2.96	2.81	2.70	2.61	2.55	2.49
18	4.41	3.55	3.16	2.93	2.77	2.66	2.58	2.51	2.46
19	4.38	3.52	3.13	2.90	2.74	2.63	2.54	2.48	2.42
20	4.35	3.49	3.10	2.87	2.71	2.60	2.51	2.45	2.39
21	4.32	3.47	3.07	2.84	2.68	2.57	2.49	2.42	2.37
22	4.30	3.44	3.05	2.82	2.66	2.55	2.46	2.40	2.34
23	4.28	3.42	3.03	2.80	2.64	2.53	2.44	2.37	2.32
24	4.26	3.40	3.01	2.78	2.62	2.51	2.42	2.36	2.30
25	4.24	3.39	2.99	2.76	2.60	2.49	2.40	2.34	2.28
26	4.23	3.37	2.98	2.74	2.59	2.47	2.39	2.32	2.27
27	4.21	3.35	2.96	2.73	2.57	2.46	2.37	2.31	2.25
28	4.20	3.34	2.95	2.71	2.56	2.45	2.36	2.29	2.24
29	4.18	3.33	2.93	2.70	2.55	2.43	2.35	2.28	2.22
30	4.17	3.32	2.92	2.69	2.53	2.42	2.33	2.27	2.21
40	4.08	3.23	2.84	2.61	2.45	2.34	2.25	2.18	2.12
60	4.00	3.15	2.76	2.53	2.37	2.25	2.16	2.10	2.04
120	3.92	3.07	2.68	2.45	2.29	2.17	2.09	2.02	1.96
∞	3.84	3.00	2.60	2.37	2.21	2.10	2.01	1.94	1.88

续表

10	12	15	20	24	30	40	60	120	∞
241.9	243.9	245.9	248.0	249.1	250.1	251.1	252.2	253.3	254.3
19.40	19.41	19.43	19.45	19.45	19.46	19.47	19.48	19.49	19.30
8.79	8.74	8.70	8.66	8.64	8.62	8.59	8.57	8.55	8.53
5.96	5.91	5.86	5.80	5.77	5.75	5.72	5.69	5.66	5.63
4.74	4.68	4.62	4.56	4.53	4.50	4.46	4.43	4.40	4.36
4.06	4.00	3.94	3.87	3.84	3.81	3.77	3.74	3.70	3.67
3.64	3.57	3.51	3.44	3.41	3.38	3.34	3.30	3.27	3.23
3.35	3.28	3.22	3.15	3.12	3.08	3.04	3.01	2.97	2.93
3.14	3.07	3.01	2.94	2.90	2.86	2.83	2.79	2.75	2.71
2.98	2.91	2.85	2.77	2.74	2.70	2.66	2.62	2.58	2.54
2.85	2.79	2.72	2.65	2.61	2.57	2.53	2.49	2.45	2.40
2.75	2.69	2.62	2.54	2.51	2.47	2.43	2.38	2.34	2.30
2.67	2.60	2.53	2.46	2.42	2.38	2.34	2.30	2.25	2.21
2.60	2.53	2.46	2.39	2.35	2.31	2.27	2.22	2.18	2.13
2.54	2.48	2.40	2.33	2.29	2.25	2.20	2.16	2.11	2.07
2.49	2.42	2.35	2.28	2.24	2.19	2.15	2.11	2.06	2.01
2.45	2.38	2.31	2.23	2.19	2.15	2.10	2.06	2.01	1.96
2.41	2.34	2.27	2.19	2.15	2.11	2.06	2.02	1.97	1.92
2.38	2.31	2.23	2.16	2.11	2.07	2.03	1.98	1.93	1.88
2.35	2.28	2.20	2.12	2.08	2.04	1.99	1.95	1.90	1.84
2.32	2.25	2.18	2.10	2.05	2.01	1.96	1.92	1.87	1.81
2.30	2.23	2.15	2.07	2.03	1.98	1.94	1.89	1.84	1.78
2.27	2.20	2.13	2.05	2.01	1.96	1.91	1.86	1.81	1.76
2.25	2.18	2.11	2.03	1.98	1.94	1.89	1.84	1.79	1.73
2.24	2.16	2.09	2.01	1.96	1.92	1.87	1.82	1.77	1.71
2.22	2.15	2.07	1.99	1.95	1.90	1.85	1.80	1.75	1.69
2.20	2.13	2.06	1.97	1.93	1.88	1.84	1.79	1.73	1.67
2.19	2.12	2.04	1.96	1.91	1.87	1.82	1.77	1.71	1.65
2.18	2.10	2.03	1.94	1.90	1.85	1.81	1.75	1.70	1.64
2.16	2.09	2.01	1.93	1.89	1.84	1.79	1.74	1.68	1.62
2.08	2.00	1.92	1.84	1.79	1.74	1.69	1.64	1.58	1.51
1.99	1.92	1.84	1.75	1.70	1.65	1.59	1.53	1.47	1.39
1.91	1.83	1.75	1.66	1.61	1.55	1.50	1.43	1.35	1.25
1.83	1.75	1.67	1.57	1.52	1.46	1.39	1.32	1.22	1.00

注：f_1 为第一自由度，f_2 为第二自由度.

附录 F　F 分布表(二)

$P(F>\lambda)=0.025$

f_2 \ f_1	1	2	3	4	5	6	7	8	9
1	647.8	799.5	864.2	899.6	921.8	937.1	948.2	956.7	963.3
2	38.51	39.00	39.17	39.25	39.30	39.33	39.36	39.37	39.39
3	17.44	16.04	15.44	15.10	14.88	14.73	14.62	14.54	14.47
4	12.22	10.65	9.98	9.60	9.36	9.20	9.07	8.98	8.90
5	10.01	8.43	7.76	7.39	7.15	6.98	6.85	6.76	6.68
6	8.81	7.26	6.60	6.23	5.99	5.82	5.70	5.60	5.52
7	8.07	6.54	5.89	5.52	5.29	5.12	4.99	4.90	4.82
8	7.57	6.06	5.42	5.05	4.82	4.65	4.53	4.43	4.36
9	7.21	5.71	5.08	4.72	4.48	4.32	4.20	4.10	4.03
10	6.94	5.46	4.83	4.47	4.24	4.07	3.95	3.85	3.78
11	6.72	5.26	4.63	4.28	4.04	3.88	3.76	3.66	3.59
12	6.55	5.10	4.42	4.12	3.89	3.73	3.61	3.51	3.44
13	6.41	4.97	4.35	4.00	3.77	3.60	3.48	3.39	3.31
14	6.30	4.86	4.24	3.89	3.66	3.50	3.38	3.29	3.21
15	6.20	4.77	4.15	3.80	3.58	3.41	3.29	3.20	3.12
16	6.12	4.69	4.08	3.73	3.50	3.34	3.22	3.12	3.05
17	6.04	4.62	4.01	3.66	3.44	3.28	3.16	3.06	2.98
18	5.98	4.56	3.95	3.61	3.38	3.22	3.10	3.01	2.93
19	5.92	4.51	3.90	3.56	3.33	3.17	3.05	2.96	2.88
20	5.87	4.46	3.86	3.51	3.29	3.13	3.01	2.91	2.84
21	5.83	4.42	3.82	3.48	3.25	3.09	2.97	2.87	2.80
22	5.79	4.38	3.78	3.44	3.22	3.05	2.93	2.84	2.76
23	5.75	4.35	3.75	3.41	3.18	3.02	2.90	2.81	2.73
24	5.72	4.32	3.72	3.38	3.15	2.99	2.87	2.78	2.70
25	5.69	4.29	3.69	3.35	3.13	2.97	2.85	2.75	2.68
26	5.66	4.27	3.67	3.33	3.10	2.94	2.82	2.73	2.65
27	5.63	4.24	3.65	3.31	3.08	2.92	2.80	2.71	2.63
28	5.61	4.22	3.63	3.29	3.06	2.90	2.78	2.69	2.61
29	5.59	4.20	3.61	3.27	3.04	2.88	2.76	2.67	2.59
30	5.57	4.18	3.59	3.25	3.03	2.87	2.75	2.65	2.57
40	5.42	4.05	3.46	3.13	2.90	2.74	2.62	2.53	2.45
60	5.29	3.93	3.34	3.01	2.79	2.63	2.51	2.41	2.33
120	5.15	3.80	3.23	2.89	2.67	2.52	2.39	2.30	2.22
∞	5.02	3.69	3.12	2.79	2.57	2.41	2.29	2.19	2.11

续表

10	12	15	20	24	30	40	60	120	∞
968.6	976.7	984.9	993.1	997.2	1001	1006	1010	1014	1018
39.40	39.41	39.43	39.45	39.46	39.46	39.47	39.48	39.49	39.50
14.42	14.34	14.25	14.17	14.12	14.08	14.04	13.99	13.95	13.90
8.84	8.75	8.66	8.56	8.51	8.46	8.41	8.36	8.31	8.26
6.62	6.52	6.43	6.33	6.28	6.23	6.18	6.12	6.07	6.02
5.46	5.37	5.27	5.17	5.12	5.07	5.01	4.96	4.90	4.85
4.76	4.67	4.57	4.47	4.42	4.36	4.31	4.25	4.20	4.14
4.30	4.20	4.10	4.00	3.95	3.89	3.83	3.78	3.73	3.67
3.96	3.87	3.77	3.67	3.61	3.56	3.51	3.45	3.39	3.33
3.72	3.62	3.52	3.42	3.37	3.31	3.26	3.20	3.14	3.08
3.53	3.43	3.33	3.23	3.17	3.12	3.06	3.00	2.94	2.88
3.37	3.28	3.18	3.07	3.02	2.96	2.91	2.85	2.79	2.72
3.25	3.15	3.05	2.95	2.89	2.84	2.78	2.72	2.66	2.60
3.15	3.05	2.95	2.84	2.79	2.73	2.67	2.61	2.55	2.49
3.06	2.96	2.86	2.76	2.70	2.64	2.59	2.52	2.46	2.40
2.99	2.89	2.79	2.68	2.63	2.57	2.51	2.45	2.38	2.32
2.92	2.82	2.72	2.62	2.56	2.50	2.44	2.38	2.32	2.25
2.87	2.77	2.67	2.56	2.50	2.44	2.38	2.32	2.26	2.19
2.82	2.72	2.62	2.51	2.45	2.39	2.33	2.27	2.20	2.13
2.77	2.68	2.57	2.46	2.41	2.35	2.29	2.22	2.16	2.09
2.73	2.64	2.53	2.42	2.37	2.31	2.25	2.18	2.11	2.04
2.70	2.60	2.50	2.39	2.33	2.27	2.21	2.14	2.08	2.00
2.67	2.57	2.47	2.36	2.30	2.24	2.18	2.11	2.04	1.97
2.64	2.54	2.44	2.33	2.27	2.21	2.15	2.08	2.01	1.94
2.61	2.51	2.41	2.30	2.24	2.18	2.12	2.05	1.98	1.91
2.59	2.49	2.39	2.28	2.22	2.16	2.09	2.03	1.95	1.88
2.57	2.47	2.36	2.25	2.19	2.13	2.07	2.00	1.93	1.85
2.55	2.45	2.34	2.23	2.17	2.11	2.05	1.98	1.91	1.83
2.53	2.43	2.32	2.21	2.15	2.09	2.03	1.96	1.89	1.81
2.51	2.41	2.31	2.20	2.14	2.07	2.01	1.94	1.87	1.79
2.39	2.29	2.18	2.07	2.01	1.94	1.88	1.80	1.72	1.64
2.27	2.17	2.06	1.94	1.88	1.82	1.74	1.67	1.58	1.48
2.16	2.05	1.94	1.82	1.76	1.69	1.61	1.53	1.43	1.31
2.05	1.94	1.83	1.71	1.64	1.57	1.48	1.39	1.27	1.00

注：f_1 为第一自由度，f_2 为第二自由度.

附录G　F 分布表(三)

$P(F>\lambda)=0.01$

f_2 \ f_1	1	2	3	4	5	6	7	8	9
1	4652	4999	5403	5625	5764	5859	5928	5982	6022
2	98.50	99.00	99.17	99.25	99.30	99.33	99.36	99.37	99.39
3	34.12	30.82	29.46	28.71	28.24	27.91	27.67	27.49	27.35
4	21.20	18.00	16.69	15.98	15.52	15.21	14.98	14.80	14.66
5	16.26	13.27	12.06	11.39	10.97	10.67	10.46	10.29	10.16
6	13.75	10.92	9.78	9.15	8.75	8.47	8.26	8.10	7.98
7	12.25	9.55	8.45	7.85	7.46	7.19	6.99	6.84	6.72
8	11.26	8.65	7.59	7.01	6.63	6.37	6.18	6.03	5.91
9	10.56	8.02	6.99	6.42	6.06	5.80	5.61	5.47	5.35
10	10.04	7.56	6.55	5.99	5.64	5.39	5.20	5.06	4.94
11	9.65	7.21	6.22	5.67	5.32	5.07	4.89	4.74	4.63
12	9.33	6.93	5.95	5.41	5.06	4.82	4.64	4.50	4.39
13	9.07	6.70	5.74	5.21	4.86	4.62	4.44	4.30	4.19
14	8.86	6.51	5.56	5.04	4.69	4.46	4.28	4.14	4.03
15	8.68	6.36	5.42	4.89	4.56	4.32	4.14	4.00	3.89
16	8.53	6.23	5.29	4.77	4.44	4.20	4.03	3.89	3.78
17	8.40	6.11	5.18	4.67	4.34	4.10	3.93	3.79	3.68
18	8.29	6.01	5.09	4.58	4.25	4.01	3.84	3.71	3.60
19	8.18	5.93	5.01	4.50	4.17	3.94	3.77	3.63	3.52
20	8.10	5.85	4.94	4.43	4.10	3.87	3.70	3.56	3.46
21	8.02	5.78	4.87	4.37	4.04	3.81	3.64	3.51	3.40
22	7.95	5.72	4.82	4.31	3.99	3.76	3.59	3.45	3.35
23	7.88	5.66	4.76	4.26	3.94	3.71	3.54	3.41	3.30
24	7.82	5.61	4.72	4.22	3.90	3.67	3.50	3.36	3.26
25	7.77	5.57	4.68	4.18	3.85	3.63	3.46	3.32	3.22
26	7.72	5.53	4.64	4.14	3.82	3.59	3.42	3.29	3.18
27	7.68	5.49	4.60	4.11	3.78	3.56	3.39	3.26	3.15
28	7.64	5.45	4.57	4.07	3.75	3.53	3.36	3.23	3.12
29	7.60	5.42	4.54	4.04	3.73	3.50	3.33	3.20	3.09
30	7.56	5.39	4.51	4.02	3.70	3.47	3.30	3.17	3.07
40	7.31	5.18	4.31	3.83	3.51	3.29	3.12	2.99	2.89
60	7.08	4.98	4.13	3.65	3.34	3.12	2.95	2.82	2.72
120	6.85	4.79	3.95	3.48	3.17	2.96	2.79	2.66	2.56
∞	6.63	4.61	3.78	3.32	3.02	2.80	2.64	2.51	2.41

续表

10	12	15	20	24	30	40	60	120	∞
6056	6106	6157	6200	6235	6261	6287	6313	6339	6366
99.40	99.42	99.43	99.45	99.46	99.47	99.47	99.48	99.48	99.50
27.23	27.05	26.87	26.69	26.60	26.50	26.41	26.32	26.22	26.13
14.55	14.37	14.20	14.02	13.93	13.84	13.75	13.65	13.56	13.46
10.05	9.89	9.72	9.55	9.47	9.38	9.29	9.20	9.11	9.02
7.87	7.72	7.56	7.40	7.31	7.23	7.14	7.06	6.97	6.88
6.62	6.47	6.31	6.16	6.07	5.99	5.91	5.82	5.74	5.65
5.81	5.67	5.52	5.36	5.28	5.20	5.12	5.03	4.95	4.86
5.26	5.11	4.96	4.81	4.73	4.65	4.57	4.48	4.40	4.31
4.85	4.71	4.56	4.41	4.33	4.25	4.17	4.08	4.00	3.91
4.54	4.40	4.25	4.10	4.02	3.94	3.86	3.78	3.69	3.60
4.30	4.16	4.01	3.86	3.78	3.70	3.62	3.54	3.45	3.36
4.10	3.96	3.82	3.66	3.59	3.51	3.43	3.34	3.25	3.17
3.94	3.80	3.66	3.51	3.43	3.35	3.27	3.18	3.09	3.00
3.80	3.67	3.52	3.37	3.29	3.21	3.13	3.05	2.96	2.87
3.69	3.55	3.41	3.26	3.18	3.10	3.02	2.93	2.84	2.75
3.59	3.46	3.31	3.16	3.08	3.00	2.92	2.83	2.75	2.65
3.51	3.37	3.23	3.08	3.00	2.92	2.84	2.75	2.66	2.57
3.43	3.30	3.15	3.00	2.92	2.84	2.76	2.67	2.58	2.49
3.37	3.23	3.09	2.94	2.86	2.78	2.69	2.61	2.52	2.42
3.31	3.17	3.03	2.88	2.80	2.72	2.64	2.55	2.46	2.36
3.26	3.12	2.98	2.83	2.75	2.67	2.58	2.50	2.40	2.31
3.21	3.07	2.93	2.78	2.70	2.62	2.54	2.45	2.35	2.26
3.17	3.03	2.89	2.74	2.66	2.58	2.49	2.40	2.31	2.21
3.13	2.99	2.85	2.70	2.62	2.54	2.45	2.36	2.27	2.17
3.09	2.96	2.81	2.66	2.58	2.50	2.42	2.33	2.23	2.13
3.06	2.93	2.78	2.63	2.55	2.47	2.38	2.29	2.20	2.10
3.03	2.90	2.75	2.60	2.52	2.44	2.35	2.26	2.17	2.06
3.00	2.87	2.73	2.57	2.49	2.41	2.33	2.23	2.14	2.03
2.98	2.84	2.70	2.55	2.47	2.39	2.30	2.21	2.11	2.01
2.80	2.66	2.52	2.37	2.29	2.20	2.11	2.02	1.92	1.80
2.63	2.50	2.35	2.20	2.12	2.03	1.94	1.84	1.73	1.60
2.47	2.34	2.19	2.03	1.95	1.86	1.76	1.66	1.53	1.38
2.32	2.18	2.04	1.88	1.79	1.70	1.59	1.47	1.32	1.00

注：f_1 为第一自由度，f_2 为第二自由度.

附录 H　F 分布表(四)

$P(F>\lambda)=0.005$

f_2 \ f_1	1	2	3	4	5	6	7	8	9
1	16211	20000	21615	22500	23056	23437	23715	23925	24091
2	198.5	199.0	199.2	199.2	199.3	199.3	199.4	199.4	199.4
3	55.55	49.80	47.47	46.19	45.39	44.84	44.43	44.13	43.88
4	31.33	26.28	24.26	23.15	22.46	21.97	21.62	21.35	21.14
5	22.78	18.31	16.53	15.56	14.94	14.51	14.20	13.96	13.77
6	18.63	14.54	12.92	12.03	11.46	11.07	10.79	10.57	10.39
7	16.24	12.40	10.88	10.05	9.52	9.16	8.89	8.68	8.51
8	14.69	11.04	9.60	8.81	8.30	7.95	7.69	7.50	7.34
9	13.61	10.11	8.72	7.96	7.47	7.13	6.88	6.69	6.54
10	12.83	9.43	8.08	7.34	6.87	6.54	6.30	6.12	5.97
11	12.23	8.91	7.60	6.88	6.42	6.10	5.86	5.68	5.54
12	11.75	8.51	7.23	6.52	6.07	5.76	5.52	5.35	5.20
13	11.37	8.19	6.93	6.23	5.79	5.48	5.25	5.08	4.94
14	11.06	7.92	6.68	6.00	5.56	5.26	5.03	4.86	4.72
15	10.80	7.70	6.48	5.80	5.37	5.07	4.85	4.67	4.54
16	10.58	7.51	6.30	5.64	5.21	4.91	4.69	4.52	4.38
17	10.38	7.35	6.16	5.50	5.07	4.78	4.56	4.39	4.25
18	10.22	7.21	6.03	5.37	4.96	4.66	4.44	4.28	4.14
19	10.07	7.09	5.92	5.27	4.85	4.56	4.34	4.18	4.04
20	9.94	6.99	5.82	5.17	4.76	4.47	4.26	4.09	3.96
21	9.83	6.89	5.73	5.09	4.68	4.39	4.18	4.01	3.88
22	9.73	6.81	5.65	5.02	4.61	4.32	4.11	3.94	3.81
23	9.63	6.73	5.58	4.95	4.54	4.26	4.05	3.88	3.75
24	9.55	6.66	5.52	4.89	4.49	4.20	3.99	3.83	3.69
25	9.48	6.60	5.46	4.84	4.43	4.45	3.94	3.78	3.64
26	9.41	6.54	5.41	4.79	4.38	4.10	3.89	3.73	3.60
27	9.34	6.49	5.36	4.74	4.34	4.06	3.85	3.69	3.56
28	9.28	6.44	5.32	4.70	4.30	4.02	3.81	3.65	3.52
29	9.23	6.40	5.28	4.66	4.26	3.98	3.77	3.61	3.48
30	9.18	6.35	5.24	4.62	4.23	3.95	3.74	3.58	3.45
40	8.83	6.07	4.98	4.37	3.99	3.71	3.51	3.35	3.22
60	8.49	5.79	4.73	4.14	3.76	3.49	3.29	3.13	3.01
120	8.18	5.54	4.50	3.92	3.55	3.28	3.09	2.93	2.82
∞	7.88	5.30	4.28	3.72	3.35	3.09	2.90	2.74	2.62

续表

10	12	15	20	24	30	40	60	120	∞
24224	24426	24630	24836	24940	25044	25148	25253	25359	25465
199.4	199.4	199.4	199.4	199.5	199.5	199.5	199.5	199.5	199.5
43.69	43.39	43.08	42.78	42.62	42.47	42.31	42.15	41.99	41.83
20.97	20.70	20.44	20.17	20.03	19.89	19.75	19.61	19.47	19.32
13.62	13.38	13.15	12.90	12.78	12.66	12.53	12.40	12.27	12.14
10.25	10.03	9.81	9.59	9.47	9.36	9.24	9.12	9.00	8.88
8.38	8.18	7.97	7.75	7.65	7.53	7.42	7.31	7.19	7.08
7.21	7.01	6.81	6.61	6.50	6.40	6.29	6.18	6.06	5.95
6.42	6.23	6.03	5.83	5.73	5.62	5.52	5.41	5.30	5.19
5.85	5.66	5.47	5.27	5.17	5.07	4.97	4.86	4.75	4.64
5.42	5.24	5.05	4.86	4.76	4.65	4.55	4.44	4.34	4.23
5.09	4.91	4.72	4.53	4.43	4.33	4.23	4.12	4.01	3.90
4.82	4.64	4.46	4.27	4.17	4.07	3.97	3.87	3.76	3.65
4.60	4.43	4.25	4.06	3.96	3.86	3.76	3.66	3.55	3.44
4.42	4.25	4.07	3.88	3.79	3.69	3.58	3.48	3.37	3.26
4.27	4.10	3.92	3.73	3.64	3.54	3.44	3.33	3.22	3.11
4.14	3.97	3.79	3.61	3.51	3.41	3.31	3.21	3.10	2.98
4.03	3.86	3.68	3.50	3.40	3.30	3.20	3.10	2.99	2.87
3.93	3.76	3.59	3.40	3.31	3.21	3.11	3.00	2.89	2.78
3.85	3.69	3.50	3.32	3.22	3.12	3.02	2.92	2.81	2.69
3.77	3.60	3.43	3.24	3.15	3.05	2.95	2.84	2.73	2.61
3.70	3.54	3.36	3.18	3.08	2.98	2.88	2.77	2.66	2.55
3.64	3.47	3.30	3.12	3.02	2.92	2.82	2.71	2.60	2.48
3.59	3.42	3.25	3.06	2.97	2.87	2.77	2.66	2.55	2.43
3.54	3.37	3.20	3.01	2.92	2.82	2.72	2.61	2.50	2.38
3.49	3.33	3.15	2.97	2.87	2.77	2.67	2.56	2.45	2.33
3.45	3.28	3.11	2.93	2.83	2.73	2.63	2.52	2.41	2.29
3.41	3.25	3.07	2.89	2.79	2.69	2.59	2.48	2.37	2.25
3.38	3.21	3.04	2.86	2.76	2.66	2.56	2.45	2.33	2.21
3.34	3.18	3.01	2.82	2.73	2.63	2.52	2.42	2.30	2.18
3.12	2.95	2.78	2.60	2.50	2.40	2.30	2.18	2.06	1.93
2.90	2.74	2.57	2.39	2.29	2.19	2.08	1.96	1.83	1.69
2.71	2.54	2.37	2.19	2.09	1.98	1.87	1.75	1.61	1.43
2.52	2.36	2.19	2.00	1.90	1.79	1.67	1.53	1.36	1.00

注:f_1 为第一自由度,f_2 为第二自由度.

参 考 文 献

[1] 同济大学数学系.线性代数[M].北京:人民邮电出版社,2017.
[2] 崔福荫.经济数学基础-线性规划[M].2 版.北京:高等教育出版社,2003.
[3] 朱家生.数学史[M].6 版.北京:高等教育出版社,2022.
[4] 颜文勇,柯善军.高等应用数学[M].2 版.北京:高等教育出版社,2016.
[5] 同济大学数学系.概率论与数理统计[M].北京:人民邮电出版社,2017.
[6] 徐利治,胡适耕.现代数学手册・经济数学卷[M].武汉:华中科技大学出版社,2001.